天下文化

BELIEVE IN READING

財經企管 662

# 徹底坦率

## 一種有溫度而真誠的領導

# Radical Candor

## Be A Kick-Ass Boss Without Losing Your Humanity

金・史考特 Kim Scott——著

吳書榆 ——譯

獻給安迪．史考特（Andy Scott），他是我人生中結合了浪漫與穩定的神奇綜合體。獻給我們的孩子巴特（Battle）與瑪格麗特（Margaret），他們每天都給我們瘋狂古怪的喜悅，激發出洞澈明智的想法。獻給我們的父母，是他們教會我們一切。也獻給我們的手足，是他們幫助我們找到彼此。

# 徹底坦率

一種有溫度而真誠的領導　目錄


006　前言

020　如何使用本書

## 第一部　管理新思維

024　第 1 章　**培養徹底坦率的關係**
把完整的自我帶進職場

046　第 2 章　**建立開放溝通的文化**
如何徵求、給予、鼓勵指引

078　第 3 章　**讓每一個部屬都發光**
理解每個團隊成員的激勵動因

120　第 4 章　**齊心合作，創造成果**
上令下行是行不通的

Radical Candor

Be A Kick-Ass Boss
Without Losing Your Humanity

## 第二部　工具與技巧

169　第 5 章　關係篇
191　第 6 章　指引篇
250　第 7 章　團隊篇
284　第 8 章　成果篇

318　現在就去做
326　謝辭

# 前言

就像多數人，我也曾遇過糟糕的主管，他認為羞辱人是很好的激勵方式。有一次，一位同事錯把我加入一封電子郵件的收件人裡，而在那封郵件中，我的主管對著同事百般嘲弄我。我質問主管時，他要我那顆「美麗的小腦袋」別為這種事操煩。還真敢說。

我自行創辦喬思軟體公司（Juice Software），部分也是因為那次經驗。我的目標是打造讓員工熱愛工作、彼此喜愛的職場。每次我這麼說時，朋友們都會大笑，他們覺得我講的是某種公社式組織，而不是公司。但我是認真的。我一天工作超過八小時，如果我不喜愛我的工作和同事，那麼，以我活在這個世界的短短一生來說，大部分時候都得過著不快樂的生活。

很可惜，雖然我成功避免步上前主管的後塵（這一點很容易），但也犯下別的錯誤。我努力營造正向、無壓力環境的同時，也避開了身為主管必須承擔的困難任務：在員工表現不夠好時明確而直接告知他們。我無法創造出讓員工知道自己做得不夠好、以利及時修正的氛圍。

回顧當時，我心裡馬上想到一個人，姑且稱他為「鮑伯」。鮑伯是那種第一眼就會讓人喜歡的人，他讓人覺得上班是一種享受。他和善、體貼，而且很照顧別人。此外，他來找我時還帶著一份閃閃發亮的履歷以及幾封出色的推薦函。他看來是超級明星應徵者，我很興奮能找到這樣的人，但有一個小問題：他的工作表現很糟糕。他進公司沒多久就失去了我的信任。他要花好幾個星期做一份文件，說明我們公司如何協助使用者製作可以自動更新的試算表。我檢視他孜孜矻矻做出來的文件時大吃一驚，因為我發現這份文件根本毫無條理，完全不知所云。回想他交件當時的景象，我領悟到鮑伯也知道他的工作做得不夠好 —— 他把文件交給我時，眼睛裡閃爍的羞愧與笑容裡透露的歉意，十分明顯。

且讓我們在這裡打住。如果你是主管，你就知道此時是我和鮑伯兩人關係的關鍵時刻，也是我的團隊成或敗的重要前哨站。鮑伯的工作連及格的邊都搆不到。我們是一家拚命站穩腳跟的小公司，沒有餘裕重做或是找人接手他的工作。當時我就很清楚情況，但是和鮑伯會談時，我無法好好處理這個問題。我聽到自己對鮑伯說這項任務是好的開始，我也會幫助他完成。他狐疑地微笑，然後走了。

這是怎麼一回事？首先，我喜歡鮑伯，也不想對他太過嚴厲。他在我們檢討文件時看來很緊張，我都擔心他會哭出來。還有，因為每個人都很喜歡他，我也擔心如果他真的哭出來，大家會以為我是虐待屬下的惡女。其次，除非他的履歷和推薦信都是偽造的，不然的話，他過去的表現很出色。他可能因為家裡出了什麼事而分心，又或者他不習慣我們的做事方式。無論是什麼原因，我說服自己，他一定能回復到讓他得到這份工作的水準。第三，我暫且可以親自動手修改文件，這會比教他重寫來得快。

## 姑息的慘重代價

且讓我先來說說這麼做對鮑伯有何影響。還記得嗎？他也知道自己沒把工作做好，因此，我虛假的讚美讓他更加困惑，讓他自欺欺人，以為可以繼續如法炮製。他也真的這麼做了。由於無法正視問題，我也讓他失去加把勁的誘因，讓他誤以為自己還可以。

當對方搞砸了，實話實說很困難。你不想傷害任何人的感情，因為你不是虐待狂。你不想讓團隊裡的其他成員覺得你是個渾蛋。此外，自從你牙牙學語，一直都有人告訴你：「不是好話不出口。」但是，忽然之間，把壞話說出口卻變成你的工作。你必須把一輩子的訓練一筆勾銷。管理是件難事。

讓情況更糟的是，同樣的錯，我一犯再犯，長達十個月。你可能也知道，每當你收下一份低於可接受標準的成品，每當你錯過一次最後期限，你就會開始憎惡，然後發火。你不再只認為糟糕的是工作本身，也會開始認為這個人很差勁。這樣一來，你更難心平氣和地對話。你開始完全避免和對方交談。

當然，我對待鮑伯的態度不僅影響到他本人，其他團隊成員也覺得奇怪，為何我可以接受品質如此低劣的成品。他們有樣學樣，也開始替他收拾殘局。他們會修正他犯的錯，或是乾脆重做，通常都是犧牲睡眠時間完成。有時候，替別人收拾殘局在短期內有必要，比方說對方正在面對危機之時。可是，一旦時間拖得太長，損害就會開始出現。過去表現傑出的人開始草率行事。我們錯過好幾個重要期限。當我知道鮑伯的同事遲到遲交的理由之後，我也沒有太過刁難他們，然後他們開始懷疑，我到底知不知道出色和平庸的差別在哪裡，或者很可能我根本就沒有認真看待期限這回事。常見的情況是，當員工不確定自己的工作品質是否有人能夠鑑識，成果就會開始下滑，士氣也一樣。

當我面對可能失去整個團隊的光景時，我明白不能再拖下去。我邀請鮑伯一起喝杯咖啡。他本來以為這只是場愉快的聊天，但並非如此。我起了幾個虛應故事的話頭之後，開除了他。之後，我們兩人悲慘地縮在位子上，吃著馬芬蛋糕配咖啡。經歷了一陣折磨人的沉默，鮑伯往後推開椅子，金屬刮過大理石地板，他直視我的雙眼問：「你之前為何不告訴我？」

這個問題一直在我腦海裡打轉，我也想不出好答案，而他又問了我第二個問題：「為什麼都沒有人告訴過我？我還以為你們全都關心我！」

這是我職涯的低潮時刻。我接二連三犯下錯誤，而後果由鮑伯承擔。過去，我不但給他虛情假意的稱讚（我從未批評過鮑伯），也從未要求他給我一些回饋意見；要是有的話，或許能讓他暢所欲言，從而找出解決方法。最糟糕的是，我無法營造出適當的企業文化，讓鮑伯的同仁在他走偏時自然地提醒他。團隊的凝聚力蕩然無存，完全反映在成果上。聽不到讚美與批評，會嚴重打擊團隊和成果。

團隊缺乏指引，就等著功能失調，一路直達成效不彰的處境。事到如今，不僅對鮑伯來說為時已晚，對整家公司也是如此：在我開除鮑伯不久之後，公司就倒閉了。

## Google給我的震撼教育

二〇〇四年時，我需要一份工作，因此我打電話給商學院時代的同學雪柔．桑德伯格（Sheryl Sandberg）。她三年前進入Google，而我最近參加一位共同朋友的婚禮時剛好坐在她旁邊。我猛然想到，雖然桑德伯格非常關心她在Google的團隊成員，但我覺得她不會犯下像我對待鮑伯那樣的錯誤。之後，我發現我的想法沒有錯。

在經歷多達二十七次的連番面試之後，我得到一份為桑德伯格效力的工作，領導一個由百位員工組成的團隊，負責中小型AdSense*客戶群的銷售與服務。當時我根本不知道什麼是AdSense，只知道Google讓我大開眼界，重新喚醒我的

---

* 如果你希望Google付錢給你，你可以使用AdSense這項產品。AdSense會把廣告放在你的網站或部落格裡。假設你的網站主題是露營，你就可以在網站上放上「Google提供廣告」的版面方格，Google就會把相關的廣告放進來，比方說REI帳棚或是North Face睡袋。每當有用戶看到或點選，你就可以收錢。至於要如何在網站上放進「Google提供廣告」的版面方格，你只要插入Google給你的程式碼片段即可。

夢想，創造出讓人們熱愛工作、喜愛彼此的職場。桑德伯格則是讓我讚嘆不已的出色主管。我有個朋友日後開玩笑說：「在矽谷，失敗不會讓你跌落谷底，而是愈爬愈高。」（大家放心，鮑伯後來也站穩了腳跟。）

我投效Google之後沒多久，就見識到何謂有益但直截了當的反饋，那真是一場讓人印象深刻的演示。

當時我和Google的共同創辦人賴瑞・佩吉（Larry Page）以及領導整個團隊力抗垃圾網路（Webspam）*的麥特・卡特斯（Matt Cutts）開會，討論我和麥特提出的一份議案。佩吉另有一套較為細膩的計畫，我不太懂，但卡特斯顯然很懂，而且一點都不喜歡。卡特斯（他通常是個隨和好相處的人）激昂地極力表示反對。佩吉不肯退讓，卡特斯開始對著佩吉大吼，他說佩吉的想法會害他被「很多垃圾」淹沒，他絕對來不及處理。

卡特斯的反應讓我坐立不安。我喜歡他，我擔心他因為大肆批評佩吉的提案被炒魷魚。之後，我看到佩吉臉上露出燦爛的笑容。他不僅容許卡特斯挑戰他，甚至還興味盎然。他用開放、愉快的方式回應爭議。我看得出來，他希望卡特斯以及每個Google員工都能自在地挑戰權威，尤其是挑戰他。替這場對話貼上「愉快」或「惡意」、「粗魯」或「有禮」並沒有意義；這是一場彼此協作的有益對話。這是一場自由的對話，導引出最好的答案。佩吉如何做到這點？

---

* 垃圾網路：指各種操縱Google網頁排名系統的網站。這有點像是垃圾郵件或是擾人用餐的行銷電話。

我決定師法佩吉。我不再執著於為團隊「提供反饋」，反而鼓勵他們在我做錯時告訴我。我竭盡所能鼓勵大家批評我，或者至少要和我聊。第一次不太順利（後來更多摩擦），但團隊開始打開心房。我們開始公開辯證，而且相處起來也更有樂趣。我運氣很好，聘到一些出色的人才，其中包括羅斯・拉洛威（Russ Laraway），我和他一起創辦了坦率公司（Candor, Inc.）這家新企業；另外還有質標公司（Qualtrics）的共同創辦人賈瑞德・史密斯（Jared Smith），現在我也擔任這家公司的董事。關於如何成為一位好主管，我從部屬下學到的心得，和從主管學到的不相上下。我們做實驗，不在工作人員會議中做出任何決策，反而把決策推出去，給最接近事實的人。我們的執行效率開始提高。我們希望讓公司所有層級都能安心地「對大權在握的人說實話」，因此試行「主管除錯週」（manager fix-it week），並慎重設計「主管反饋時段」（manager feedback session）。

我會在本書第二部詳加解釋所有技巧，現在需要了解的重點是，在Google，主管只靠「權力」或「權威」，無法把事情做好，他們必須另闢蹊徑，找出更好的方法。

在Google任職六年之後，我有自信我也做到了：我已經學會用更好的方法當主管。我未曾再犯當時面對鮑伯時犯下的錯，但我也沒有變成渾蛋。我帶領的業務營收成長超過十倍，價值幾十億美元，雖然當中許多成長動力是來自於產品本身而非銷售，但我們這群人確實有所貢獻。我們執著於效率，而且即便營收成長一飛衝天（這正是擴大規模的定義），我們還能縮減北美的員額。長期下來，除了AdSense之外，我的團隊還納入了全球YouTube和DoubleClick的線上銷售及營運團隊。我們的起跑點是北美的一個小團隊，這個小團隊天馬行空、愛找樂趣的文化強烈，得以橫跨杜拜、聖保羅、布宜諾斯艾利斯、紐約、舊金山、雪梨、首爾、東京、北京與新加坡，整合各地人力。

然而，我發現自己愈來愈不在乎核心商業指標（如每次點擊成本、營收等）。我真正感興趣的，是如何定義、教導他人這套我發展出來的「更好的方法」，去做一個好主管。這仍然比較偏向是本能，而不是一套哲學。我需要時間思考，才能把當中的奧秘說清楚講明白。

## 蘋果給我的啟示

在Google，沒有一份工作可以容許我坐下來負責思考就好。擔任營運相關的職務，使得我沒有太多時間安靜地想一想。還好，就在西南方九英里處，史帝夫·賈伯斯（Steve Jobs）創辦了蘋果大學（Apple University）。我商學院的恩師理察·泰德羅（Richard Tedlow）之前離開了哈佛大學，加入賈伯斯培養出色領導人才的新殿堂。他說蘋果大學的要求大致如下：「我們希望對抗組織的平庸引力。」要達成此一目標，部分重要工作就是發展出一套課程：蘋果管理學（*Managing at Apple*）。當我得到設計與教授這門課程的機會，馬上應允。

蘋果管理學是為新手主管設計的課程，但高階主管發現，這門課同樣也能幫助他們團隊中的資深主管。雖然這門課並非必修，但是我們遭遇到的最大問題，還是如何想辦法滿足大家的需求。我在蘋果任職時教了好幾千人，大獲好評。我離職之後，還有更多人來上這門課。

我從中體驗到教學相長。我曾經和一位在蘋果任職的主管對話，他幫我看清楚，我在職涯發展早期用來打造團隊的做法，有哪些嚴重失誤。過去，我向來把重點放在最可能獲得拔擢的員工身上，我以為要成為成長型公司就得這麼做。但有位蘋果公司的主管點出，所有團隊都需要穩定與成長兼備，才能發揮功能，如果每個人都為了下一次升遷你爭我奪，就無法順暢運作。她把自家團隊中成果傑出、但成長軌跡比較慢的成員稱之為「磐石明星」，因為這些人很可能變成團隊裡的「直布羅陀巨岩」。這些人熱愛自己的工作，可以做到世界級的水準，但是他們不想要她或賈伯斯的工作，他們很滿意現狀。至於成長軌跡陡峭的成員，她稱之為「超級明星」，你如果要這些人一年都做同一件事，他們會瘋掉。對於任何團隊來說，這些人就是成長的來源。她很清楚，主管需要平衡兩方。

這真是震聾發聵的真心告白。蘋果公司成長快速，規模大於Google，但卻仍然騰出空間，容納各種不同抱負的人才。在蘋果，你必須把自己的工作做到出色，你必須熱愛你的工作，但你不必執著於升遷，也能擁有充實圓滿的職涯。我在Google，一貫低估所謂磐石明星類型的員工，這種錯誤導致很多貢獻卓越的員工非常不開心。Google偏愛成長軌跡陡峭的員工類型，部分理由是對傳統企業慣例的反動；傳統企業通常會箝制想要「改變一切」的員工。蘋果在對抗「組織的平庸引力」的同時，之所以還能如此壯大，讓懷抱不同抱負的員工都有空間，正是原因之一。

Google向來是世人心目中「由下而上」的企業，願意下放權力給極年輕員工帶動決策。主管的角色多半是讓出一條路來，有時會出手幫忙，但絕對不會過度干預。我預期蘋果公司的做法會相反，把掌控一切的賈伯斯所說的話奉為聖旨，把他的輝煌願景從高層傳下去，驅動整個團隊落實他的想法，不容有任何異議。但實情並非如此。

我有位同事分享了一個和賈伯斯面談的小故事，恰恰說明了為何蘋果並非如我想像。我同事問了賈伯斯幾個合情合理的問題：「你對打造團隊有何想像？團隊該有多大？」賈伯斯反吐槽道：「如果我知道所有問題的答案，那我就不需要你了，對吧？」此話接近粗魯，但也給了員工許多力量。接受傳奇主持人泰莉‧葛蘿絲（Terry Gross）專訪時，賈伯斯用比較溫和的方式說明他的做法：「蘋果公司聘用告訴我們要做什麼的人，而不是告訴我們聘用的人要做什麼。」確實，我在蘋果任職的經驗也是如此。

在蘋果一如在Google，主管要能創造成果，比較重要的是傾聽與設法了解員工，而不是告訴大家該做什麼；是辯證，而不是指導；是敦促員工做決策，而不是自己拍板定案；是說服，而不是下令；是還能學習什麼，而不是已經知道什麼。

## 關係是管理工作的核心

但是，自主與忽視是兩個完全不同的世界……經歷過「鮑伯事件」之後，我知道做錯是什麼感覺，以下的歷練則讓我明白做對又是什麼感覺。

在蘋果管理學的課堂，我們經常會放一部影片，內容是賈伯斯說明他用什麼方法提出批評。他說出了一件很重要的事：「你要做到一點，不要讓他們覺得你沒有信心、開始質疑他們的能力，但也不要留有太多可供詮釋的空間……這很難做到。」他繼續說：「我不在乎犯錯，我也承認我犯了很多錯，這我不太介意，我在意的是我們做了對的事。」*說得好！誰能爭辯這一點？

但是，如果你把影片再往回轉一點，你會聽到賈伯斯這番話所要回答的問題：有人問他為何經常說「你做的東西是廢物」這句話。最起碼，從字面上來看，這種話不太可能培養出信任，或是讓團隊感覺有力量承擔風險。這句話聽來像是霸凌，而且在某些時候可能還真的就是。我當然不建議任何人對屬下說這種話。

一開始，我用輕描淡寫的方式跳過這個問題。「請記住，」我說，「你不是賈伯斯。」

此語一落，總會引來一陣笑聲，但這種說法其實閃躲了一個重要問題。我反思卡特斯和佩吉之間的爭論。不知道為

---

* http://www.magpictures.com/stevejobsthelostinterview/.

什麼，他們可以對彼此大吼而相安無事。為什麼？我絕對不會說「你做的東西是廢物」這種話，也不會對員工大吼。

或者，我其實會？我想起在Google時的一件事。當時，我們正要讓AdSense登上國際，而曾和我一起在喬思公司任職的史密斯，當時也在我的Google團隊中。他一直搞不清楚斯洛伐克（Slovakia）和斯洛維尼亞（Slovenia）的差別，還一副這兩個國家誰是誰沒有什麼關係的樣子。在某場三十分鐘的談話裡，他五度搞混兩者，我怒氣沖沖的說：「是斯洛伐克，蠢蛋！！」

我和史密斯共事甚久，他（以及會議室裡的每一個人）知道我非常尊敬他。他有可能、確實也偶爾曾用同樣情緒化的粗暴方式指責我。我尖刻的糾正，快速而高效地讓他集中精神；他之後就沒再犯這個錯。我這樣對史密斯講話不致於不妥的唯一理由，是我們這些年建立起來的關係。

我的重點不是你要靠咒罵、咆哮或刻薄才能做個好主管；事實上，我不建議這樣做，因為就算雙方的關係進展到你認為大家都知道你們兩人彼此尊重的程度，身為主管的你，有時候還是會誤判信號。我要強調的反而是，如果你是習慣這樣溝通的人，你就必須培養可以支持這種溝通方式的信任關係，而且必須聘用能適應你的溝通風格的員工。

矽谷這個地方，是探討主管與直屬部屬之間關係的理想場景。二十年前，矽谷不教導也不獎勵管理技巧，但如今，這裡的企業都對此相當著迷。原因可能並非如你所想。之所以如此，不是因為這些企業的經營者都是不斷尋找理論的新世紀大師，不是因為這裡的員工和其他任何地方在本質上有任何不同，更不是因為這裡的企業有大把的培訓預算，或是從大數據中汲取到什麼根本性的洞見、看透人類本性。

都不是；矽谷之所以變成研究主管與部屬關係的好地方，是因為這裡的人才戰爭激烈緊張。矽谷有那麼多好公司在成長、在找人，如果在有誰工作得不開心，或是認為自己的潛力被糟蹋，沒有理由待在某家公司不動，更沒有理由忍受別人的渾帳行為；如果你不喜歡主管，那就走人，因為你知道外頭還有十家公司排隊等著聘請你。因此，企業承受著培養良好職場關係的沉重壓力。

即使在矽谷，人際關係也沒有規模可擴增性。即使是佩吉，他只能和一小群人建立真正的關係，不會比你多。然而，你和這一小群直屬部屬之間的關係，會左右你整個團隊可以達成的成績。如果你領導的是一家大型公司，你個人無法和每個員工都建立關係，但是你和直屬部屬之間的關係，會影響到他們和他們的直屬部屬的關係。這種漣漪效應影響深遠，能創造（或摧毀）正向文化。關係或許無法擴大規模，但文化可以。

「關係」是正確的關鍵詞嗎？是的。2001年到2011年間擔任Google執行長的艾力克．施密特（Eric Schmidt），他和佩吉之間的關係便是商業史上一場有趣的雙人舞。曾在蘋果擔任營運長、現為執行長的提姆．庫克（Tim Cook），曾自願捐肝給賈伯斯，而賈伯斯拒絕接受他的犧牲，這兩人也親身示範了何謂深刻的個人關係。

以這類關係而言，比較恰當的性質是什麼？管理資本主義（managerial capitalism）是一種相對新的現象，也因此古代的哲學家並未談及這種人際之間的羈絆。幾乎每個現代人在某個時候都有個主管，但在哲學、文學、電影以及其他我們用來探索各種主宰人生關係的憑藉裡，這類主管部屬之間的連結卻都未受重視。我希望修正這一點，因為不管在蘋果、Google或是任何其他地方，好主管的養成核心，就是培養良好的關係。

我發現，如果要形容這種良好關係是什麼，最適當的詞彙便是「徹底坦率」（Radical Candor）。

# 如何使用本書

我寫作時，念茲在茲的都是本書的最終使用者，也就是各位。根據個人經驗以及多年來輔導領導者的經歷，我聽到的訊息是，無論是再怎麼樣關懷個人的環境，主管通常還是覺得孤獨。他們因自認表現不佳而羞愧不已，還堅信別人當主管都做得很好，因此更加無法或怯於開口求助。但是，天下當然沒有完美的主管。激發出我的使命感，讓我分享書中所述概念與方法的動力，是我想幫助各位避免我曾犯過的錯。也就是因為這樣，我才把這麼多個人小故事拿出來講。

第一部旨在讓各位寬心。要成為好主管對任何人來說都是一件難事，不論他們外表看起來多麼成功都一樣。你會發現，第一部中所述的真實案例驗證了你的某些個人經驗。我希望你也能因為明白以下兩點而樂觀起來：（一）你並不孤單，以及（二）比較好的做法可能沒有你害怕的那麼困難。主管的人性是提高成效的助力，而非阻力。

第二部是實作手冊：這是一套按部就班的方法，讓你和直屬部屬建立至誠至性的關係，並說明「徹底坦率」如何協助你履行身為主管的主要責任，那就是指引你的團隊創造出成果。

如果你繼續讀下去，或許偶爾會覺得我針對你身為經理人該做的事提出太多建議，讓人難以招架。請深呼吸。我的目標是要替你節省時間，讓你的行事曆不會被種種會議弄得一團亂。要成為好主管，你確實需要花時間和直屬部屬相處，但不要把全部時間都花在他們身上。如果你實際操作書中的每個概念、工具與技巧，你每週花在管理團隊的時間最多約為十小時，而這十個小時在日後可以為你省下大把時間，讓你免於頭痛。我也建議你每星期撥給自己十五個小時，在所屬專業領域進行獨立思考與實踐。這樣一來，每星期四十小時的工作時間還剩下十五個小時。我期待你可以宣告這些都是你自己的時間，但如果你的情況跟我一樣，你會把其中大部分時間用來處理意外。

我在寫這本書的時候，設想的大致上是身為主管的讀者，但是對於各位的主管，以及支援各位的人力資源和學習發展部門人員，我也想向他們致意。我曾在Google領導一支七百人團隊，我看到經理人通常會重蹈覆轍。即使可以預測事情將要出錯，成功的干預措施卻非常難覓。有些時候，我覺得自己就在看著火車出軌的慢動作畫面，而同樣的場景我之前已看過幾十次。這是最糟糕的「似曾相識」經驗。撰寫本書時，有很多人力資源以及學習發展部門的員工提供建議，我也從他們臉上的表情認出了相同的感受。我希望本書能協助各位防範可預見的錯誤，不致落入永無休止的輪迴。

如果你正為了多元性與領導等議題而傷神，本書也和你切身相關。性別、種族和文化的差異，確實讓坦誠關係的經營難上加難。要以徹底的坦率面對和自己類似的人，是很可怕的事；要以這樣的態度面對看起來不同、說著不同語言與信奉不同宗教的人，可怕程度不知多幾倍。面對和自己不同的人，一般人多半傾向於「濫情同理」或「惡意攻擊」或「虛與委蛇」。若能學習敦促自己和他人克服內心的不自在，奉行「徹底坦率」原則，做到將心比心，局面將因此大不相同。

第一部

# 管理新思維

# 1

# 培養徹底坦率的關係

## 把完整的自我帶進職場

### 這就叫「管理」，這就是你的工作

每當我步出電梯，踏入我們在東村（East Village）租下的喬思軟體公司辦公室（我在二〇〇〇年時和他人共同創辦這家新創公司，辦公地點的前身為大型倉儲），通常會湧出一點點的興奮感，但那天我覺得很沮喪。

工程師晚上和週末都在加班，努力要做出產品的初期「beta」版，一個星期內就要準備就緒。銷售團隊已經握有三十家大公司客戶，等著要進行beta版測試。如果這些客戶都接受我們的產品，我們就能籌得下一輪的資金；如果他們不要，我們在六個月內就會燒光資金。

這當中有一個阻礙：我。前一天晚上，我們的天使投資人戴夫·路克斯（Dave Roux）對我說，他認為我們的訂價方式完全錯誤。「回想一下上一次你購買二手車的情形，我說的是那輛價錢不到一萬美元的車；現在，想想賣車給你的業務員。那就是你們的業務人員未來的樣子。這些人將會在市場上代表你們公司。」我打從心裡知道路克斯是對的，但是我不能只憑著一股直覺就去找銷售團隊或董事會，把全部改掉。我需要坐下來做些分析，而且要快。我把當天早上行事曆上的會議都推掉，讓自己好好想一想。

我剛走進辦公室沒幾步，一位同事就衝進來了，他要馬上跟我談一談。他剛剛得知他可能需要移植腎臟，他完全慌了。談了一個鐘頭並喝完兩杯茶後，他看來平靜多了。

我朝我的辦公桌走去，經過一位工程師身邊，他的孩子正在加護病房裡。我必須問問他的情況。「你兒子昨晚的情況如何？」我問。沒好轉；當他告訴我昨天晚上有多難熬時，我們兩人的淚水都在眼眶裡打轉。我說服他離開辦公室，出去透透氣，整理一下自己，一小時後再去醫院。

我離開他的辦公桌時淚已經流乾，又經過了品質保證經理身邊。他的小孩情況好多了：這個小女孩剛剛在全州的標準化數學測驗中拿到最高分。當我從同情轉變為慶賀，心情感覺像是洗了個三溫暖。

等我回到自己的辦公桌，我已經沒有時間、也沒有心情去思考定價問題。我關心每一個人，但我覺得累壞了，我感到萬分沮喪，因為我沒完成任何「實質」的工作。當天稍晚，我打電話給我的執行長教練萊絲莉．柯荷（Leslie Koch），大吐苦水。

「我的工作是要打造一家出色的企業，」我問，「還是，我其實不過是某種情感保母而已？」

柯荷是個很有想法的微軟前高階主管，她幾乎是脫口而出回答我：「這可不是當保母。這就叫『管理』，這就是你的工作！」

每次當我覺得有比傾聽員工說話更「重要」的事該做時，我就想起柯荷的話：「這就是你的工作！」有十幾位新手主管在上任幾星期之後來找我，抱怨他們覺得自己像是「保母」或「心理醫師」，這時，我就把柯荷的話說給他們聽。

我們低估了身為主管要負擔的「情緒勞動」（emotional labor）；這一詞通常都用在服務業或健康醫療產業的從業人員身上，例如精神科醫師、護理師、醫生、侍者、空服員。但就像我在接下來的篇章中會提到的，這種情緒勞動不僅是主管工作的一部分，更是成為好主管的關鍵。

## 如何成為好主管

由於我擔任管理職務，因此幾乎我遇到的每一個人都會問我，如何成為更好的老闆／管理者／領導者。提問的人包括我的屬下、我輔導的各家企業執行長、來修我的課的人以及來聽我演講的人。我和拉洛威共同創辦的坦率公司打造了一套管理軟體系統，用戶也會來問我問題。還有人把他們遭遇的管理困境傳到我們的網站上（radicalcandor.com）。提問的人還包括：學校表演時坐在我身邊、困擾不已的家長，他們不知該如何告訴保母不要餵小孩吃這麼多糖；因為工班沒有準時出現而萬分沮喪的包商；剛剛獲得拔擢成為主管、卻告訴我主管難為的護理師——她替我量血壓時，我覺得我應該也替她量一量；在飛機上碰到的高階主管，他以無比的耐心講手機，啪一聲掛上之後，只能問蒼天：「為什麼我之前會聘請這個低能兒？」；我的一位朋友，她一年前開除了一名員工，對方臉上的表情一直讓她糾結不已。無論提問者是誰，他們多半透露出深層的焦慮：許多人覺得他們在管理上的表現不夠好，比不上他們做的「實質」工作。通常，他們會覺得自己辜負了直屬部屬。

儘管我痛恨看到這類壓力，但我認為這些對話十分有益，因為我知道我幫得上忙。結束談話時，他們都更有信心，覺得自己可以成為出色的主管。

人們在問我問題前，通常會先提個有趣的話頭當前奏，因為多數人不喜歡大家對主管職責的稱呼：「老闆」（boss）會引發不公不義的感受，「管理者」（manager）聽起來官僚，「領導者」（leader）則像是自吹自擂。我偏好「老闆」一詞，因為說到領導（leadership）與管理（management）的差別，我們通常把領導者定義成空談講大話、但實際上什麼都不做的人，管理者則是執行者。還有，這兩個詞也隱含著很有問題的階級差異，彷彿領導者是達成某種水準以上的成就後就無須從事管理的人，新手管理者也不用負責領導。泰德羅為英特爾（Intel）傳奇執行長安迪·葛洛夫（Andy Grove）作傳，書裡主張管理和領導就像是正手拍和反手拍，要贏球必須擅長兩者。我希望，到本書末了時，你對於這三個詞都有更正面的聯想：老闆、管理者、領導者。

解決掉語義學的問題之後，下一個問題通常非常基本：主管（老闆／管理者／領導者）通常做些什麼？去開會？發送電子郵件？告訴員工該做什麼事？做白日夢想著策略、然後期待別人幫忙落實？一般人很容易就懷疑他們根本什麼事都不做。

但是說到底，要為成果負責的人是主管。他們之所有能有成果，並不是因為自己一手包辦所有工作，而是靠著為團隊成員提供指引。

## 主管指引團隊以獲致成果

我會被問到的問題，大致上可以分成三類，它們也是管理者必須肩負的三大類責任：

第一，**提供指引**。

指引通常也稱為「反饋」。一般人都懼怕提供反饋，就算是稱讚也一樣（稱讚別人會讓對方覺得你高高在上），批評就更不用說了。如果對方起了防衛心怎麼辦？開始大吼怎麼辦？威脅要提出告訴呢？淚如泉湧呢？如果對方拒絕理解批評，或找不到方法修正問題呢？要是根本沒有任何簡單的方法可以解決問題呢？這時身為主管的人應該說什麼？但是，當問題簡單明瞭、顯而易見時，情況也沒有比較好。為什麼對方還不知道這是個問題呢？為什麼我還得說出口？我人太好了嗎？我人太壞了嗎？這些問題愈放愈大，讓大家常常忘了他們需要徵求別人的指引，並鼓勵雙方彼此指引。

第二，**打造團隊**。

要打造一支向心力強的團隊，代表要找到對的人擔任對的職務：包括聘用、辭退、拔擢。可是一旦找到對的人放在對的職務上，你要如何讓他們繼續保有動力？矽谷特別多這類問題，比方說：為什麼每個人連自己已經有的工作都做不好，卻總是在找下一份工作？為何千禧世代期待他們的事業發展附帶說明書，像樂高積木組一樣？為什麼員工總是掌握到相關技術後就馬上離開團隊？為什麼團隊總是分崩離析？別人為什麼不做好自己的工作，好讓我也做好我的工作？

第三，**取得成果**。

很多經理人總是沮喪氣餒，因為要把事情做好本應不難，但現實卻非如此。團隊規模擴大兩倍，成果卻沒有相應倍增；事實上還變得更糟。這是怎麼一回事？有時候是做事步調太慢，比方說，只要主管放任，屬下永遠都會提出論點來爭辯。為什麼他們不做個決定？有時候是步調太快，比方說，團隊之所以趕不上截止期限，是因為團隊完全不願做任何計畫，成員堅持亂槍打鳥，不準備，不瞄準！為什麼他們不三思而後行？又或者，他們是以自動導航模式行事：這一季完全依照上一季行事，但上一季根本是慘敗。為什麼他們會覺得結果會有差別？

指引、團隊與成果，這是所有主管的責任，任何負責管人的人都適用，包括執行長、中階經理以及新手領導者。執行長要處理的問題範圍可能較廣，但仍必須和其他人合作，當他們成為「長」字輩之後，他們的成敗反映了他們所有的怪癖、技能與弱點，兩者息息相關，一如他們第一次擔任管理職之時。

不知道自己面對部屬時是否做對的經理人，自然會想問我這三大主題。我會在本書中完整論述每一項。

## 領你向前的是關係，而非權力

但是，「成為好主管」有一個最重要的核心問題，卻通常無人提起。質標公司的執行長雷恩．史密斯（Ryan Smith）例外。我剛開始輔導他時，他問我的第一個問題是：「我的團隊才剛聘用了幾名主管。我要如何快速和他們每一個人建立關係，使得我能信任他們，而他們也能信任我？」

鮮少有人像史密斯這樣一語中的，一開始就把重心放在最大的管理難題：如何和每一位直接向你彙報的部屬建立起信任關係。如果你領導的是大型組織，你沒辦法和每一個人都培養關係，但是，你可以做到真正了解直接向你報告的部屬。然而，當中有種種因素造成阻礙：最首要且最重大的是權力動態，另外還有害怕衝突、擔心逾越適當與「專業」的分際、恐懼失去可信度以及時間壓力等等。

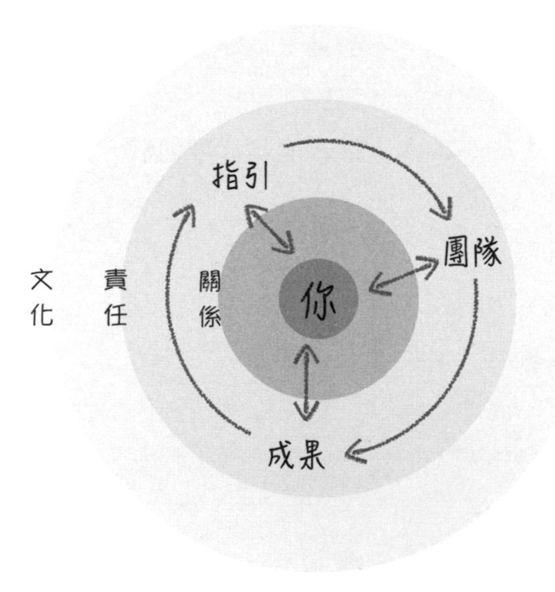


可是，就你的工作而言，這類關係卻是核心，左右了你能否履行身為主管的三

項責任：（一）營造指引式的文化（包括讚美與批評），讓每個人都朝向正確方向前進；（二）深切了解激勵團隊中各個成員的因素為何，以避免工作過勞或無聊，並凝聚團隊；以及（三）以同心協力創造成果。如果你認為少了強韌的關係也辦得到，那是自欺欺人。我的意思並不是不受限的權力、控制與權威就無效；這些因素在狒狒社群或獨裁體制之下效果特別好。但如果你正在讀本書，這些就不是你該培養的關係。

責任與關係之間有一種良性循環。學著用最好的方法獲得、提供與激發指引，把適當的人選放在團隊裡正確的位置上，並合力創造出你不敢奢望單靠任何個人能得到的成果，這些行動都能強化關係。

當然，責任和關係之間也可能是惡性循環。當你無法指供必要的指引，協助部屬順利完成工作，當你把人放到他們不想要或不適任的職務，或者當你逼迫人們達成他們覺得根本不切實際的成果時，就是在破壞信任。

關係與責任會彼此強化，方向可能是正面也可能負面，這股動態會帶領身為主管的你向前邁進，或者讓你向下沉淪溺斃。你和直屬部屬之間的關係，會影響他們和自己直屬部屬之間的關係，以及你所帶領團隊的文化。你是否有能力和直屬部屬之間建立起信任、充滿人性的關係，將決定接下來每一件事的品質。

定義和直屬部屬間的關係至為重要；這些關係的個人色彩很濃厚，而且和你生活當中的其他人際關係都不同。但是，當我們在準備經營這些關係時，多數人都茫然不知所措。本書的根本要旨 —— 徹底坦率，可以做為你的指引。

## 徹底坦率

培養信任不只是套公式，不是「A加B加C，得出一份美好的關係」。一如所有人際關係，主管和直屬部屬之間的關係同樣不可預測，沒有絕對的規則可循。然而，我找出兩個面向，互相搭配之後，有助於引領你往正向邁進。

第一個面向的重點是不能「只談專業」；這裡談的是關心他人，揭露自己除了工作以外的面貌，並鼓勵每位直屬部屬效法你這樣做。僅關心員工的工作能力是不夠的，要培養出良好的關係，你必須展現完整的自我，並從人的角度關心每位替你效命的員工。重要的不光是公事，個人層面也很重要，而且是深刻的個人層面。我把這個面向稱為「個人關懷」（Care Personally）。

第二個面向則涉及對員工說實話：在他們工作表現不理想時實話實說（並且說明表現不佳的時候為何），當他們無法得到夢寐以求的新職時實話實說，當你要空降新主管時實話實說，當他們現在正在執行的專案成果不足以支持更多投資時，也要實話實說。提出逆耳的反饋，針對團隊成員所做的工作做出艱難的決定，維持高水準的成果標準，這些不就是任何經理人應該做的工作嗎？但是，很多人都為此躊躇掙扎。挑戰別人通常會惹人厭，而且看來不是經營關係或證明你對人關懷的好辦法。但是，如果你是主管，挑戰他人通常是向他們證明你關心的最佳之道。這個面向，我稱之為「直接挑戰」(Challenge Directly)。

當你結合「個人關懷」與「直接挑戰」，就等於做到「徹底坦率」(Radical Candor)。徹底坦率能培養信任，開啟良好的溝通，協助你達成設定的成果。很多人在提問、討論管理的兩難時會表現出恐懼，徹底坦率可直接處理這股恐懼。最後你會發現，當對方信任你、相信你關心他們時，他們比較可能（一）接受你的讚美與批評，並根據這些意見行動；（二）告訴你他們真正的想法，讓你知道你有哪些地方做得很好，更重要的是——哪些地方沒那麼好；（三）與他人互動時也同樣用這種方式行事，這代表他們比較不會一再做徒勞無功的事；（四）樂於接受自己在團隊中的角色；以及（五）聚焦於創造成果。

為何要「徹底」？我選這個詞是因為有許多人受到制約，避免說出自己心中真正的想法。這有一部分是適應性的社會行為，幫助我們避免衝突或引發尷尬。但是，身處主管的位置，這類逃避的行為會導致嚴重後果。

為何要「坦率」？要讓每個人在挑戰彼此（以及自己！）時習慣直截了當，關鍵在於強調明確溝通有其必要性，不要留下任人詮釋的空間，而且要保持謙卑。

我不用「誠實」(honesty)，而用「坦率」(candor)，是因為我認為，相信自己確知事實，並不是謙卑的態度。「坦率」意指你只是對事實究竟如何提出你的觀點，你也期待別人提出他們的看法。如果最後發現你犯了錯，你也想知道。至少，我希望你會想知道！

說到「徹底坦率」，最讓人訝異的，或許是最終的結果通常和你擔心的差了十萬八千里。你唯恐對方會因此憤怒或懷恨在心，但其實他們會很感激有機會把話講開來。即便你確實引得對方生氣、憤恨或鬱鬱寡歡，但是，當他知道你確實關心時，這些負面感受也會隨風而逝。你的直屬部屬愈是能徹底坦率地對待彼此，你就不用花太多時間去調停。當主管鼓勵並支持大家奉行「徹底坦率」，溝通就會順暢，已經化膿的新仇舊恨就會浮上檯面並獲得解決，大家不僅開始愛上自己的工作，也會愛上共事的人以及身處的職場。當大家都愛上自己的工作，整個團隊便會更有成就；幸福快樂隨之而至，這份成就，更勝功成名就。

## 第一個面向：個人關懷

一九九二年七月四日，我在莫斯科，第一次了解到個人關懷的重要。當時我和十名全世界最頂尖的鑽石切割師，一起站在雨中的帳篷裡。我想要聘用他們。我當時為一家紐約的鑽石公司工作。兩年前，我剛大學畢業，取得俄國文學學位。我的學歷看來和我當時所處的情境不相關；這份工作只需要具備常識即可，無須深入理解人性。我必須說服這些人離開俄羅斯的國營工廠，工廠支付俄國盧布，而且金額小到不值一提，而我可以用美元付薪水，而且金額很高。我們就是用這些條件去吸引對方，對吧？付錢就好。

錯。這些鑽石切割師想要野餐。

就是因為這樣，我們才會站在棚子下吃著「*shashlyk*」

（俄羅斯烤肉串），配上小顆的酸蘋果，還有一瓶伏特加酒傳來傳去，而這些鑽石切割師在酒食之間問我問題。他們的第一項任務，是要把一百克拉的鑽石切割成一對絕無僅有的耳環。「誰會購買這麼大型的珠寶？」這些鑽石切割師想知道。我說這是一位沙烏地阿拉伯酋長要送給妻子的禮物，他的妻子剛生下一對雙胞胎。我答應帶他們去以色列見識最新科技（新科技的效率尚不如他們所用的老式銅盤）。他們想要學英文，我承諾會親自教學。「我們有可能大約每星期都一起吃一次午餐嗎？」絕對可以。當我們喝光那瓶伏特加時，又出現了另一個問題。「如果俄羅斯陷入煉獄，你會幫助我們、還有我們的家人逃出來嗎？」我知道，這是唯一真正重要的問題。野餐將結束時，我終於了解，有一件最重要的事是我可以做、但俄羅斯這個國家做不到的，就是關心，而且是關心個人。

這些鑽石切割師接受了工作。忽然之間，過去熬夜苦讀長篇小說的日子，和我因緣際會踏上的職涯有了連結。過去我向來對於是否要成為主管一事感到矛盾糾結，因為我認為主管是夢想殺手機器人，是像漫畫人物呆伯特（Dilbert）般摧毀靈魂的兇手。到那時我才懂我為何會選擇主修俄國文學：我想了解為何有人活得有生產力又快樂，有些人卻像馬克思說的，在勞動中「異化」（alienated）；這個問題正是主管工作的核心。事實上，我的工作有個面向是設法創造歡樂、減少不幸。人性是我達成高績效的原因，而非負債。

那場野餐會的兩年後，我安排這些人首次離開他們的母國，幫助他們理解眼前所見世界與過去蘇維埃教育給他們的期待有何差異，加強他們的英語能力，並和他們的家人相處。他們替公司切割出來的鑽石，每年銷售金額超過一億美元。

好主管必須照顧自己的直屬部屬，這一點再明顯不過。很少有人會在事業生涯的起步就想：我才不在乎別人，我認為這樣我才會成為好主管。但是我們太常見到，員工覺得自己受到的待遇，好比棋盤上的兵卒或賤民，不只在企業階層如此，在基本的人性層面也如此。

一般人之所以做不到「個人關懷」，部分是因為要謹守「保持專業」的訓示。這個詞語否定了某些重要的東西。我們都是人，有著人類的感情，都需要被當成一個「人」，即便在職場上也不例外。如果沒有，如果我們為了糊口必須壓抑真實的自己，就會覺得疏離，也因此痛恨上班。對多數主管而言，保持專業意味著準時上班、盡忠職守、不流露感情（除非從事「激勵」或某些這類目標導向的事務）。結果是，沒有人能安心自在地在職場上做自己。

佛瑞德·考夫曼（Fred Kofman）是我在Google時的教練，他有一句名言，剛好否定了讓許許多多經理人萬劫不復的「保持專業」，他說：「把完整的自我帶進職場」（Bring your whole self to work）。這句話已經紅透半邊天：Google的搜尋結果超過八百萬條；桑德伯格二〇一二年的哈佛大學畢業典禮演說引用過這句話；作家麥克·羅賓斯（Mike Robbins）二〇一六年以此為題在TEDx發表專題演說；Slack

公司的執行長斯圖爾特·巴特菲德（Stewart Butterfield）更把這句話奉為公司的第一要務。許多概念難以精準定義，「把完整的自我帶進職場」便是其中之一，但是當你打開心房接受這個想法，就會開始感受其中的意涵。這通常代表你要身體力行，對你的直屬部屬表露自己也有脆弱之處，或者在你日子難過時勇於承認，並營造一個安全的地方，讓其他人也能這麼做。

除了致力於「保持專業」，人們之所以做不到「個人關懷」，還有一個不太好的理由。成為主管之後，某些人就會開始在意識或潛意識裡覺得自己比較好或比較聰明，勝過直屬部屬。這樣的心態很難讓人成為厲害的超級主管，只會讓別人想要好好教訓你一頓。少有其他因素比優越感更有損人和人之間的關係。正因如此，我才討厭以「上司」做為「主管」的同義詞。我也避用「雇員」一詞。曾有一位主管對我說：「在每一段關係中，都有整人的和被整的。」不用說，我在他手下任職的時間不長。如果你是主管，必然會涉及某種程度的階級關係。假裝這不是事實並沒有用。但請記住，主管是一份工作，不是價值的判斷。

個人關懷是一帖良藥，預防落入呆板的專業主義、染上管理階層的傲慢。為什麼我說「個人關懷」，而不只是「關懷」？這是因為關心對方的工作表現或事業發展還不夠，唯有你投入全部自我去關懷完整的對方時，才能培養關係。

個人關懷的重點不是記住對方家人的生日與姓名，也不是分享個人生活中見不得人的細節，更不是在你寧願沒參加的社交活動中被迫閒聊。個人關懷的真義，是去做你已經知道該怎麼做的事，重點在於認同每個人在雙方共事的面向之外，都擁有自己的生活和抱負；在於找時間真正深談一番；在於從人的角度了解彼此；在於知道對別人來說有哪些是重要的事；在於和對方分享是什麼理由讓你早上願意起床上班，以及哪些原因讓你不想上班。

不過，個人關懷的重點不只是展現你在乎、讓你藉此履行主管的責任，你必須真心關心他人，同時也做好對方不領情反而痛恨你的準備。《冰上奇蹟》（*Miracle*）這部電影深入刻畫了這點。這部電影的主題，圍繞著一九八〇年美國男子冰上曲棍球國家代表隊的總教練賀伯·布魯克斯（Herb Brooks）。他把隊員逼得很緊，讓自己成為公敵，藉此凝聚整個團隊。看電影時，觀眾都很清楚他有多關心每一名球員，但是看到球員要花這麼久的時間才發現他用心良苦，實在叫人心痛。身為主管，有時就像走在一條孤單的單行道上，一開始時尤其如此。這不要緊。如果你可以吞下這些苦，當你的團隊成員有了自己的部屬之後，他們也更可能成為好主管。人一旦知道遇見好主管是什麼感覺之後，自然而然會比較想成為好主管。看著你關心的人成長茁壯、之後再去幫助別人成長茁壯，能帶來無限的安慰。

## 第二個面向：直接挑戰

哲學家約書亞·柯恩（Joshua Cohen）在推特（Twitter）及蘋果公司教導高階主管，也在史丹佛大學和麻省理工學院授課，他清楚說明為何互相挑戰很重要，不僅工作表現上如此，在建立良好關係上更是如此。他解釋時常引用英國哲學家兼經濟學家約翰·彌爾（John Stuart Mill）的話：

> 智者或有德者值得尊敬之處，在於能夠改過。人有能力透過討論與經驗改過。人不能只仰賴經驗。一定要討論，才能知道各人如何解讀同樣的經驗。

挑戰他人並鼓勵對方挑戰你，有助於培養信任關係，因為這麼做代表（一）你很在乎有人為你點出有哪些事做得不夠好，以及哪些事做得很好，以及（二）當你做錯時願意承認，你願意投入心力，修正你自己或他人犯的錯。但是，由於挑戰通常涉及歧見或拒絕，這個方法得正面迎向衝突，而不是避開衝突。

美國前國務卿柯林·鮑爾（Colin Powell）曾說，有時候，惹惱對方是一種責任*。你必須接受有時候團隊成員會對你發脾氣。事實上，如果從沒有人對你發過脾氣，代表你給團隊的挑戰可能還不夠。不管是哪一種關係，關鍵都是你如何處理憤怒。當你要說的話會傷人時，要承認別人會痛，不要假裝不會或者說「應該」不會，你要表現出你在乎。請把「不要覺得我在針對你」這句話從你的詞彙中拿掉；這話聽來很羞辱人。反之，請提供協助，修正問題。但不要為了讓誰

---

* 歐倫·哈拉利（Harari, Oren），《鮑爾成功領導手冊》（*The Powell Principles: 24 Lessons from Colin Powell, a Legendary Leader*）。

覺得好受一點而假裝這根本不是問題。到頭來，如果你在挑戰他人時都不忘個人關懷，就能培養出職涯中最美好的人際關係。

以這套「徹底坦率」管理方案來說，「直接挑戰」的部分特別困難，特別是一開始的時候。你可能還在培養信任的過程當中，就必須批評對方的工作成果或改變他們的職務。我在本書當中會花很多篇幅讓你知道怎麼做。但這還不是最難的。要培養信任，最困難的部分是請對方挑戰你，而且就向你挑戰他們時那樣直接。你必須竭力鼓勵部屬直接挑戰你，竭力到你可能會為此沮喪或憤怒。這是需要習慣的行為，對於「威權主義」成分較重的領導者來說尤其如此。但如果你堅持，你會發現你更了解自己，也更了解大家如何看你。這些資訊必能讓你和你的團隊創造出更佳的成果。

我的共同創辦人拉洛威最近禮聘愛麗莎・洛哈特（Elisse Lockhart），請她主導坦率公司的內容行銷事務。拉洛威非常堅持我們所說的「徹底坦率」行事作風，洛哈特是初履新職，因此常常保留自己的意見。拉洛威很靈敏地感受到這樣的動態，而且由於他是主管，因此他審慎地確認自己使盡全力鼓勵洛哈特，要她大力挑戰我們兩人，就像我們對她一樣。

雙方要培養出足夠的信任，做到不管彼此的上下彙報關係而互相挑戰，這需要時間，也需要特別關注。當拉洛威和洛哈特要為我們的網站合撰一篇部落格貼文時，我看到了培養信任得到成果的那一刻。洛哈特不同意拉洛威的某些遣詞用字，而且也坦白說出口。他們來來回回好幾次，洛哈特看來即將投降。拉洛威感受到了，於是他說：「如果我們有數據可以證明怎麼樣有用，我們就看數據，但如果我們有的只有意見，那就採用你的。」他這段話借用自網景公司（Netscape）的詹姆士・巴克斯戴爾（James Barksdale），但把最後的「我」改成「你」。拉洛威同意洛哈特的改動之處，接受度的數據證明洛哈特改的是對的。

膽子大了之後，當她再次需要為自己的觀點辯證時，力道更強了，強到她會擔心自己是否越過了和主管之間的那條界線。答案是沒有，而為了釐清這一點，拉洛威也傳了一段電影《征服情海》（*Jerry Maguire*）裡「幫助我，幫助你」（Help me, help you）的片段。片中的運動經紀人傑瑞（Jerry）和他的客戶羅德（Rod），重頭戲是羅德對傑瑞說：「你看，這就是我們兩人之間的差異，你覺得我們是在吵架，而我覺得我們終於開始談話了。」

## 這些不叫「徹底坦率」

我們談過謙遜的重要。徹底坦率並不是一張許可證，任你無緣無故就嚴以待人或者「從正面捅人一刀」。你不能僅因為用了「讓我以徹底坦率來對待你」開頭，就算是徹底坦率。如果你之後說的話是：「你是個騙子，我不相信你」或者「你是頭蠢豬」，你的行為不過只是一般的混蛋。如果你的行為沒有展現個人關懷，那就不是徹底坦率。

徹底坦率也不是吹毛求疵。直接挑戰對方很耗神，不僅是被你挑戰的人累，你自己也累。因此，請只針對真正要緊的事這麼做。對任何關係而言，比較恰當的基本原則是忍住不要對不重要的事指指點點，一天三件。

徹底坦率也無關階級。要做到徹底坦率，你要「從上」、「從下」以及「從旁」演練。即便你的主管與同僚並未完全接受這種方法，你也可以替自己以及你的團隊隊友建立一個徹底坦率的小宇宙。只要多一點謹慎，你可以繼續拓展到主管與同僚身上。但最終，如果你不可能以徹底坦率與主管、同僚相待，我建議你，可能的話，盡量另謀他就。

徹底坦率的重點不在於談天說地，也不是無限制地展現外向，讓團隊裡內向的人疲憊不堪，或者，如果你剛好是內向的人，把你自己消磨殆盡。重點不在於和同事一起喝酒、開賽車、玩雷射槍射擊，或是吃晚餐吃到不知散席；這些活動可能是紓壓的好方法，但是要花很多時間，而且不是幫助你了解同事最有效的方法，也不能向他們證明你關懷他們。

徹底坦率並非矽谷獨有的文化，更非美國專屬，而是屬於全人類。事實上，我是在一家以色列公司任職時，才開始思考徹底坦率這件事。

## 人際與文化的普世原則

徹底坦率的兩個面向都和脈絡密切相關，是從傾聽者的角度判斷，而不是說話者。徹底坦率不是一種人格特質，也不是一種才能或文化判斷。唯有對方了解你在個人關懷和直接挑戰的作為是出於誠心善意，徹底坦率才能收效。

我們必須時時警惕，某個人或某個團隊認為的徹底坦率，別人可能會覺得討厭（或露骨肉麻）。當我們從一家企業換到另一家時，有必要針對徹底坦率做調整，當我們從一國到另一國時，需要的調整幅度更大。在某個文化裡面有效的做法，無法直接轉換到另一個文化。

現在讓我們來談談以色列風格的徹底坦率。我從商學院畢業後沒多久，就在網路電話公司Deltathree找到工作。公司總部位於耶路撒冷。在我生長的美國南方，大家會想盡一切辦法避免衝突或爭論，在以色列卻剛好相反。我永遠忘不了偷聽到公司營運長諾姆．巴丁（Noam Bardin）對一位工程師咆哮：「那個設計的效率可以再提高十五倍。你自己知道你本來可以做得更好的。現在我們要扔掉你之前做的東西然後從頭開始。我們浪費了一個月，這是為了什麼？你之前到底在想什麼？」

此話聽來嚴厲、粗魯，甚至很……

一位Deltathree的投資人雅各．諾－大衛（Jacob Ner-David）邀請我去他在耶路撒冷的家共進安息日晚餐，我才開始比較了解以色列文化。他的妻子哈維娃．諾－大衛（Haviva Ner-David）當時正在研習，以成為猶太拉比（rabbi）。女性拉比在正統派的社群很罕見。她之前在所屬教區受到一些人的攻擊，雅各很支持她，他們一起說明兩人如何面對傳統教義。雅各和他的妻子質疑古時對於經文的詮釋，他的做法某種程度上讓我想起巴丁挑戰工程師這件事。如果挑戰並重新解讀神的教義是可以接受的事，那麼，彼此激烈的爭辯當然也就不是不敬的象徵。我生長在另一個大不相同的文化裡，那裡的人相信上帝用了剛好七天創造出這個世界，把任何演化之說當成異端邪說並非罕見之事。我不算是虔誠的神創論奉行者，至少不像巴丁的猶太人身分這麼絕對，但年輕時的宗教文化某種程度上仍影響了我們在職場上挑戰彼此的意願。我恍然大悟，原來我應該把巴丁的挑戰視為尊敬的象徵，而非無禮。

## 堅定挑戰，保持禮貌

幾年後我在東京管理一支團隊，又是另一次大不相同的經驗。Google美國總部處理手機應用程式廣告的做法，讓這支團隊非常沮喪。雅虎（Yahoo!）正快速擴張事業版圖，另外也有好幾家日本競爭對手緊追在後。這支日本團隊極為客氣，無法對負責產品管理的團隊講清楚問題所在，也因此無法改正問題。當我敦促他們挑戰Google總部處理手機應用程式的做法時，他們只是盯著我瞧，彷彿我瘋了。

嘗試讓東京的團隊效法巴丁在耶路撒冷的做法來挑戰權威，並不成功。在台拉維夫被視為代表尊重的爭論，在東京則是冒犯。他們甚至覺得「徹底坦率」一詞都太過激進。我發現，我在美國南方成長的背景有助於了解日本觀點：這兩種文化都極為強調禮貌，而且不公開與人衝突。因此我鼓勵東京團隊要「禮貌地堅持」。禮貌，是他們要展現個人關懷時最喜愛的方式。堅持，則是他們挑戰Google產品發展方向時最自在的做法。

我樂見這樣的結果。這支東京團隊不但堅持到底，而且努力不懈地要對方聽見自己的心聲。手機應用程式版的AdSense這項新產品能問世，有一部分也要感謝他們禮貌地堅持。我還有一個自己十分鍾愛的小故事，主角是周文彪，他曾為拉洛威效力，領導中國的AdSense團隊。一開始他對我和拉洛威畢恭畢敬，但等到我們說服他我們真的很想接受挑戰，他就完全放開了。和他共事真是非常愉快，他也是Google裡最坦率的經理人之一。幾年前，他在因緣際會之下成為悠易互通網總裁，這是北京一家線上廣告平台公司，規模達五百人。幾個月後，他發現這家公司有些大問題，也明確告知董事會與所有員工。周文彪花了很長的時間讓團隊了解，他關懷個人，而且會盡一切努力幫助他們成功。他確認員工拿到大量股票，還在新一輪募資展開之前拿自己的房子去抵押，以便準時支付員工薪水。今日，周文彪經營的是中國最成功的企業之一。

我在全世界都帶過團隊，最讓我驚訝的是英國人，雖然他們十分禮貌，但多半比紐約人還直接。這歸功於他們的教育體系非常注重口語辯證，與看重書寫的程度不相上下。然而，我親眼看到，不管是台拉維夫還是東京，不管是北京還是柏林，都能實踐徹底坦率。

# 2

# 建立開放溝通的文化

## 如何徵求、給予、鼓勵指引

### 我的「嗯」事件

我投效Google不久後，就要針對AdSense的績效對Google的執行長和兩位創辦人做簡報。雖然AdSense表現很好，雖然我的主管就坐在我旁邊支持我，但我還是很緊張。還好，我們有很好的內容可暢談：這項業務以前所未見的高速成長。當我環顧四周，我注意到執行長施密特的眼神，當我宣布上個月簽了多少新客戶時，他的頭突然從電腦前面抬起來。我讓他分了神、不去理會電子郵件 —— 這真是一大勝利！「你剛剛說多少？」他問。我重複數字，他差點從椅子上摔下來。

我無法期待比這更好的反應了。結束之後，我感受到隨著簡報成功而帶來的興奮混合著放鬆。主管在門邊等我，我半期待著能和她開心擊掌。但她反而問我能不能和她一起回她的辦公室。我的胃一沉，有事不妙了，但會是什麼事呢？

「你在Google會有出色的事業，」桑德伯格說話了。她知道如何吸引我的注意力：我親自弄垮了三家新創公司，非常需要成功一次。「你能夠兼顧正反兩面的事實，而不只是捍衛你自己的論據，這讓你的可信度大幅提高。」她具體提到我在簡報中說的三、四件事來支持她的說法。我之前還在擔心自己不夠強力主張我的論點，所以這對我來說是好消息。「我從你處理這些問題的態度上學到很多。」這聽起來不像單純的恭維；從她停頓以及直視我雙眼的態度中，我可以看得出來她是認真的。她希望我記住，我之前擔心的缺點，實際上是優點。

這很有意思，但是我想先整理好收起來，之後再來思考。我的胃部那股糾結的感覺揮之不去，就好像等著斧頭砍下來一樣。我實際上想知道的是，我到底哪裡做錯了？「但有些事不太妙，對吧？」

桑德伯格笑了。「你總是想把重點放在你本來可以做得更好的部分，這點我了解，我也是，我們從失敗當中學到的比成功更多。但我希望你花一分鐘聚焦在你做得好的部分，因為整體來說確實很好。這次很成功。」

我盡可能地全神貫注傾聽。最後她說：「你一直在說『嗯』，你自己知道嗎？」

「對。」我回答，「我知道我說太多『嗯』了。」她要和我一起走這段路，應該不會只是想和我談「嗯」這個問題。如果我真的有大麻煩了，誰還管我的「嗯」！

「是因為你很緊張嗎？要我推薦演說教練給你嗎？Google會支付費用。」

「我不覺得緊張。」我用手做了一個表示拒絕的手勢，彷彿要趕走一隻小蟲子。「我想，大概是口頭禪吧！」

「沒理由讓口頭禪這種小事絆住你。」

「我知道。」我又做出趕蟲子的手勢。

桑德伯格笑了。「當你擺出這種手勢，我覺得你是在忽視我對你說的話。我知道我必須非常、非常直接地告訴你。你是我見過最聰明的人之一，但說那麼多『嗯』會讓你聽起來很笨。」

現在這句話可引起我的注意了。

桑德伯格重複她提供的協助。「好消息是，演說教練真的可以幫助你處理『嗯』這個問題。我認識一個很擅長此道的人。你一定能改掉。」

## 短短兩分鐘，改變一切

思考一下桑德伯格如何處理這個狀況。即使演說整體來說很順暢，但她也並未讓正面的成果變成阻礙，而不去指出我需要改進之處。她馬上就做，不讓這個問題有損我在Google的名聲。她當然說了我在簡報中做到的正面成果，而且說得完整又真誠；她並不想用虛假的稱讚「夾帶」批評。她第一次的嘗試溫柔但直接。當我明顯沒在聽她講話，她愈發直接，但即便到了那時，她還是小心地「不針對人」，沒有讓她要說的事講成是個人特質。她說我「聽起來」很笨，而不是我很笨。而且我不必孤軍奮戰：她提供了具體的協助。我不喜歡覺得自己是有缺點的笨蛋，我想成為她準備投資的重要團隊成員。但是，這整件事還是有點傷人。

這次的對話在兩方面很有成效。第一，這讓我想要馬上解決我的「嗯」問題；和演說教練上完短短三堂課之後，我就有了明顯的進步。其次，這讓我感激桑德伯格，並激發我想為我的團隊提供更好的指引。她的讚美與批評方式，引發我思考如何教導其他人運用這種管理風格。

這一切都出自於一場兩分鐘的交會。

## 四大溝通模式

哇。你有多少次試過提供回饋、但完全失效？你要如何師法桑德伯格的風格提供指引，直接面對特定情況，並創造出漣漪效應，改變大家的溝通模式？

自從那次會談，我花了十年時間輔導矽谷下一世代的領導者，改變他們提供指引的方式，包括讚美與批評。這套方法極其簡單，誰都學得會。好的指引有兩個面向：一是個人關懷；二是直接挑戰。

我們在第一章討論過，當你同時做到這兩項時，就是徹底坦率。我們也可以藉由這兩個面向指出，其中一個或兩個面向都失敗時，會是什麼情況，比方說變成濫情同理（Ruinous Empathy）、惡意攻擊（Obnoxious Aggression），

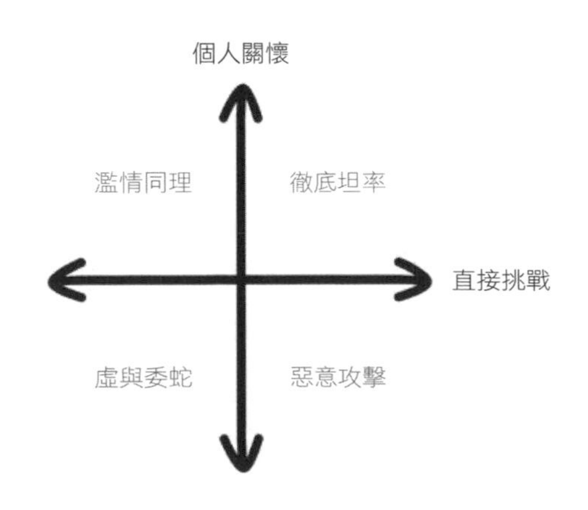

或是虛與委蛇（Manipulative Insincerity）。了解當你做不到個人關懷或直接挑戰時的處境，可以幫助你避免退回所有人都習以為常的舊習。

在我輔導過的對象當中，很多人都發現這套架構有助於讓他們更清楚自己獲得、給予以及鼓勵哪一種指引。我更對客戶大力強調另一點：記住「嗯」事件的重要寓意，那就是不要針對個人。每個象限的名稱指的都是指引風格，而不是個人特質。這些是衡量讚美與批評的方式，也是幫助人們記住，在提出這兩種意見時，如何做得更好。這些名稱不是為了貼標籤；貼標籤有礙進步。每個人多少都會涉足每個象限。我們都不完美；我從沒看過任何人永遠都能維持徹底坦率。再次強調，這並不是一種「人格測驗」。

且讓我們詳細討論這四個象限。

## 徹底坦率

並不是職場上才會有指引。我們常看到陌生人表現出某種程度的坦率，如果你能聽進去，可以改變你的人生。我收養過一隻黃金獵犬幼犬，取名為貝薇德芮（Belvedere）。在收養她沒多久之後，我就體會到這一點。我好疼貝薇德芮，把她捧在手心裡寵，她也因此完全失控。有天傍晚我們一起出去散步，我們等著過馬路時，小貝薇開始用力拖著狗鍊，汽車從我們面前疾駛而過，距離僅短短幾英尺。「寶貝過來，坐下。」我苦苦哀求。「綠燈馬上就亮了。」即便我一再保證，她還是使勁拖著狗鍊，想要衝過街。

一位等著過街的陌生人盯著我看，並說：「我看得出來，你很愛你的狗。」他花了兩秒鐘慢慢說這句話，明確表明他的關心，他並沒有批判我的意思。接下來，他十分直接地挑戰我。「但如果你不教她坐下的話，這隻狗會死掉！」他說得直截了當。之後，他沒有先問過我，就對著小貝薇彎下腰，手指人行道，以堅定的語氣大聲說：「坐下！」

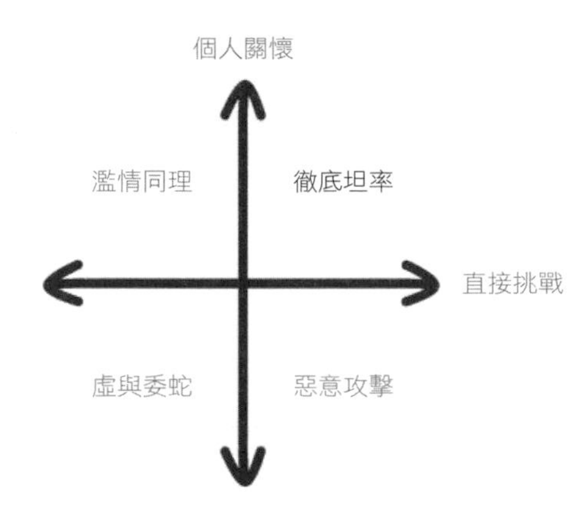


她坐下了。我目瞪口呆。

他微笑地說：「這不是虐待，這是說清楚。」燈亮了，他大步走過馬路，留下他的話，讓我自此奉為圭臬。

想想看，這整件事本來可能會怎樣收場。這位先生大可語帶批判（「如果你不知道如何照顧一條狗，你就沒有權利養！」），讓我心生防衛，不願意接受他簡單且重要的建議。

但他沒有，反而是先認可了我對狗的愛，並說明為何他的建議是正確的行事作風（不是虐待，而是說清楚！）。我大有可能會叫他滾一邊去，管好自己就好，但他並沒有因此而裹足不前。他以他的方式展現了他是一位領導者，我猜他在工作上也是一位好主管。當然，我和他之間並沒有建立起任何關係，但如果我是和他共事、而不是只在街頭相遇，這番短暫的互動將會成為一顆種子，從中培養出一段關係。

我希望永遠不要對人像對狗一樣說話，但我永遠也忘不了這位陌生人的話。「這不是虐待，而是說清楚！」成了我的管理座右銘，幫助我避免再度犯下我在前言中提過的錯誤——沒有在鮑伯的工作表現不夠好時告訴他。我努力要做好人，最後卻以開除他畫下句點，說起來真的一點都不好。十字路口這個小事件教會我一件事，我不一定要先花很多時間去了解一個人，或先建立關係，才能提出徹底坦率的指引。事實上，提出徹底坦率的讚美與批評，是了解對方並培養信任的好方法。

## 徹底坦率的讚美

最近我和我的共同創辦人拉洛威拍了一部影片，提供一些秘訣，教大家如何提出徹底坦率的讚美。拉洛威談到為何提供具體的讚美很重要，他舉的是他擔任小聯盟教練的例子。「你願意擔任小聯盟教練這一點讓我深感佩服。」我隨口說著。我想對他說這件事有一陣子了，這時我又突然想起這件事。他說：「謝謝你。」通常事情就這樣了，但之後我發現我的讚美並不具體：我並未對拉洛威說明為何我佩服他擔任教練。我對拉洛威講起這件事。他回答：「呃，真正的問題是我覺得你不是真心的；你討厭運動。」那時我懂了，情況比我想像中更糟。重點不在於我話說得不清不楚而且沒有幫助，他知道我關心他，但是他認為我的讚美很虛偽。

我們的工作是要建議別人如何提出好的讚美，但是我自己卻完全搞砸！這本來應該是一件很輕鬆的事，我的談話對象是拉洛威，他是我的共同創辦人，而且我倆已相識多年。

提供有益的讚美很困難，也因此衡量你提出的指引是很重要的事：要知道對方聽在耳裡是怎麼一回事。當我知道拉洛威的感受之後，我又再試了一次。

「你前幾天因為要去練習而早退，我刁難你，之後我覺得很難受。」我開始說，「因為其實我很敬佩你願意擔任小聯盟的教練。你把工作和個人生活整合得很好，不輸任何人。我總是在想自己陪小孩的時間夠不夠，你擔任教練工作而立下的典範，幫助我做得更好。而且，你從正向輔導聯盟（Positive Coaching Alliance）學到的內容也對我們的工作大有幫助。」

這一次，我的評語有了脈絡，個人色彩更濃厚，也更具體。這一次，拉洛威說了：「這才是徹底坦率的讚美！」

## 徹底坦率的批評

安卓爾・伊古達拉（Andre Iguodala）是職籃選手，在金州勇士隊（Golden State Warriors）身兼後衛與小前鋒，他解釋為何願意挑戰共事的人對成功而言如此重要。他說，致勝的秘訣，是向出色的球員指出他們有哪些地方可以打得更好，不管他們是否才剛贏得比賽，正意氣風發，或者應該說，當他們剛贏得比賽時特別要說。要維持頂尖水準有個大問題，那就是為了鞏固既有地位，永遠都得往上走。當然，伊古達拉的隊友不見得樂於聽他徹底坦率的批評，有時他們會認為他的行為是惡意攻擊。但就像我們在後文中會看到的，惡意攻擊在表達上與感受上完全是另一回事。

## 惡意攻擊

如果你沒多花個兩秒鐘展現你關心對方就先批評，聽的人會覺得你的指引是惡意攻擊。但很遺憾的，我必須說，如果你做不到徹底坦率，惡意攻擊會是你的次佳選擇。至少，對方會知道你怎麼想以及他們目前屬於什麼樣的狀態，團隊也能因此創造出成果。這一點也說明了某些討厭鬼在這個世界上確實有某些優點。

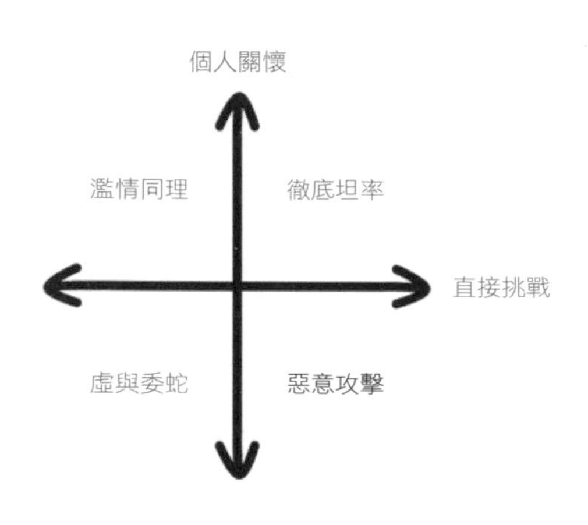


且讓我把話說清楚。我拒絕與不屑展現基本人情義理的人共事。我希望你保有完整的人性。愈多人能做到徹底坦率，就愈沒理由去容忍惡意攻擊。

但是，要做一個好主管會面對一個矛盾。多數人情願面對充滿挑戰性的「討厭鬼」主管，而不是因為要「做好人」而不願坦率行事的主管。我曾經讀過一篇文章說，多數人寧願為「稱職的討厭鬼」效力，而不是「無能的好人」。這篇文章明確表達主管的兩難，而這樣的困境也是我向來所擔心的。我當然不想無能，但我也不想變成討厭鬼。

還好，「要不就變成討厭鬼，要不然就無能」是一種錯誤的二分法：你不用在這兩種極端中擇一。我要再說一次，我看到的情況是，直接表達雖然在提出批評當時讓對方暫時很難受，但長期來說比較善良。（「這不是虐待，這是把話說清楚！」）此外，很多人因為擔心被貼上討厭鬼的標籤，反而把自己推向「虛與委蛇」或是「濫情同理」，對於他們的同事來說，這兩種狀態實際上都比惡意攻擊更糟糕，我們在稍後的章節中也會看到。

但是，惡意攻擊讓人疲憊，情況走向極端時尤其嚴重。行為落入這個象限的主管，鄙視員工，公開讓他們難堪，或逼走他們。有時候，惡意攻擊的短期效果很好，但長期來說會有很多人因此犧牲。想一想安娜・溫圖（Anna Wintour），她就是梅莉・史翠普（Meryl Streep）在「穿著Prada的惡魔」（The Devil Wears Prada）裡所飾角色的原型；或者印第安納大學的籃球教練巴比・奈特（Bobby Knight），他創下勝利的紀錄，卻被爆出怒丟椅子、用鎖喉功壓制一名球員等事件，最後終於被開除。當主管批評屬下是為了羞辱人而不是幫助大家進步，或容許隊員彼此人身攻擊，或把讚美貶為「呵護別人的自尊」，身邊的人就會覺得他們是惡意攻擊。

不管是在運動方面還是為了宣告主導權，最惡劣的惡意攻擊，是當你很清楚對方的弱點還故意瞄準攻擊。我碰過一位很清楚如何踩我地雷的主管：他有一種我稱之為「殘酷的同理心」特質。一個人知道如何讓對方有反應、並利用這點去傷害對方，幾乎沒有什麼比這更快摧毀信任。

太常見的情況是，主管認為員工比較卑下，貶低也不需要良心不安；員工認為主管是暴君，應該被推翻；同僚則認為彼此是互相對抗的敵人。出現這種有害的指引文化時，批評就變成武器，而不是有助於改進的工具，提出批評的人自覺大權在握，被批評的人則覺得很難受。就連讚美聽起來都像是譏諷的恭維，而不是慶賀出色的表現。比方說：「很好，你這次做對了。」

## 惡意攻擊的批評

讓我們來看一個我的前同事提出的批評案例，姑且稱他為「奈德」。奈德替他的全球團隊籌辦一場派對，請大家穿著代表自己國家的服飾出席。由於公司文化帶著點戲謔味，每個人都做滑稽打扮。還是公司新人的奈德，穿著昂貴的燕尾服出席。我猜他覺得自己過度盛裝是件蠢事，為了克服內心的不安，他進入貶低模式。他大步走向我的一位友人，也是他的新部屬，對方為了這場派對扮成愛爾蘭的綠色小精靈。在一大群人面前，奈德對我的朋友高聲說道：「我是說穿上代表自己國家的服裝，不是叫你扮成蠢蛋！」

我們很難不將奈德斥為討厭鬼，但這正是徹底坦率教我們要避免的基本歸因謬誤。譴責人的內在本質，而不是外在行為，等於不留改變空間。為什麼奈德一直沒改變？因為從來沒有人想要挑戰他的行為，所以他從來不需要學習，可憎程度也愈來愈高。

我承認我在派對上對這件事保持沉默，對此我完全不感到驕傲。奈德說我的朋友看起來像蠢蛋時，我人就站在旁邊，我什麼也沒說。之後我也沒在私底下對奈德說什麼。為什麼？因為我已經將奈德貶為討厭鬼，認定他不是值得一談的對象。我犯了基本歸因謬誤，我的行為是「虛與委蛇」。此事至今仍讓我感到羞愧。如果說有誰需要一些徹底坦率，那就是奈德。

記住，惡意攻擊是一種行為，而不是人格特質。沒有人永遠都是絕對的討厭鬼，連奈德都不是。而且，每一個人在某個時候都會展現惡意攻擊；很遺憾，這也包括我。我會說我通常不是混蛋，但我也曾表現得像個混蛋。

進Google幾個月後，我不太同意佩吉處理一項政策的方式。在一時沮喪之下，我發了一封電子郵件給了約三十個人，其中包括佩吉，信中說：「佩吉宣稱他想要整理全世界的資訊，但是他的政策是在創造『叢集網站』，弄亂全世界的資訊。」我繼續暗示，他之所以推薦這套政策，是因為著眼於提高Google的營收，而不是為用戶做對的事。

如果佩吉是我的屬下，而非我是他的屬下，我絕對不會發出如此傲慢、指控意味強烈的電子郵件。我會先私下問他為何要提出一套看來違背Google使命的政策。如果我同意他的理由，那就這樣。如果我不同意，我會指出他的前後矛盾之處，並試著理解他的理由（同樣也是私下進行）。但我面對佩吉時什麼都沒做。當然，如果我做了，我就會知道，他不只比我快了15步，他根本比我快了115步。我只是不了解這要怎麼運作罷了。

為什麼我會這麼做？有一部分是因為我相信「媚上欺下」的人罪大惡極，至少我沒有犯下這種錯誤。但是從另一面來說，我犯了另一種錯誤。我沒有真正想到，佩吉也是人；我把他視為某種半人半神的人物，我可以攻擊他，卻不用受懲罰。但無論居於何種地位，每個人都應該用基本的人情義理彼此相待。以這一次的情況來說，佩吉並不是對批評充耳不聞，一如我之前看到他和卡特斯的對話。我沒有理由對他這樣言詞粗暴。

我和佩吉之間的這件事是個好例子，它說明了沒有個人關懷，批評就會變成惡意攻擊。我當時或許以為自己的表現是徹底坦率，也就是「對位高權重的人說真話」，但其實不然。這顯然是一次「正面攻擊」，比暗箭傷人好一點，但還是很糟糕。

以我發出的電子郵件來說，第一個問題是我一點也不謙虛。我剛剛進這家公司，我不太了解Google的各套系統如何運作，我也懶得去理解為何佩吉會採取這樣的立場。我只是一味地做出一連串的假設，然後得出一個到頭來是錯的結論：認定佩吉比較在乎賺錢，而不是Google的使命。此外，我的建議完全派不上用場，因為我並未充分理解佩吉想要解決的根本問題。我犯的另一個錯誤，是在公開論壇批評佩吉，而不是私下說；私下說比較尊重他人。更糟的是，我針對個人。我本來應該要談的是AdSense的政策，但實際上卻是攻擊佩吉的人格，暗指他貪婪偽善。後來我在Google任職六年，期間我一看再看，確定佩吉完全不是這樣的人。他公正而且一致。但我在這裡要說的重點是，不管好話還是壞話，我都不應該去講到佩吉的人格。當時我是對人不對事。

## 惡意攻擊的讚美

讚美也可能變成惡意攻擊。來看看以下這封電子郵件，這是矽谷一家傳奇企業的主管發送給約六百人團隊的信，其中有七十人剛剛領到獎金。我姑隱其名，以免讓這些人更難堪：

寄件者：約翰 <JohnDoe@corpx.com>
日期：四月二十七日上午十一時五十三分
主旨：獎金得主名單！
收件人：giantteam@corpx.com

親愛的巨人團隊：
第三季有些同仁表現傑出，遠遠超過其他人，為公司創下極出色的佳績。管理團隊已經核發第三季獎金，以表揚這些團隊成員以及他們的成就。我希望藉此機會表揚這些出色的同仁，並請大家概覽他們的成績，詳見以下列表。

祝好

全球巨人團隊副總裁
約翰

**33號員工：**第五級銷售員，他自季度迄今創造出的營業額高於任何展示銷售員：第三季的業績為七百五十萬美元。他的基本獎金為七萬美元，超越目標的獎金則為十一萬六千美元，還低於市場水準的一半；公司可能留不住他。

**39號員工：**她為了爭取到XYZ這家客戶，完成了所有的麻煩事，處理好沒完沒了的試算表、更新資料、法律徵詢，最後創下了佳績（遠超過她所屬的第三級等）。

**72號員工：**過去四個多月來極為努力。並擔負額外的職責，那就是支援我本人。

請想想看，當第33號員工看到六百個人都知道他個人領了多少獎金這項資訊，他有何感想？我也懷疑，讓他知道他拿到的獎金只有市場水準的一半、而且他的主管認為他可能另謀他職，他真的會覺得比較舒服嗎？

再來看看信裡的第39號員工，她發現原來她做的不過都是些「麻煩事」，這還真能激勵人啊。我很懷疑，告訴她說她「遠超過她所屬的第三級等」時，真的會讓她感到很安慰嗎？還好信裡還有些笑料，公司之所以要發獎金給信中的第72號員工，是因為此人「支援我本人」。換句話說，這位副總裁是個蠢蛋，如果有人必須和他密切合作，公司還得付獎金鼓勵這些與他共事的人。

我們姑且相信這位主管是好意，假設他只是懶惰、感覺駑鈍，而非有意傷人，但無疑的，他面對部屬時也並未展現個人關懷的一面。他顯然是要求手下所有經理人為他提供發獎金的理由，從中蒐集相關資訊。但他不太在乎他要讚美的對象，甚至根本懶得去讀理由內容。他把內容直接剪貼到新郵件，然後就發出去了。發出大筆獎金，還能讓對方覺得讚美是火上澆油，而不是錦上添花，也不是簡單的事，但這位主管的電子郵件做到了。

## 虛與委蛇

當你不在乎對方、不想直接挑戰時，指引就會落入虛與委蛇。人如果太過在乎要受人喜愛，或是認為假裝可在爭權奪利上取得優勢，或者是累到不想去在乎或爭論時，讚美與批評就會流於虛與委蛇。虛與委蛇的指引很少反映出說話者的真實想法，說話的人只是想觸動對方的情緒反應，以獲得某些個人利益。「如果我說我很喜歡他那場愚蠢的簡報，他會很開心，也會讓我自己好過一點，不用對他解釋為什麼他的表現糟透了。但長期來說，我真的得另外找人來取代他。」

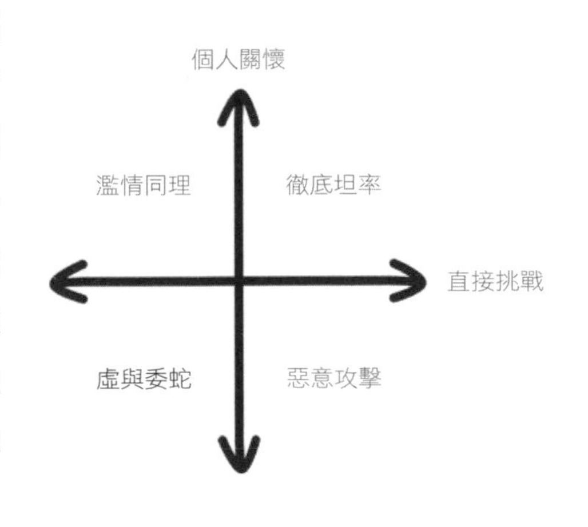


蘋果公司的設計長強尼・艾夫（Jony Ive）說過一個故事。有一次，他在評論團隊工作時手下留情。之後賈伯斯問

艾夫，為何他不把話說得更清楚，指出有哪些地方錯了，艾夫回答：「因為我在乎團隊。」賈伯斯答道：「強尼，不對，你其實是虛榮。你只是希望大家都喜歡你。」回想這件事時，艾夫說：「當時我非常生氣，因為我知道他說對了。」

正因如此，鮑爾才會說領導的重點有時在於願意去惹惱別人。如果你過度擔心別人對你的觀感，就不會願意說該說的話。以艾夫為例，他可能覺得這麼做是因為他在乎團隊，但實際上，在這些過度強調人情的時刻，他可能太在乎他們對他的感覺，換言之，就是太在乎自己。我也有過相同的經驗。我們都是。

你要關心你挑戰的人。但是，擔心他們是不是在乎你，並不是「個人關懷」，而且會逼得你在「直接挑戰」時走錯方向。這麼做無助於團隊創造出色成績，也無法推動團隊向夢想多邁進一步。請放下虛榮，真正關懷個人。如果你不在乎，就不要虛情假意，浪費自己和別人的時間。

很可惜，世俗的看法和許多管裡建議都促使主管減少挑戰，而不是鼓勵他們更關注團隊。通常，由這種心態所生的讚美或批評，要不就是讓員工覺得很諂媚，或者就是讓對方覺得被別人從背後捅一刀。無須多說，這無法在主管與直屬部屬之間培養出信任。

## 虛與委蛇的讚美

我們再回到之前提到我寫給佩吉的惡意攻擊電子郵件。送出之後，有些人打電話給我，問我到底為什麼要發這種郵件。我才發現自己無禮之至，我不但感到非常丟臉，還有一點恐懼。我之前到底在想什麼？

我仍然不知道我對於佩吉的新政策做出的評價錯在哪裡，但我很擔心能不能保住飯碗。所以，下一次見到佩吉時，我攔住他並對他說：「佩吉，我對那封電子郵件深感抱歉，我知道你是對的。」我的道歉語氣沒有問題，問題在於我沒有提出任何解釋，只是忽然改變我的立場。我的不誠懇十分明顯，而且此舉大錯特錯。佩吉很能感應出對方是不是在胡說八道，我也不太善於說謊。他什麼都沒說，但他臉上鄙視的表情道盡了一切。佩吉走開之後，站在附近的一位同事露出充滿同情與支持的微笑，對我說：「他比較喜歡你不同意他的時候。」

當你因為行為惡劣並惶惶不安，一個極自然的反應是少表現真心、多展露客氣，從惡意攻擊轉向更糟糕的立場：虛與委蛇。在「直接挑戰」這個面向上，什麼都不說，也比方向錯誤要好。更好的做法是，在個人關懷上多做一點：比方說，不怕麻煩地去理解佩吉的思維，之後提出一套解決方案，以化解他的和我的顧慮。在這樣的脈絡之下，承認自己之前行為惡劣，對方或許比較容易接受。

## 濫情同理

俄羅斯有一個小故事，說到某個人必須切斷自家狗兒的尾巴，但是他太愛這條狗了，所以他每天切一英寸，而不是一次切斷。他希望讓狗兒免除痛苦折磨的想法，徒然招致更

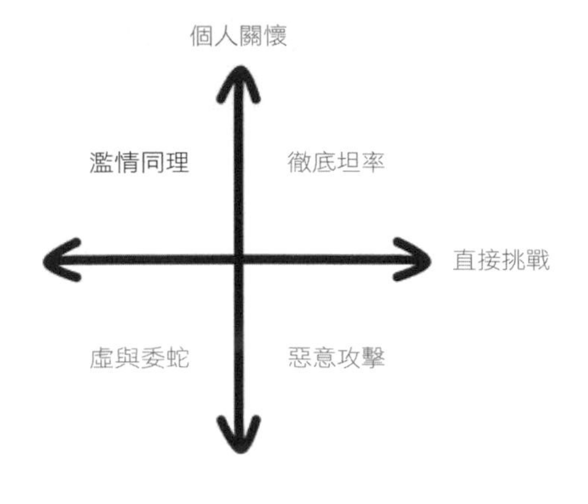


多的痛苦折磨。不要讓自己成為這種主管！

這是濫情同理的極端範例。我在職涯上見到的多數管理錯誤，多半出於濫情同理。人多半希望避免在職場上製造緊張或不安，就像善意但無能管教自家小孩的家長，也像是我對我家的小貝薇。

主管鮮少會為了摧毀員工的成功機會，或阻礙團隊，而刻意放任績效不彰，但濫情同理造成的淨效果通常就是這樣。同樣的，濫情同理的讚美不會有任何效果，因為背後的目的主要是為了讓對方好受一點，而不是點出真正卓越的成果、並敦促員工有更多好表現。關於我與鮑伯的故事，我在當中犯了很多讓人痛苦的錯誤；我從未批評過鮑伯，但後來必須開除他。

濫情同理也有礙主管徵詢批評。通常，當主管要求員工提出批評時，在最好的情況下，員工會覺得很怪，在最糟糕的狀態下，則會覺得很可怕。濫情同理的主管不會硬逼著大家撐過這樣的不自在，好讓員工挑戰他們，反而會樂於緩和尷尬困窘，大事化小、小事化無。

當主管太過在乎是否和大家和睦相處，唯恐埋下不協調的種子，也就難以鼓勵團隊成員互相批評。他們營造的職場是把「做好人」列為第一優先，代價就是沒有人要提出批評，因此也難以在實質上改進績效。

主管常犯的錯，是誤以為守在濫情同理的象限，就能和直屬部屬培養關係，之後邁向徹底坦率的境界。和他們共事是很愉快的事，但隨著時間過去，員工開始明白自己只會得到「很棒」以及其他語焉不詳的好評。他們知道自己做錯了某些事，但不確定到底是什麼。直屬部屬不知道自己的表現究竟如何，也沒有機會去學習或成長；他們通常不是原地踏步，就是被開除。這不是培養關係的好方法。另一方面，濫情同理會阻礙主管徵求批評，他們要一直等到有人離職，才知道出問題了。不用說，無論就主管還是部屬而言，這都不是培養信任的好策略。

## 濫情同理的讚美

我有位朋友說了個警世故事，是關於「只是想說好話」的領導者。隔天就要舉行發表會，半夜兩點，他還到處走來走去，然後遇見工程師阿納托利（Anatoly）。他問了工程師關於某個特定功能的問題。阿納托利回答了問題，並告訴他這項功能的幾個重要面向。幾天後，在發表會的慶功宴上，我的朋友在全公司面前表揚阿納托利，感謝他在這項功能上的傑出表現。

問題是，負責本專案的是一群能力很強的工程師，阿納托利只是其中之一。同樣從事該專案的其他工程師如今認定，阿納托利把這個功能的功勞全攬在自己身上。在尷尬萬分之下，阿納托利發出一封電子郵件給全公司，一一列出所有和他一起處理專案的人員。

我的朋友明白他犯了同理濫情。他讚美阿納托利只是想讓他開心，卻意外讓他變成箭靶。我的朋友建議自家公司的經理人：讚美之前，請詳細調查，確認你真的了解誰做了什麼，以及這為何是一項出色的成就。讚美和批評一樣，必須具體且完整。請深入細節。

## 邁向徹底坦率的領導

每當我和人們談到培養徹底坦率的文化時，他們都同意這個想法，但是要付諸實現讓他們感到很緊張。我的建議是先從說明這個想法開始，之後要求大家以徹底坦率的態度對待你。一開始先尋求他人回饋，換言之，不要先由你來對別人批評指教。之後，換你行動時，先從讚美開始，不要先批評。當你要開始批評時，務必確認你理解徹底坦率與惡意攻擊之間的危險界線在哪裡。

### 先徵求別人批評，而不是批評別人

想要營造徹底坦率的文化，先請別人批評你自有其道理。首先，這是證明你知道你常犯錯、你也希望在你做錯時有人告訴你的好方法；你希望接受挑戰。其次，你會從中學到很多：少有人能像你的直屬部屬這麼近距離監督你。這可能會阻止你發出不智的電子郵件，比方說我發給佩吉的那封。第三，就收到批評時的感受而言，你累積愈多親身體驗，就愈知道你提出的指引會讓對方有什麼感覺。第四，徵求批評是培養信任與強化關係的好方法。

主管想要獲得團隊徹底坦率的指引，不僅要靠以開放的態度面對批評，更要積極徵求批評。如果有人大膽批評你，不要批評他們提出的意見。但如果你看到有人以不當的態度批評同仁，你要開口。如果有人以不當的態度批評你，你的職責是帶著想要理解的企圖去傾聽對方，之後獎勵對方坦率的態度。徵求批評很重要，鼓勵團隊成員之間互相批評同樣重要。（本書第二部的第六章中，可以找到特定的工具與技巧，用以徵求及鼓勵員工提出指引。）

我在Google任職期間，都柏林團隊的成員常常對我提出讓人難以忘懷的批評。在我克服暫時性的刺痛之後，都發現這些驚人之語可說是惠我良多。我發過一封極為魯莽的電子郵件，之後大衛．強森（David Johnson）對我說：「金，你按下『傳送』的速度也太快了！」直至今日，當我要按下傳送鍵時，耳邊還會聽到強森充滿警告的聲音。即便我和他已多年未見，但他幾乎每個星期都讓我免於送出我會後悔的郵件。

還有一次，我沒趕上和都柏林團隊開會的開始時間，因為我捨不得犧牲早上和雙胞胎新生兒共度的時光。我以為大家都能了解，但是視訊會議上一位年輕父親反擊我：「金，你知道的，我們也都有小孩！」但是我想都沒有想，就把這場會議拖到他們的晚餐時間。我深感羞愧，而在我克服了防衛心之後，我也很感謝他指出這一點。

徵求都柏林團隊提出批評，關鍵是千萬別用防禦的態度回應。而若是徵求批評的對象變成我在日本合作的團隊，重點就變成要捱得住沉默。

我永遠忘不了第一次在東京和AdSense團隊開會的情形。我的計畫是固定和他們開會，藉此尋求建議、了解疑慮並推動改善措施。我之前在其他國家召開這類會議的經驗是，當我問「有沒有什麼事是我應該去做或應該別再做，才能讓你們好過一點？」接下來，我在心裡默數到六，就會有人開口說話，但在東京，我數到十仍然沒人發言。我用不同的方式發問，還是沒人發言。最後，我說了一個我在商學院時讀到的一個故事，主角是豐田汽車。豐田汽車的領導階層希望對抗日本不批評管理階層的文化禁忌，他們在裝配現場的地面上畫了一個大大的紅色方塊。新進員工在到職第一個星期結束時必須站在方塊裡面，除非他們針對裝配線提出至少三點批評，不然就不能離開。這種做法孕育出的持續改良，是豐田汽車成就的一部分。我請團隊發表想法：我們需要一個紅方塊嗎？他們笑了，而且還因為擔心我真的會在哪裡畫個紅方塊，終於有人開口說件小事。坦白說，那真的不是什麼大事（他抱怨的是辦公室裡的茶），但我大大獎勵他的坦率。我公開感謝這位員工，送出一張手寫的信函，核准預算並確認我們採購品質較好的茶，而且我也務求讓每個人都知道，如今之所以能喝到比較好的茶，就是因為會議上有人提出意見。之後，就有人提出更多比較重要的問題。

## 平衡讚美與批評

我們從錯誤中學到的比成功多，從批評中學到的比讚美多。那麼，為什麼多讚美、少批評這麼重要？有幾個理由。第一，讚美帶領人們走向正確的方向。讓人知道什麼樣的行為該多一點，和讓他們知道哪些事應該少做一點一樣重要。換言之，最好的讚美不僅是讓人心情愉快而已，還有更多效果；實際上可收「直接挑戰」的功效。

有些專家說，你提供的讚美與批評要維持一定的比例，比方說三比一、五比一或七比一。有些人則主張「夾心式回饋」（feedback sandwich）：以讚美做為開頭與結束，中間夾一些批評。我認為創投資本業者班恩．霍羅維茲（Ben Horowitz）說的很對，他說這是「夾心式垃圾」（shit sandwich）。霍羅維茲指出，這種技巧對於經驗較淺的人或許有用，但我發現，這種伎倆連一般小孩都能看得一清二楚，更別說企業高階主管了。

換言之，讚美與批評要維持「適當」比率是很危險的概念，因為這會讓你說出不自然、不真誠甚至很荒謬的話。比方說，如果你認為每當你對一個人說一件壞事時，就必須附帶兩件好事，你會發現自己說會說出一些奇怪的話，像是：「哇！你在簡報中選用的字型讓我大為驚豔，你排版時還加了邊框來強調內容……另外，我也很佩服你的桌子一直都這麼整潔。」這種施恩性質或虛偽的讚美會侵蝕信任並傷害關係，效果一如過於嚴苛的批評。

說到批評，多數人都很擔心會傷害對方的感受，因此什麼都不說。至於讚美，有些人急欲討好身邊的人，因此總是會找點什麼來說，有時候甚至是一些沒頭沒腦的話。也有些人就是不習慣讚美別人。如果我沒開除你，那就代表你表現得很好。這還不夠。葛洛夫曾對我說過，曾有人在他的小隔間裡放了一塊牌子，上面寫著「說點好話！」那時他就知道該學著好好讚美別人了。

提出批評時，我會試著不要那麼緊張，把重點放在「說出來就好」。如果對於要怎麼開口想太多，我很可能裹足不前，什麼都不說。要讚美別人時，我會試著至少要知道讚美可能會在哪裡出什麼錯，並多花點精力去想一想該怎麼說。凱倫・希普芮（Karen Sipprell）是我在蘋果工作時的同事，她提出兩個很有啟發性的問題：「批評對方之前，你花了多少時間確認你得到所有正確的事實？讚美對方之前，你花了多少時間確認你得到所有正確的事實？」理想上，你在讚美對方之前花在確認事實正確的時間，要和批評時一樣多。

## 惡意攻擊與徹底坦率，界線在哪裡？

徹底坦率的批評，在Google和蘋果都是企業文化的重要一環，但兩家公司的表現形式各不相同。Google強調個人關懷勝於直接挑戰，所以我把Google的批評稱為帶點濫情同理的徹底坦率。蘋果則相反，因此我把蘋果的批評文化稱為帶點惡意攻擊的徹底坦率。

我在前言中提過一部紀錄片，是由科技記者鮑伯・柯林吉理（Bob Cringely）專訪賈伯斯，問賈伯斯當他對員工說「你做的東西是廢物」*時所指為何。訪談的文字稿很值得一讀，以探究惡意攻擊和徹底坦率之間的界線所在。

柯林吉理：當你對別人說你做的東西是廢物時，你是什麼意思？

賈伯斯：通常就是指他們做的東西是廢物，有時候則代表「我以為你做的東西是廢物，但是我——我錯了。」

「你做的東西是廢物」這種話通常不可說，這穩穩落在「惡意攻擊」的象限。但在柯林吉理的專訪當中，賈伯斯後來還針對他的話釐清他的想法。

賈伯斯：我認為，面對真正出色而且確實可以倚靠的人時，你可以為對方做的事，最重要的就是當他們不——當他們的工作表現不夠好時，指出來給他們看。要很明確，並且說明理由是什麼……以幫助他們回到正軌。

請注意，賈伯斯很自制。他很小心在批評時對事不對人，他不說「當他們不夠好時」，反之，他說的是「他們的工作表現不夠好時」。這是很重要的差別。賈伯斯戰戰兢兢面對批評別人時會有的問題：基本歸因謬誤。基本歸因強調的是個人特質扮演的角色，而不是外部因素。要從一個人身上找錯誤，會比在對方做事的脈絡條件中找到錯誤更容易。我們

* 在紀錄片「失落的訪談」(The Lost Interview)中，你可以看到美國公共廣播電台(PBS)的紀錄片「電腦狂的勝利」(Triumph of the Nerds)專訪片段。

很容易脫口而出：「你很草率」，比較不會說：「你已經好幾個晚上和週末都在工作了，這開始影響你在邏輯上偵測錯誤的能力。」但這種說法也沒什麼用處。

說「你做的東西是廢物」比說「你是廢物」要好，但一樣都很惡意。然而，賈伯斯接下來說的話才是關鍵：批評要能收效，重點是「要很明確，並且說明理由是什麼……以幫助他們回到正軌。」換言之，就算用攻擊力道比較輕，只說「你做的東西是廢物」也還不夠。主管必須說明理由，必須致力協助對方改進。在專訪快結束時，賈伯斯說明他用字遣詞的理由：

> 賈伯斯：你要做到一點，不要讓他們覺得你沒有信心、開始質疑他們的能力，但也不要留有太多詮釋空間……這很難做到。

以上這段話的關鍵是「不要留有太多詮釋空間」。「你做的東西是廢物」當然沒有任何可供詮釋的空間，但我預期對多數人而言，會讓他們信心動搖、質疑自己的能力。我絕對不贊成他選用這些詞彙，但基於幾個理由，說這句話可能不像乍聽之下這麼惡劣。第一，雙方關係的本質是關鍵。我在前言中講過一件事，我有一次說團隊裡的一個成員是蠢蛋。我不會主張你也這麼做，我只是要說，由於我倆之間的關係，我知道他很清楚我非常敬佩他，也知道我只是用這些話來讓他專注。其次，有的時候，你很可能必須走極端，以突破人們習慣過濾批評訊息的傾向，在面對高成就人士時尤其如此。

賈伯斯確實說到為何指引通常必須如履薄冰。我一直覺得，要向對方保證我對他們的能力有信心、同時又要說清楚我認為他們的工作表現不夠好，是非常困難的事。鉅細靡遺說明工作品質的缺失，有時候會讓對方覺得你就是在苛刻別人。

你要如何在批評對方的同時又不會讓對方喪氣？首先，就像我在第一章中提到的，聚焦在你們的關係上。還有，我在前兩節也提到：提出批評前先徵求批評，以及對他人多讚美、少批評。態度要謙虛，批評要有用，當面並立刻提出批評，公開讚美，私下批評，不要人身攻擊。要說清楚問題並非源於某種無法補救的人格缺失。當你針對類似的事件提出批評時，可以說說故事。（欲了解更多訣竅，請見第六章，那一章會詳細說明如何在當下提供指引。）

我在蘋果任職時曾和一位領導者共事，他說到自己如何幫助新進員工學會從容面對批評。他在蘋果多年，地位像神一樣。在新進員工完成第一次設計審查之後，他會讓新人看他放在辦公室的兩個文件夾，其中一個夾了十張紙，另一個則夾著超過一千張紙。「這是我的『可』檔案，」他指著比較扁的文件夾說，「裡面是已經通過審核的設計概念。」接下來，他拿起比較厚的文件夾，還丟了一下做效果，「這是我的『否』文件夾。所以，不要因為批評而喪氣。」

每個人都必須找出自己的一套方法，在批評對方時又不至於讓人喪志。賈伯斯的指引風格當然不能套用到每一個人身上，但他這套方式的源頭，很值得去了解。

賈伯斯：我不在乎犯錯，我也承認我犯了很多錯，這我不太介意，我在乎的是我們做了對的事。

就我的經驗來說，在乎得到正確答案勝於自身是對是錯的人，能成為最好的主管。這是因為他們能不斷學習與改進，也敦促自己的部屬這麼做。主管提供的徹底坦率指引，能幫助部屬做到人生中最出色的工作成果。

## 以「你的拉鍊沒拉好」為例

從「你做的東西是廢物」這個範例中可以看出，要判斷行為是否符合徹底坦率，比想像中的更困難。要解決困難問題的一個方法，就是找個簡單但類似的問題，想一想你會怎麼解決，然後把相同的技巧應用到較為困難的問題上。你也可以用同樣的方法來因應情緒情境。當你要對某個人說出極不中聽的話時，假裝你要說的不過是「你的拉鍊沒拉好」或者「你的牙縫裡有菜屑」這些話。這類比較不可怕的情境可以幫助你用更直截了當的方式去處理較大的問題。

想要了解如何將四象限架構應用到提供指引，請想像一個比較簡單的情境：你的同事亞力士剛剛從洗手間出來，拉鍊沒拉好，露出襯衫下襬。你會怎麼說？

且讓我們假設你決定克服尷尬，告知他實情。你知道你告訴他拉鍊沒拉好，他會很尷尬，但如果你不說，就可能會有十個人看到亞力士不得體的樣子。因此，你把亞力士拉到一旁，悄聲說：「嘿，亞力士，你的拉鍊沒拉好。如果有人告訴我拉鍊沒拉好，我一定會很感激。我希望你不介意我跟你說這件事。」你的所作所為落在徹底坦率的象限，因為你的做法符合個人關懷與直接挑戰的原則。

反之，如果你在其他人面前說出亞力士的拉鍊沒拉好，故意藉羞辱製造笑料，你的行為就落入惡意攻擊。但以亞力士的觀點來看，這還不是最糟的，因為你讓他有機會補救。

如果你知道亞力士很害羞而且會很尷尬，你可能決定什麼都不說，期待他會自己注意到。這樣的行為是讓你落入濫情同理。在這個情境下，另外十個人也會看到亞力士拉鍊沒拉、滑稽地露出襯衫下擺，等到亞力士發現，拉鍊開開的情形已持續好一段時間了。如今的亞力士比你馬上告訴他那時

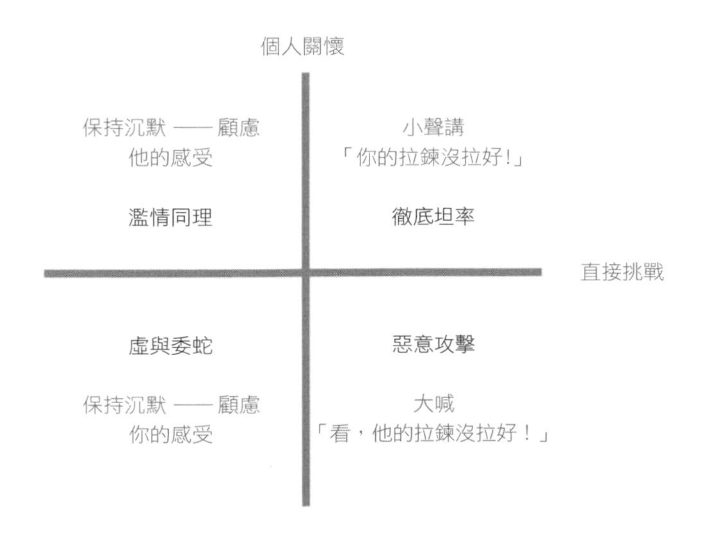

更加尷尬，而且他還可能會想，你為什麼不告訴他？

最後，假設你因為顧慮自己的感受和名聲而決定什麼都不說。你的沉默並非因為擔心亞力士，而是因為你想要放過自己。你很在乎大家喜不喜歡你，你怕如果你說了，亞力士會不喜歡你。你也擔心別人會偷聽到你和亞力士說的話，他們會批判你。於是你自顧自地走過去，不發一語。如果你真的很厚臉皮，你可能會小聲叫下一個走過來的人看看亞力士的拉鍊。恭喜 —— 你的行為落入了最糟糕的象限，也就是虛與委蛇。

我們很容易認為，徹底坦率應該只保留給你非常了解的人，比方說親友。我們也很容易認為，如果想了解亞力士，應該先以濫情同理或虛與委蛇的態度和他相處，期待有一天能很輕鬆地對他說：「嘿，亞力士，你的拉鍊沒拉好。」但你需要開誠布公溝通的時機，不見得能等到密切的個人關係建立之後，而且，身邊的陌生人的沉默，比直接說「拉鍊沒拉好」更尷尬、引發更多不信任。下一回亞力士再見到你時，心裡又會浮現一些不自在。當時你為何什麼都不說？你的沉默裡已經埋下了不信任的種子。正因如此，蘋果公司領導iOS團隊、替iPhone打造這套軟體的領導者金・沃拉絲（Kim Vorrath）提出一句關於批評的簡單忠告：「說出來！」

這套架構很簡單，即使情緒當頭也能記得一清二楚，當你走錯方向時更能幫助你看清狀況。因此，下一次當你看到類似拉鍊沒拉好的問題、而且想要當成沒這回事時，想一想你的所作所為會落在哪個地方：是濫情同理，還是虛與委蛇？稍微動起來，或許就能帶你向前邁進。

面對一個真的很沮喪、很憤怒或是關上溝通大門的人，多數人都會退回到濫情同理。有些人不肯讓步，不再關心對方，藉此保護自己不受對方的情緒襲擊，於是變成惡意攻擊。用心良苦的人偶爾也會卻步，退到虛與委蛇。

如果你想到你可能怎麼說，並且看出來這麼說會落入不好的象限，能到達這種境界，你幾乎必能朝向徹底坦率邁進。你已經知道要如何展現徹底坦率，因為你已經了解如何做到個人關懷與直接挑戰。

從牙牙學語起，你便開始挑戰身邊的人。你聽過很多不同版本的「如果說不出好話，那就什麼都別說。」如今，你的職責就是要把話說開來。如果你是主管或是掌權者，這不只是你的工作，更是你的道德責任。說出來！

你天生就有能力與他人建立關係、關懷個人。但不知怎麼的，你所受的「專業人士養成訓練」卻讓你壓抑了這個部分。現在，請別再壓抑你與生俱來的個人關懷能力。好好灌溉這項能力！

# 3

# 讓每一個部屬都發光

## 理解每個團隊成員的激勵動因

## 重新思考「企圖心」這件事

且讓我們再回頭討論「個人關懷」面向。為了打造出色團隊，你需要了解每一個人的工作如何與他們的生活目標相契合。要了解每一位直屬部屬，需要培養出真實、帶有人性的關係——這是一種會因為人的改變而隨之改變的關係。要在團隊中把適當的人放在適當的職務上，你必須比在提供指引時更直接地挑戰他們——你的方法不僅會影響他們的感受，更會衝擊他們的收入、職涯成長，以及他們是否有能力從生命中獲得他們想要的。打造團隊何其困難！

蘋果公司有位領導者有套好方法，考量各個團隊成員的企圖心，讓她能慎思該把誰放在什麼位置。她說，要維繫團隊的向心力，你需要「磐石明星」（rock star）和「超級明星」（superstar）。磐石明星堅若磐石，他們讓你想到的是直布羅陀巨岩，而不是搖滾明星布魯斯．史普林斯汀（Bruce Springsteen；編注：rock star意即搖滾明星）。磐石明星熱愛自己的工作，他們已經找到自己的軌道，他們不想脫離這一行。藝術家不一定想擁有藝廊；事實上，多半都不想。如果你表彰、獎勵磐石明星，他們會成為你最能依靠的人。但如果你拔擢他們擔任他們不想要或不適合的職位，你就會失去他們，或者更糟，最後還得開除他們。另一方面，超級明星需要不斷的挑戰以及源源不絕的成長新機會。

要區別兩者，你需要先放開你的判斷和你自己的企圖心，暫時忘記你對部屬的需求，從人性面去了解每一個人。對許多主管來說，這代表重新思考「企圖心」。

如果我說一個人「很有企圖心」，你的反應會是正面還是負面？你會假設此人不顧一切追逐個人利益而且有點陰險，樂於踩著他人往上爬以達成個人目標嗎？或者，你會假設此人負責而且能把事情做好，是群體裡的正面變革力量？

如果我說一個人很「穩定」，你的直覺反應會是什麼？此人會讓人無聊到想睡，是晚宴時你不想坐在他旁邊的人？或者，你覺得安心放鬆，你希望在人生中認識愈多這種人愈好？如果我說某個人很「滿足」，你又怎麼想？你敬佩他嗎？你會希望自己也更像他們嗎？還是，你會認為他們是庸庸碌碌之徒？

現在，請放下所有反應與判斷，來看後頁的表格，並針對落入每一欄的同事想出一些正面的範例。想一想你曾經待過、必須要有這兩種人的團隊，以及適當的比例是多少。之後，想一想你的人生中有幾次分別落在各欄裡，以及理由為何。理想上，那應該是你自己做的選擇，而不是你的主管。

| 陡峭的成長軌跡 | 和緩的成長軌跡 |
| --- | --- |
| 變革的催化劑 | 穩定的力量 |
| 對工作充滿企圖心 | 企圖心放在工作以外或是對生活很滿足 |
| 想要新機會 | 樂於待在目前的職務上 |
| 「超級明星」 | 「磐石明星」 |

我進Google不久，佩吉就對我說他曾遇過一位對企圖心存疑的主管。佩吉當時參加暑假實習，分派到一項任務，如果他可以自由地用自己的方法去做，大約幾天就可完成。他向主管解釋自己的方法有哪些優點，但主管完全不買帳：他堅持佩吉要用「他們向來做事的方法」去做。佩吉因此被迫把整個暑假都花在做這個案子，而不只是幾天。浪費掉的時間和精力對他來說是一大折磨。就像多數人的領悟一樣，佩吉發現，阻礙他的主管也會讓他的私生活很悲慘。「我的人生浪費了三個月，而且永遠不會回來了。我絕對不希望Google任何同仁有這種主管。永遠不行。」有一次佩吉對我這麼說，我從他在Google的領導風格中也看出他是認真的。佩吉花很多時間確定主管不會壓制員工的構想與企圖心，我很愛Google這一點。

接下來這個故事，是關於一位成長軌跡陡峭的主管（也就是我）堅持每個人都要這麼野心勃勃，但我在蘋果任職的經驗卻把我拉了回來。

很遺憾，我長久以來相信，敦促每個人極速成長，就是打造高績效團隊的「最佳實務」。我永遠在找最棒、最聰明、最急切以及最有企圖心的人。在我事業生涯的前二十年裡，我從沒想過會有人不想要升遷。我在設計「蘋果管理學」這門課時，早期的課表鼓勵經理人把大量的注意力與資源放在團隊裡最有企圖心的人，而通常傷害了表現同樣很好而且樂於重複做同樣工作的人（他們是強大團隊的骨架）。諷刺的是，在職涯的那個階段，我自己也變成後者。

打造出iOS團隊並直接向賈伯斯彙報的史考特・佛斯多（Scott Forstall），幫助我了解我的做法有違蘋果的特質，而且也無法打造出最佳團隊。我們討論許多企業用於接班計畫（或「人才管理」）的「績效／潛能矩陣」（performance-potential matrix）。這套方法最早由麥肯錫（McKinsey）所發展，用於幫助奇異（General Electric）判定該投資哪些業務，後來經數千家組織的人力資源部門改造，用於人才管理*。根據這個矩陣，經理人必須同時評估所有員工的表現和潛能，然後把他們歸入九個方塊中，「高績效／高潛能」是最好的一類，「低績效／低潛能」則是最糟的一種。

「『潛能』一詞似乎並不適當，」我說，「我不認為有所謂低潛能的人。」我用於打造團隊的嚴格方法，有它充滿理想色彩的一面。

「用詞很重要，」佛斯多說，「我們來調整一下。」

我們爭論了一番。以「潛能」分類的一個問題是，對於那些把現在的工作做得很好、而且想要持續好好做這份工作

* http://tomtunguz.com/nine-box-matrix-hr/.

的人，你無法給予正面評價。佛斯多要讓這些人保持開心和生產力，而且他期望公司裡所有經理人也一樣。

佛斯多建議用「成長」取代「潛能」，藉此幫助經理人去思考該給團隊裡哪些人什麼樣的機會。改了一個詞，世界就大不相同。我們不再提出暗帶批判的問題，如「此人是高潛能還是低潛能？」反而開始鼓勵經理人自問：「我團隊裡的每一個人現在想要處於哪一種成長軌跡？」、「我有沒有為每一個人提供他們真心渴望的機會？」或者「我的直屬部屬認為自己處在哪一種成長軌跡？我是否認同？若否，那是為什麼？」有時候，人真的想成長，而且有能力做出超越職權範圍的貢獻；有時候，他們只想多賺點錢，或得到更多的讚賞，但是不想改變工作方式，或者不想超越目前的貢獻度。身為主管，你必須對直屬員工瞭若指掌，才能做出區分，唯有你從不同的角度看事情時，才能有徹底坦率的對話。

這些以成長軌跡為核心的問題給你更多助力，幫助你找出是哪些因素激勵每個人，勝過以「潛能」或「才華」為核心的問題。從中得出的洞見，可以幫助你不會讓磐石明星過勞、不至於讓超級明星感到無聊。這些問題也有助於提醒你，成長軌跡是會改變的，不應該給人貼上永久的標籤。而且，這也能讓你打造出能創造出色成績的穩定團隊。

佛斯多說的對，用詞很重要。

## 成長管理架構

從傳統的「人才管理」心態轉變為「成長管理」，有助於讓你確認每位團隊成員都朝著自己的夢想走去，保證整體團隊長期來說會有進步。創意湧現、效率提升，大家也享受共事時光。

你可以用這套「成長管理」架構來釐清思緒，想一想如何以不同的方式去管理兩類不同的高績效員工：一群身在陡峭的成長軌跡，另一群在比較和緩的軌跡上。這會提醒你，在協助員工發展事業時，要用他們想要的方式，而不是你以為他們應該想要的方式。你要善加利用，記住要敦促團隊裡的每個人朝向卓越的績效邁進，以及找出該聘用哪種人、該開除哪種人，還有，員工如果績效不彰，很可能是主管（也就是你）的錯。

你能為整體團隊所做的最重要之事，是了解每一個人在特定的時間點想要處於哪一種成長軌跡，以及這是否切合團隊的需求與機會。要做到這一點，你必須從個人層面來了

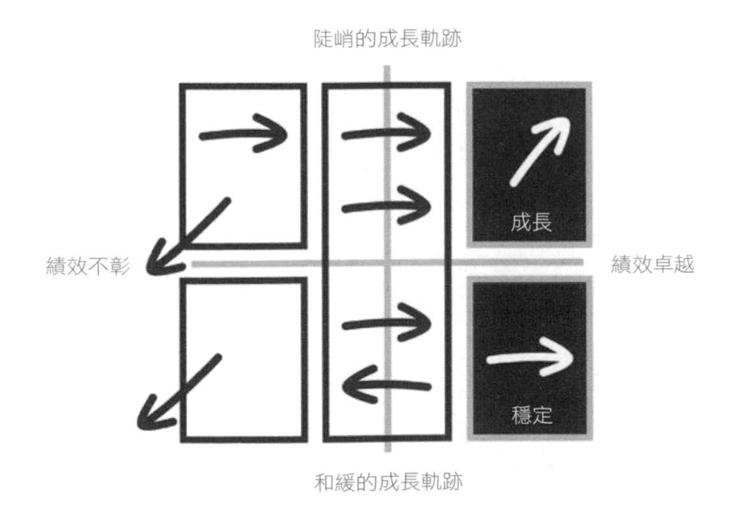

解每一位直屬部屬，也必須進行某些你有生以來最困難的對話，有時候，你甚至得開除某些人。

這套架構的兩軸，是過去的績效和未來的成長軌跡。架構的水平軸評估過去的表現，標準確實是從「不佳」到「優良」，但垂直軸則不然。右下象限和右上象限一樣好。磐石明星對於團隊的績效來說很重要，一如超級明星。穩定很重要，一如成長。兩種人才所占的適當組成比例會隨著時間改變，但你永遠都會需要這兩類人。

評估一個人過去的績效時，同時考慮成果以及「團隊合作」這類較無形的面向，大有幫助。理想上，特定季度或年度的預期成果應由員工設定，應該客觀且可衡量。無形的面向通常無法衡量，但不會難以描述，因此這方面的期望也應該很明確。績效並非長期性的標籤，沒有人永遠都是「卓越出眾的高績效者」，很可能只是上一季非常傑出。

過去比未來容易了解。要描述未來，最好的方式是藉由每個人目前的「成長軌跡」。當你在考慮如何管理每一類員工以確保團隊的向心力時，很值得多花點時間了解我所謂的「成長軌跡」究竟是什麼意思，以及為何這如此重要。

## 了解重點與原因

成長管理要能成功，你要找出激勵每一位團隊成員的因素各是什麼，也需要知道每個人長期有哪些企圖心，並知道他們目前的條件是否契合激勵因素與生活目標。唯有當你夠了解直屬部屬，才會知道他們為何在乎工作，他們希望從事業當中得到什麼，並即時了解他們目前處於哪個位置，讓你可以把適合的人放進適合的職務，把適合的專案指派給適合的人。（想要了解具體的技巧，請見第七章的「職涯對話」）。

「陡峭的成長」特色通常是變化快速：這些人能快速學習新技巧或強化既有的技巧。重點不在於成為管理階層；很多個人貢獻者型（individual contributor）的人才，在整個事業發展上都處於快速成長軌跡，也有很多經理人向來待在和緩的軌跡上。我們也不應該狹隘地把陡峭的成長軌跡只想成「升遷」；重點是長期累積更深厚的影響力。

「和緩的成長」特色通常是穩定。處於和緩成長軌跡的員工，表現也很好，多半精通自己的工作，他們的進步都是累加性的，而不是突如其來的大幅進步。某些職務比較適合由磐石明星型的員工擔任，因為這些工作需要穩固、累積的知識，也要注重細節 —— 處於超級明星階段的人，可能沒有這樣的聚焦能力或耐性。

超級明星員工不擅長做磐石明星性質的職務，磐石明星員工則痛恨接下超級明星型的工作。我在俄羅斯管理的鑽石切割師團隊（第一章曾提及，他們教會我「個人關懷」的課題）是手藝很巧的工匠，技能不輸任何人。他們是磐石明星，他們不想要我的主管位子。反之，我當時的主管莫里斯．譚波士曼（Maurice Tempelsman）說過一個故事，他說當時他年輕、野心勃勃，不知疲倦為何物。他創業時，決定要試著去做做鑽石切割。有一天，他接到電話，開始談一筆大交易，這時他分心了，結果把一顆價值百萬美元的鑽石磨成粉。這是真人真事。正因如此，你不會希望身在陡峭成長軌跡的人去做和緩軌跡上的工作。

在不同的人生與職涯階段，多數人會在陡峭成長軌跡與和緩成長軌跡間切換，所以絕對不要替人貼上永久性的標籤。舉例來說，我的Google團隊裡有兩位滿懷抱負的奧運選手。這兩位女性在工作上表現良好，但當她們剛離開學校、正處於運動生涯的全盛期時，投注在訓練上的精力和在工作上一樣多。她們在工作上處於和緩的成長軌跡，但在運動上處於陡峭的成長軌跡。五年後，兩人都有所轉變，把那股幹勁和精力從運動轉向事業，結果事業發展軌跡一飛衝天。

當然，多數人都不是滿懷抱負的奧運選手，我就不是。人們在和緩與陡峭成長軌跡間切換的理由很多，同樣的環境條件可能激勵一個人去做某件事，但刺激另一個人有相反之舉。以生兒育女為例。有時候，為人父母的經濟負擔會激發出企圖心，有時候，想要準時到家和小孩玩耍的渴望，則讓人希望工作能具有更高的可預測性。有時候，親人生病會讓人跳入和緩成長的軌跡，家人康復後，企圖心又再度湧現。一般而言，工作之外的企圖心或承諾會強化一個人對團隊的價值，也就是說，只要你不堅持對方在職場上快轉追求成功，你就能找到出色的藝術家擔任你的平面設計師。

## 關於「熱情」這件事

人們認為工作有意義時表現會更好，這是基本公理。

但是，接受這種說法、認為自己有責任賦予工作使命感的主管常常會越界。堅持員工對工作必須具備熱情，會為主管與員工帶來不必要的壓力。這一點讓我在Google時很辛苦。那時，我們聘用大學剛畢業的新鮮人負責無趣的客戶支援工作。我嘗試說服他們，我們「正在一點一滴地培養創意」。有個大學主修哲學的年輕女孩，馬上就說這是胡說八道。「聽好了，這份工作有點無聊，」她說，「我們就承認吧。這又沒關係。羅馬時代的作家普魯塔克（Plutarch）疊過磚塊，哲學家史賓諾沙（Spinoza）也磨過鏡片。單調乏味是人生的一部分。」我欣賞她尋找意義的方法，但那是她獨有的。「史賓諾沙也磨過鏡片」這種標語，無法激勵整個團隊。

《金融時報》（*Financial Times*）的記者露西．凱勒薇（Lucy Kellaway）曾有一番坦率的發言，她說到為何她之前選擇在某些公司任職：「我去過摩根大通，後來到了《金融時報》，因為只有這些公司給我工作。當時這是選擇這些公司的好理由，至今仍是。」*

努力工作賺錢，以支應你想要過的生活，這沒有錯，這很有意義。有個極有智慧的人曾經對我說：「大約只有百分之五的人在人生中從事真正的志業，而他們讓其他人因此感到迷惘。」試著以高貴、救世的用詞來描述一份工作，通常會讓你看來像「矽谷群瞎傳」（Silicon Valley）影集裡荒謬的互利公司（Hooli）執行長蓋文．貝爾森（Gavin Belson）。這

---

* http://www.ft.com/cms/s/0/0ccb0658-596a-11e6-9f70-badea1b336d4.html?siteedition=intl#axzz4Gx OrK1Bg.

又把我們帶回本章的主旨：你身為主管的工作不是提供使命感，而是深入了解每一位直屬部屬，知道他們每一個人如何從自己的工作中得到意義。

克里斯多佛·倫恩（Christopher Wren）在倫敦大火之後負責重建聖保羅大教堂，有一個和他有關的故事表達了我想要說的。有一次倫恩巡視部分重建的大教堂，問到三名疊磚工人他們在做什麼。第一位工人回答：「我在工作。」第二位說：「我在砌牆。」第三位停了一下，抬頭望向天空，然後說：「我在為全能的神打造教堂。」

很多人引用這個故事來讚頌有遠見、能把個人的作為想像成整體偉大事業一部分的人。在現今的矽谷，激勵人心的口號大概都追隨著賈伯斯的名言：「在宇宙留下蛛絲馬跡」。然而，動機這種事是很個人的。我當然欽佩賈伯斯，但對我來說，整個宇宙，或者，至少是這個世界，已經有很多痕跡了。因此，我不認為他宣示要「在宇宙留下蛛絲馬跡」這種話能激勵我，但有人深受感動。當然，主管的責任就是要讓團隊工作有脈絡意義，如果你可以告訴大家工作為你帶來意義的原因，這可以幫助別人找到他們自己的激勵因素。但請牢記，重點並不在於你。

就我而言，倫恩的故事最具啟發的部分，在於他並沒有提出一套自己的使命感，然後塞進每個人的腦子裡。這三名疊磚工人做的雖然是相同的工作，但每個人在乎的點都不一樣。倫恩的角色是傾聽、認同他所聽到的意義，並且創造讓每個人都能自行尋找意義的工作條件。

## 明星也需要主管

深入探究管理磐石明星與超級明星的差異之前，先聚焦在這兩種人需要從你身上得到什麼，會很有幫助。你的職責是把重點放在他們身上，確定他們都得到一切必要資源，能在工作上繼續表現出色。

### 不要萬事不問，也不事事過問

主管常犯的錯誤之一，就是忽略工作表現最好的員工，因為「他們不需要我」，或者「我不想什麼都管」。若想建立關係，忽略對方是很糟糕的方法。

某些管理名嘴會建議，聘用適當的人、然後把他們放著就可以。迪克・科斯特洛（Dick Costolo）二〇一〇年至二〇

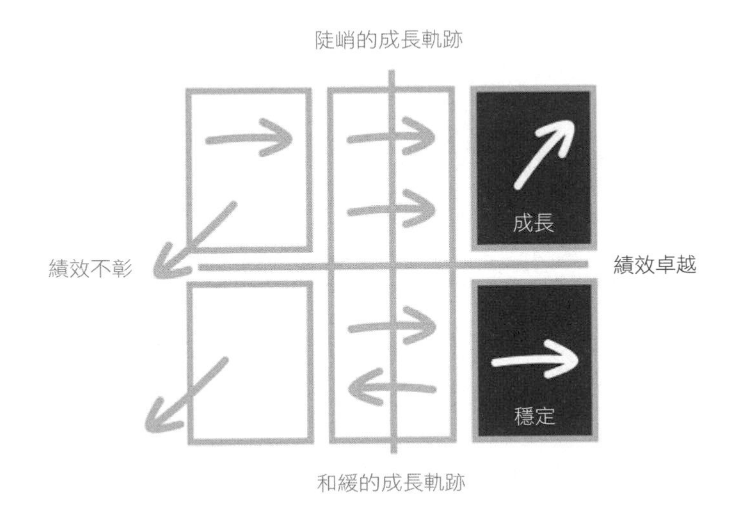

一五年擔任推特的執行長，他簡潔有力地說明這種建議有多誇張。「這就好比說，如果想要幸福的婚姻，你就去和適當的人結婚，然後不用花時間和他們相處。很荒謬，不是嗎？」他驚嘆道，「這就好像我回家對我太太說：『我不想對你管東管西，所以我今年不想花任何時間跟你或孩子們相處。』」

在管理上使用「選擇，然後忽略」的策略，和用在婚姻上一樣誇張。如果你不想了解工作成果最佳的員工，你就不知道他們在人生中這個時刻想要什麼與需要什麼，以利在工作上有所成長。你會把工作指派給錯誤的人，你會拔擢不適當的人。而且，如果你忽略績效頂尖的員工，就無法為他們提供必要的指引。你多花一分鐘和工作表現出色的員工相處，反映在團隊成績上的報償，將會高於和績效不彰員工相處的一分鐘。簡言之，忽略這些人就是主管的失職。

你不想成為缺席的主管，就像你不想成為微觀管理的主管。你期待的是成為夥伴，這表示你必須花時間幫助表現最好的員工克服障礙，讓他們更上一層樓。這很花時間，因為你需要了解對方工作上的所有細節，才會知道其中的眉角。通常你需要動手幫忙，不只是動口建議。你需要問很多問題並挑戰員工；你必須捲起袖子動手做。

主管通常把較多時間花在做事吃力的員工身上，而不是成功的部屬。但這對成功者並不公平，對於整個團隊也非好事。精益求精非常能激勵人心，遠勝過從糟糕進步到平庸。看到什麼叫做真正出色的表現，也能幫助那些未能達標的員工，看清楚別人對他們有何期待。

## 績效卓越／和緩的成長軌跡

在我的事業生涯中，大部分時候重點都在於尋找並獎勵能突破重重障礙、創造傑出成績的員工。但在二〇〇八年的那一天，我忽然領悟到，當下的我正是在職場上處於和緩成長軌跡的那種人。一位推特的董事來找我，問我要不要接受面談，成為公司的新任執行長。如果早幾年，我願意用我的左手來換這份職務。但在人生中的那個時刻，我在意的是完全不同的成長。當時我四十歲，懷著一對雙胞胎，是高危險孕婦。我就這個壓力很大的新機會徵詢醫師的意見，她建議我：「請你問問自己什麼比較重要：這份工作，還是寶寶的心臟與肺臟？」

她說的夠清楚了。對當時的我來說，最重要的並不是在推特的成長，或是推進我在Google的事業發展，而是讓兩個

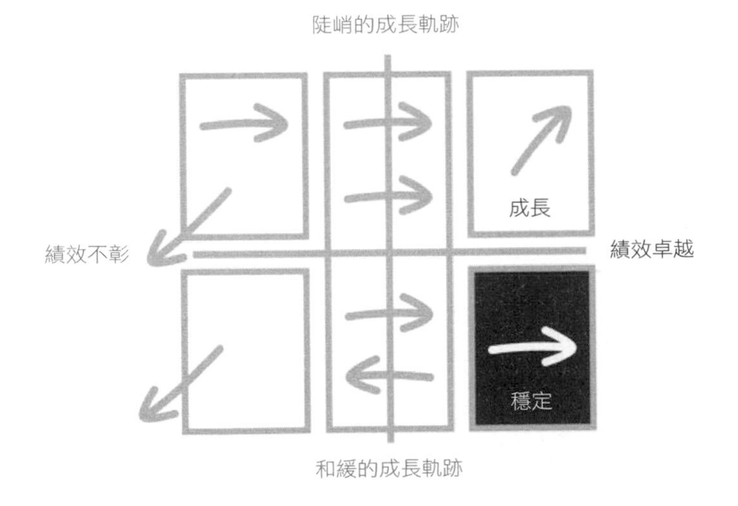

小傢伙在我的肚子裡好好發育成長。在Google，每個轉角處擺放的美味健康食物，從我辦公室只要往上走一層就可以找到的孕婦按摩治療師，還有醫生建議我去游泳的中小型游泳池，因為有這些，這裡對於高危險孕婦來說仍是最完美的職場。我不需要離職，但確實需要在工作上停在比較和緩的成長軌跡上。我可以繼續領導Ad Sense、DoubleClick和YouTube團隊，但不能追逐下一份職務。因此，我留在原來的位置，懷著雙胞胎到足月，然後產下兩個健康的寶寶。我這一生都會感激Google給我這樣的機會。

我並不是說孕婦就無法成為全心投入的執行長；很多人都證明可以。我只是說我不行。一直要等到雙胞胎七歲時，我才覺得我有能力回到陡峭的成長軌跡，創立公司。我也不是指家有幼兒的父母（男人也有孩子）無法創辦公司、或者無法投身超陡峭的成長軌跡；我甚至沒說我做不到。我只是說我不想。我也不是說生兒育女是人們停留在較和緩成長軌跡最常見的理由。你的員工可能跟我完全不一樣：他們可能比較像在專利局工作的愛因斯坦，或是在銀行工作的文學家艾略特（T. S. Eliot）。（譯注：愛因斯坦在專利局工作時有大量時間做研究，這段期間大有進展；艾略特任職於銀行期間同樣有大量時間創作，作品甚豐。）

我要說的是，每一個人在人生中，專業成長都有加速或減慢的時期。休息是為了走更長遠的路。野心勃勃本身沒有不光彩，同樣的，多年來都從事同樣的工作也並不羞恥。我們的人生與團隊都需要成長與穩定。可惜的是，雖然當時的我就身處這樣的現實，卻沒有完全順應。生下孩子之後，我並沒有發揚這樣的看法，反而開始鄙視自己，就像我過去在事業上鄙視其他人一樣。凱薩琳大帝（Catherine the Great）說：「人不成長，就等著腐爛。」我並沒有從認同完整個人的角度出發，我沒有看到完整的我每天都和我的雙胞胎一同成長與改變，反而非常擔心我會開始腐爛。

換言之，當時我仍相信敦促每個人成長是打造團隊的最佳實務。之前我提過，當我離開Google、加入蘋果時，兩家公司的同仁大致上都在協助我釐清想法，尤其是佛斯多。但我內心深處仍沒有完全接受這套思維。直到有一天我沒去上班，在家陪伴我的小男孩，我才深深體會到重要的一課。他那天發燒到攝氏四十度，整個人無精打采，只能窩著看改編自蘇斯博士（Dr. Seuss）童書的影片「羅雷斯」（The Lorax）。羅雷斯在「更多一點」這首歌裡為萬事樂（Onceler）提供的建議，讓我大徹大悟：

> 我打算要更多一點！
> 但更多一點只是又讓我想要更多一點！

兒子退燒之後，我明白我對於成長的盲目執著並不合我的本性，甚至也不是打造出色團隊的最佳之道。回顧我的事業生涯，想到許多我曾經看輕或不屑一顧的人，讓我十分羞愧。這一刻大大改變了我個人面對日後事業發展時的取向。

在某個可說是充滿詩意的命運轉捩點，帶領推特公開上市的執行長科斯特洛給我一個機會，讓我得以寫作本書，同時和我的兩個孩子多多相處。他要我幫忙他設計一套「推特管理學」課程。我樂意之至，之後我們一起合作，他又問我想不想接受面談，接下他團隊中一項重要的營運職務。隨著我完成整套面試流程，我們兩人都愈來愈清楚，在人生的那個時刻，我沒有精力承擔這項職務。他問我，有沒有興趣改當他的教練：這是一項很輕鬆的工作，只需每兩週工作一個小時。科斯特洛幫助我釐清當時我最適合的職務，他的這項能力讓我的事業發展大不相同。我不僅因此能在想寫作與想陪小孩時進入緩和的工作成長軌跡，也替我做好適切的準備，等我就緒時可以再度換檔。

管理磐石明星的最佳之道是什麼？這些是你可以仰賴的員工，他們會年復一年交出漂亮的成績。你要認可他們，讓他們心滿意足。許多主管認為，「認可」代表「拔擢」。然而，這多半大錯特錯。升遷通常會把這些人放到他們不適合或不想要的位置上。重點是要用其他方法認可他們的貢獻，可能是獎金或加薪。或者，如果他們喜歡公開演說，邀請他們在全員大會或其他大型活動上發表簡報。如果他們好為人師，就讓他們幫助新人更快進入情況。或者，如果他們很害羞，請確認你和其他團隊成員都有私下感謝他們的努力。你可以考慮頒發年資獎，但要謹慎。如果你所屬的組織有績效評等及／或獎金，務必要公平對待磐石明星。

## 公平的績效評等

在某些公司，磐石明星不會獲得應得的績效評分，因為最高分都保留給等著要升遷的那些人。很多公司會對頂級評等的人數設限。避免「分數膨脹」是一個好想法，但是，這麼做通常會在無意間讓磐石明星得到的評等低於應得的水準。事實上，所有績效頂尖的員工都應該獲得頂級評等；當績效評等會影響薪酬時，這一點尤其重要。

如果團隊裡某人的表現比另一個人好很多，顯然前者應該得到比較高的評等與更高額的獎金。但是，如果評等主要用來支持未來的升遷，而不是認可過去的績效，結果就不會是這樣了。

## 表揚

除了給予頂級評等之外，要表揚身處磐石明星階段的員工，另一個好方法是任命他們為「大師」或是「萬事通」。通常這代表要他們負責教導較資淺的團隊成員，但前提是他們的性向適合。主管可能不願意這樣運用績效頂尖的員工，他們會希望這種人多做點工作，而不是去教別人。但這樣的態度有礙組織倚重本來可以善用的專家。

二次大戰時，美國空軍把最出色的飛行員從前線調回來，派他們回國訓練新的飛行員。長期下來，這套策略大舉提升美國空軍的素質與成效。德國人則派王牌出任務，直到殉職，因而失去了空中的優勢；他們最優秀的飛行員都沒有訓練出接班人。到了一九四四年，同盟國飛行員的飛行訓練時數是三百小時，德國新飛行員的飛行時數則約只有一半。

太多公司請來訓練員工的人，他們不會請他們擔任實質職務。更糟糕的情況是，企業不開除在特定職務表現不佳的員工，反而叫他們去教別人怎麼做事。這聽來很怪，但我就看過在某些出色企業裡有這種事。這種瞎子為瞎子帶路的做法，替培訓貼上惡名。一般來說，工作表現出色的人也樂於教導他人，請他們扮演人師，不僅能提升整個團隊的績效，也能用不同的方式肯定磐石明星。

當然，有些人討厭指導別人，教學技巧也不好；培訓教師的職務應該是榮譽，而非要求。有時候，成為被指定的「萬事通」很可能導致員工離開團隊，因為他討厭一整天都有人拿問題來煩他。但如果某個人熱愛教學與回答問題，請盡力鼓勵他們去做，並給予嘉獎。

以所有我熟悉的企業來說，蘋果公司最能為身處磐石階段員工營造良好環境。這家公司的組織設計非常適合發展深入的功能性專業。蘋果沒有「總管理者」，也沒有iPhone部門，而是讓作業系統工程師、相機專家、音響迷以及鏡頭大師以iPhone為中心彼此合作。永遠都會有人圍在比他人更深入了解產品某些功能的人身邊，這些專家也會因此受人敬重。

在蘋果，多年擔任相同職務的人所受到的敬重，讓我大為訝異。在Google以及矽谷許多其他企業，在同一個位置待太久是丟臉的印記。有些公司甚至制定所謂的「不升遷就離開」政策，開除這些人。反之，賈伯斯則很付出很多關心去留住久任蘋果的員工，談到這些人時，也語帶溫馨。

蘋果對年資的注重，一開始讓我很困惑，因為以前我常認為，獎勵年資只出現在傳統企業或學術界，而不是快速成長的科技公司。但我領悟到，對於多年來做同樣工作的人而言，表彰年資是取代升遷的重要方法。蘋果公司頒發裱框獎狀給任職五年、十年、十五年與二十年的員工。後來，蘋果的設計長艾夫設計了一塊鑲嵌玻璃牌匾，以噴氣拋光的方式噴上一層非常美麗的漆，上面還刻了蘋果公司的標誌。在公司任職滿十年的人就可以得到一面。很多部落客嘲弄這個獎，但是基於幾個理由，這個獎項在蘋果仍是非常有效的獎勵。獎牌反映了公司的設計美學，而不是隨便買來的金錶。公司裡的領導階層親自參與。頒獎的人，是深知員工工作表現的領導者。頒獎儀式會選在團隊會議或其他重要場合，公開表揚得獎者。對於多數得獎者來說，這個獎很有意義，對他們個人來說也很重要。

## 尊重

在艾略特還不能以出版商的身分維生之前，他在駿懋銀行（Lloyd's Bank）擔任行員。他的主管曾經以高高在上的態度說道，如果艾略特表現好的話，他甚至可能幸運成為分行經理。當然，艾略特專注於寫詩，最後為他贏得諾貝爾獎，而不是成為分行經理。他需要穩定的收入與工作，傍晚時才能回家寫詩。如果艾略特的主管希望留住他，應該是設法讓他每天早一個小時下班，而不是鼓勵他多付出心力；獲得升遷之後很可能就必須如此。

當一個人在工作上表現很好而且他熱愛這份工作時，人生就會更美好。對很多人來說，在企業的天梯上一步一步往上爬，這個想法並不誘人。但身處和緩成長軌跡的人通常被貶抑為「次級人力」，或者必須「被處理掉」。

要妥善管理這類員工，非常重要的是要拒絕這類貶抑性質的標籤。一個人能找到一份讓自己持續愛五年、十年或三十年的工作，就算沒能大幅推進事業，也是一件非常幸運的事。團隊和主管能找到這種人，也很幸運。超級主管絕對不會認為工作表現良好的人需要「被處理掉」，反之，他們會給這些人應得的榮譽，並留住這些能讓團隊穩定、有向心力且具生產力的員工。

## 升遷可能是毒藥

讓我們來看看當主管拔擢不該拔擢的人會發生什麼事。勞倫斯．彼得（Laurence J. Peter）的著作《彼得原理》（*The Peter Principle*）就描述了其中一種極其荒謬的結果。彼得原理導致人們被拔擢到他們能力所不及的層級，每個人都不開心，尤其是獲得拔擢的人。

另一種不當的拔擢，是當人們已經有能力接受下一階段的工作、但在當時並不想要。我過去有位同事，在他的謹慎規劃下，當他有了第一個寶寶時，他所做的是他早已嫻熟的工作，可以早早回家陪伴新生兒。但他的主管對他有不同的規畫，想要拔擢他。知道升遷的消息之後，他拒絕了。當主管告知這由不得他選擇時，他就離職了。真是浪費人才。

不要這樣對待你的磐石明星！

要打造出具向心力的團隊，有一部分的重點在於創造認同與獎勵磐石明星的文化。在我大半的事業生涯中，恐怕都把他們當成次級公民；我很高興在蘋果的經驗讓我修正回來。

## 績效卓越／陡峭的成長軌跡

一講到身在超級明星模式裡的人，我就會想到凱薩琳·布亨娜（Catharine Burhenne）和大衛·桑德森（David Sanderson）。

我第一次見到布亨娜，是她來面試保母的工作，要照顧我家雙胞胎嬰兒。雙胞胎馬上和她相處甚歡，於是我當場錄取她。然而，她真正想要的職務不是保母，而是一份在Google的工作。我樂見由她來照顧我的孩子，但我知道我的

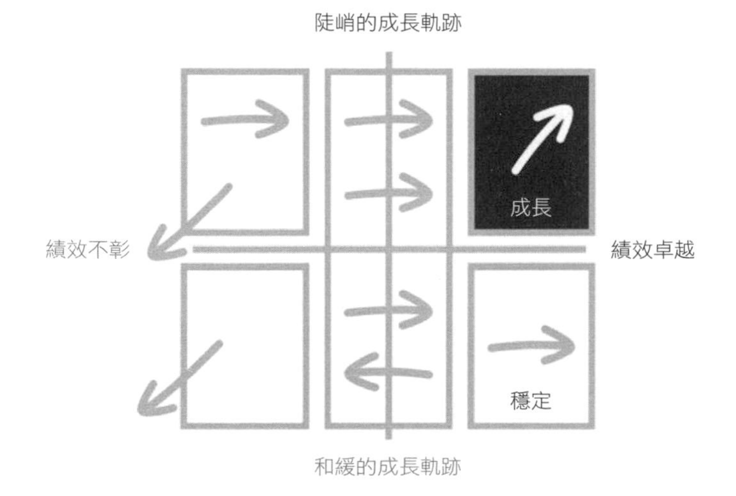

職責是鼓勵她追求自己的夢想，不是試著把她留在目前的位置上。我幫助她爭取到面試，而她也得到了工作。之後她接受Facebook挖角，離開Google。再後來，她被Twitter挖角，離開Facebook。

我第一次見到桑德森時，也是因為他來當雙胞胎的保母。當時他來矽谷過暑假，一邊陪伴女朋友布亨娜，一邊思考以後要做什麼。當我問他喜歡做什麼事時，他大談音樂。我從布亨娜口中聽說（桑德森太謙虛，不敢告訴我）他不只熱愛音樂，在加拿大，他被評為所屬年齡層中的頂尖鋼琴家。我問他想不想成為職業音樂家，他說不，因為這一條路要做出的財務犧牲太大。我真希望我能對他說跟著熱情走下去，但我心有戚戚焉：我熱愛寫小說，但從沒試著用寫作養家活口。

這個時候，我們的自動灑水系統壞了。我完全沒想到桑德森不僅會帶小孩，居然還會修理澆灌用管線；週末我自己照顧小孩時，常常發現自己連找個時間沖澡都辦不到。但桑德森在工作一晚之後去了一趟五金行，隔天在雙胞胎小睡的時候找出方法修好整套系統。我開始看出端倪：桑德森會注意到有東西壞了並親自動手修理，就算那不在他的職責範圍內也不要緊。我問他，在他做過的工作中，他喜歡哪一項。

所有的工作他都愛。他曾在溫哥華一間商店工作，不僅成為頂尖銷售員，還改善商店的存貨系統、縮短等候時間、提高客戶滿意度，並讓所有銷售員的銷售額都提高了，不光是他自己。顯然桑德森在工作上永遠在敦促自我、展現傑出，不管他做的是什麼工作。他不只做到高於要求，他還做到你根本不認為有可能做到的事。他體現了聖經中傳道書一章的訓義：「凡你手所當做的事，要盡力去做。」

我也知道，雖然我很高興有桑德森在身邊協助，但我的責任是幫助他繼續成長。我引薦他，修編他的履歷，並和他一起演練面談。他得到在Facebook的工作，並創下該公司升遷最快的紀錄，沒有任何人覺得意外。

布亨娜與安德森繼續實踐矽谷美夢，他們創辦了銳好（ReelGood）公司，讓人可以更輕鬆快速找到有什麼電影或電視節目好看。

如果你運氣夠好，能把布亨娜與桑德森這種人找進團隊，建議你可以試試看用以下這些方法來對待他們。

## 不斷挑戰他們（並找到遞補人選）

要讓超級明星心滿意足，最好的方法是挑戰他們，讓他們可以不斷學習。就算有時候看起來一個人做不了這麼多工作，還是要給他們新機會。找出他們接下來能承擔的職務，和他們之間培養出智性上的夥伴關係。替他們從團隊或組織外面找導師，找到能比你給他們更多的人。但要確定你沒有過度仰賴他們，而且要請他們教導團隊裡的其他人去做他們的工作，因為這些人在目前的職務上不會待太久。我常把這類型的員工想成流星，我和我的團隊運氣好，剛好有那麼一會兒讓他們經過我們的軌道，但試著留住他們會徒勞無功。

## 不要踐踏或阻礙他們

不要「踐踏」這些人極為重要。你要有所覺悟，有一天你可能會在他們手下任職，而且你要對此感到欣喜。我最初聘用史密斯來喬思公司擔任產品經理時，沒多久我就明白，如果有一天他反過頭來聘請我，那是我好運。果然，十年之後，他聘請我擔任質標公司的高階主管教練與董事；這是他和自家兄弟一同創辦的公司。也就是說，我不僅替賈瑞德做事，還替他整個家族做事。

在我待過的所有公司裡，Google設下最完善的保護機制，讓經理人無法阻礙直屬部屬的企圖心。因為公司努力限制主管的權力，這不僅不會壓制、反而能加速身處陡峭成長軌跡的員工發展事業。在此以Google的業務營運資深副總裁夏娜．布朗（Shona Brown）設計的升遷流程為例。Google的主管要拔擢自己團隊裡的人，不能只憑自己的裁量。以工程部門為例，主管可以鼓勵或勸阻某位員工接下另一份職務，他們也可以決定要不要為某個人遊說，但是員工也要提名自己角逐升遷機會，再由委員會決定。包含各項成就與推薦的「升遷包」（promotion packet）完成後，委員會就會詳讀，以判斷是否應該繼續進行升遷流程。委員會裡不會有該名員工的主管；主管可以針對決策上訴，但是並非拍板定案的人。這是防止主管壓制直屬部屬的企圖心或利用升遷來獎勵個人的忠誠度、而不是出色的工作表現。

Google也讓每個人都很容易搜尋到新機會，容許員工在不同的團隊之間轉換。任何主管都無法「阻礙」這樣的轉換。我曾經挖過一位員工來到我的團隊；他說服我他很出色，但他的主管和他不對盤（事實上主管給他的評等很高）。沒有人會試著阻止別人轉換部門。這其實是好事，因為此人在我們的團隊裡如魚得水。允許轉調很重要，因為這樣可以防止主管阻擋想要繼續前進的員工，也可容許有時候某兩個人就是沒辦法共事。

但Google也不見得凡事都對。產品管理部門就有一條非常嚴格的規定，要求員工一定要有電腦科學的學位才可以進來。許多人想轉調到產品部門，因為他們有想要追求的理想，但因為沒有符合規定的學位而被拒於門外。其中一人是比茲．史東（Biz Stone），他被這條規定擋了路，最後離開Google和別人共同創辦推特。另一人是班恩．希柏曼（Ben Silbermann），他同樣因為被擋而離開Google，創辦了社群媒體Pinterest。當凱文．希斯壯（Kevin Systrom）因為大學學位不合規定而無法進入產品管理部時，他也離開Google，和人另創Instagram。

## 超級明星不一定想擔任管理職

對管理工作興趣缺缺，並不等於身在和緩的成長軌跡，同樣的，有興趣擔任管理職，也不等於身在陡峭的成長軌跡。管理職與成長不應混為一談。

想像一下，假設當愛因斯坦正在發展相對論時，如果有人叫他不要在研究工作上花這麼多時間，要擔負起管理團隊成員的能力，那麼最後的結果就是一個滿心挫折的愛因斯坦、一支士氣低落且管理不當的團隊，以人類對於宇宙的理解來說，更是一大損失。

但這種事的不同版本無時無刻都在上演。許多出色的工程師和業務人員獲得拔擢成為主管之後，他們的事業就垮掉了。為什麼會這樣？這是因為拔擢他們擔任其他職務，代表不認同他們想要選擇的那種成長軌跡。

這又點出傳統的績效／潛能矩陣的用詞問題。這個矩陣通常不只分析「潛能」，也分析「領導潛能」。這麼做，無意中導致一群人在制度上限制了某些人的職涯發展上限，也就是那些位於陡峭成長軌跡、但不想成為主管的人。那些比較想要深化專業並推進人類知識、而不想成為主管的人，能得到的獎勵報酬也因此遭到制度性的限制。請不要誤會我的意思；我相信出色的管理很重要，但這並非發揮重要影響力的唯一途徑。

Google的工程團隊解決了這個問題，他們另闢個人貢獻者型的事業發展路徑，聲望更高於成為管理者，而且完全無須負責管理。這對於工程師的成長來說是好消息，對於在其他制度下要被這些出色工程師管理的人來說也是好事。如果一個人之所以成為主管是因為他想要「前進」、而不是因為他想做主管該做的管理工作，那麼他們的表現充其量也是馬馬虎虎，還常常變成恐怖主管。

如果成為管理階層是領高薪的唯一途徑，管理品質會受損，在可憎主管手下任職的員工，人生也會變得很悲慘。

## 中間的那一群

我之前提過，我不相信有所謂的「次級人力」或平庸之輩這種事。每個人都可以精通某件事。這絕對不是說每一個人都可以做好任何事；這絕對不對。以此為話頭，我要來談談有些工作表現就是沒這麼好、或者在原地踏步的人。

很遺憾，許多人從未能找到他們真正擅長的工作，因為他們留在錯誤工作中的時間太長，要做出任何改變，都會讓他們得倒退好幾步。他們可能必須仰賴目前職位的名聲或收入，也感受到家庭希望他們維持原狀的壓力。主管留著這類員工的理由有幾個：不確定能否找到更適當的人，訓練新人要花時間與精力，他們喜歡這位員工，也覺得鼓勵對方去找一份更適合的工作並不公平。

沒有勇氣和精力，會使得生活在無聲絕望中的人流失大

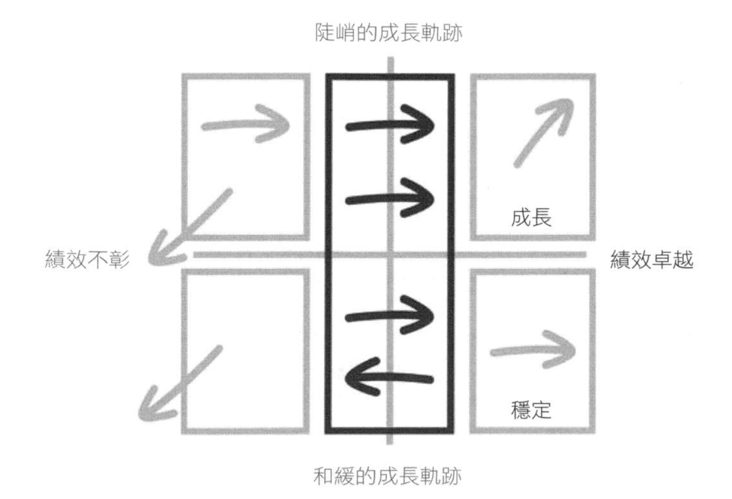

量潛能。認為在工作上並未如魚得水的人就是「平庸」，認為他們什麼也做不好，這種觀點既不公平也很刻薄。主管經常以濫情同理對待他們，最嚴重的狀況變是任由他們繼續向下沉淪，同時也浪費了大量的機會。但是，要公平對待這類人，你需要夠了解他們，才能明白為何他們無法成功；如果他們只是正在經歷某些困境，給他們恢復的時間與空間，會好過敦促他們付出高於當時必要的水準。

我在Google帶領團隊時，最不受歡迎的作為之一，就是堅持給超過兩年以上沒有傑出表現的人機會，讓他們去做一個能讓自己發光發亮的專案。如果表現仍然差強人意，我們就會鼓勵這些人另謀他就。

執行這套政策很困難，也帶來很多壓力。最關切這件事的人是主管，因為這套政策強迫他們必須和部屬進行多次具挑戰性的對話，並盡全力敦促這些人。當然，對於多年來表現普通、一下子被推出舒適圈的人來說，也很辛苦。但我認為，這套做法給他們的痛苦，比不上長期被貼上「平庸」的標籤。

我這麼做是因為，我相信每個人都可以在某個方面表現傑出，我的任務是幫助他們找對位置。我也相信，我們應該全力以赴，讓團隊百分之百表現傑出。一個人如果無法在兩年內用出色的工作證明自己，幾乎就沒機會了。那時就該幫助他們另覓可以展現才華的工作，那時我們也該開始替團隊尋找會大放光芒的替補人選。對某些人來說，這意味著離開Google、去做更符合自己夢想的工作，比方說，去當老師或景觀建築師，或是開一家茶飲店。有時候，當事人則會繼續從事類似的工作，但選擇規模較小、讓他們更能成為萬事通的企業。有時候，你就是需要把人丟出安樂窩，讓他們學著展翅。雖然做出改變很痛苦，但就以上這些情況來說，當事人終究會更幸福快樂。

從許多方面而言，身為主管的你，職責是訂下並堅守品質的標準。短期可能讓人覺得很嚴苛，但長期來說，降低標準更惡劣。面對工作表現還過得去、但算不上出色的員工，你的管理方式不可陷入濫情同理的象限！每一個人都可以在某個面向表現傑出。要打造創造非凡成績的團隊，就要讓每一個人都能卓越。接受平庸，對誰都不好。

## 績效不彰／負向的成長軌跡

倘若有名員工績效不彰，而且他已經收到明確的訊息知道問題在哪裡，但仍遲遲沒有改進，你就必須開除他。你處理這個問題的方法，對於你身為主管的長期成敗有深遠影響，因為這會對團隊裡的每一個人發送出明確信號，讓大家知道你究竟是不是真的關心個人，而不是只在意他們在工作上能為你做什麼。

無須多說，遭到開除是一個人所面對最嚴重的自我質疑之一，對於當事人自然會造成負面的衝擊，還會擴及家人，包括經濟困難、失去醫療保險、婚姻觸礁，還有，最糟糕的，是看著自己深愛的人受苦帶來的那股壓力。

當你知道將要對自己關心的人祭出某些傷人手段，顯然

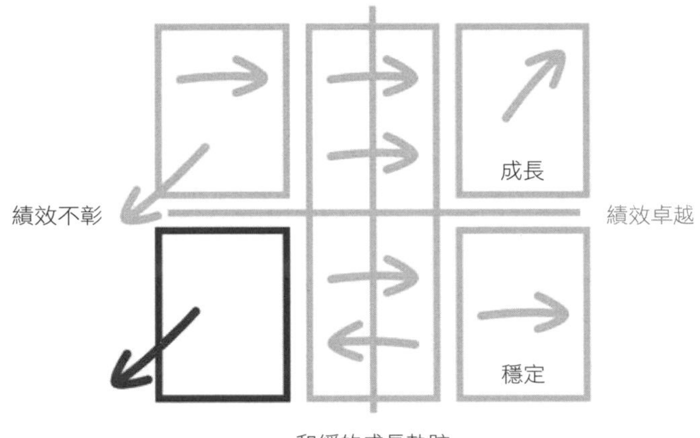


會讓人更難出手。我曾和一位非常成功的紐約客聊過，他在開除人這件事上似乎偏向速戰速決，比較沒有悲情傷感。但他告訴我，每次要開除員工，當天早上他都會冒著一身冷汗醒來。我之前根本不知道有什麼事能讓他冷汗直流！如果連他都覺得難受，那就難怪我會難受、你也難受了。所以，同樣的，我們要竭盡所能為任何人避開負面結果，在處理開除事宜時要審慎且周延。

## 何時該開除部屬？

假設你團隊裡的「佩姬」工作績效很差，毫無改善的跡象，甚至每況愈下。到了該開除她的時候了嗎？這個問題沒有標準答案，但你可以想一想三個問題：你是否曾經為她提供徹底坦率的指引？你是否了解佩姬的表現對她的同事有何影響？以及你是否徵詢過他人的建議？

你是否曾經為她提供徹底坦率的指引？你是否曾經告訴佩姬，你個人很關心她的工作與她的人生，當你在挑戰她、要她改進時，是否非常清楚明瞭地表達？你的讚美是否實質且具體地點出她做得好的地方，而不只是安撫她的自尊？你的批評是否謙虛而直接，幫忙她找到解決方法，而不只是攻擊這個人？你是否在多個場合中這麼做，而且持續做了一段時間？如果答案是肯定的，而且你沒有看到任何改善，或只有微不足道的進展，那麼，就是現在了。請記住，瘋狂的定義，是你持續做相同的事卻期待有不同的結果。

此人的績效不彰對於團隊其他人有何影響？佩姬的缺失不僅是你的問題而已。身為主管，你的工作是確認自己了解每一個人的看法，以及她的績效不彰對於其他成員有何影響。一般來說，等到你注意到某位部屬績效不彰，和此人共事的同僚通常已經受不了很久了。

你是否有尋求第二意見，和你信任以及你能暢談這個問題的人聊聊？有時候你可能以為自己已經很清楚情況，但實際上並不然。尋求外部意見可以幫助你確認你是否公平。而且，如果你還不曾開除過員工，請和有過經驗的人談談。以現今的世道來說，多數企業對於開除員工都設有必須遵守的嚴格指引，如果你不謹慎，這一路上會有很多法律的坑洞，害你耗掉很多時間。

## 逃避開除員工的自欺之語

主管幾乎都是等了太久才去開除員工。謹慎或許可以避免草率，但我要說，多數主管之所以等了那麼久才去做，是因為自欺，要自己相信沒必要開鍘。以下是經理人為了避免開除員工常說的「自欺之語」：

- **情況會好轉**：但是，當然沒有船到橋頭自然直這種事，所以請停下來自問：到底要怎樣才會好轉？你要有哪些不同的作為？環境可能如何改變？就算情況有點好轉，但改善的幅度夠嗎？如果你沒有相當具體的答案來回答這些問題，情況很可能不會好轉。
- **聊勝於無**：主管之所以不願開除績效不彰的員工，另一個理由是他們不想見到團隊裡有個沒人的「坑」。如果你開除了「傑佛瑞」，那他的工作誰來做？你要多久才能找到替代人選？績效不彰的員工做事時常常加重他人的負擔，因為他們的工作未完成的部分、做得隨隨便便的部分，或者不專業的行為，必須由他人彌補。賈伯斯的話雖然嚴苛，但簡潔有力，他說：「留個坑總比留個爛人好。」
- **以調職來解決**：開除員工很艱難，所以主管很有誘因改把這些人推給公司裡其他沒有戒心的同事，不管此人是否具備同事需要的技能或者能否適應其團隊文化。這麼做會讓人覺得比開除他們「好一點」。對於毫無戒心的同事來說這顯然沒這麼好，而且，對於你想要「善待」的員工來說，這麼做多半也不好。
- **開除員工有損士氣**：你會很想告訴自己，你之所以不開除某個人，是因為這麼做會打擊團隊的士氣。但把不適任的人留在團隊更傷士氣，影響到你、工作一團糟的當事人以及工作表現出色的其他人。同樣的，要做到好好開除一個人，說到底仍是要先和你要開除的對象以及其他團隊成員建立起良好關係，關係會回過頭來證明你關懷個人。

## 坦誠面對你要開除的員工

你用什麼方式開除員工很重要，要把這份艱難的工作做好，重要的是別與你要開除的當事人疏離。如果你試著避免去感受在這種情境下必會出現的痛苦，尤其是要被你開除的人的感受，你會弄得一團糟。請感同身受，並記住以下兩點：

- 試著回想一份你做得很糟的工作，想想看，當你不用再做時你有多開心：我高中時，有一年暑假找到一份銀行出納工作。我的心算不好，所以常常找錯零錢。出錯時，若是銀行多收了，客戶通常會指出來，但如果是銀行多給了，客戶卻不見得會誠實，因此我讓銀行賠了很多錢。我的主管沒有開除我，反而對我說：「你可以的！如果你試試看，如果你能專心，你的帳每天都會平！」結果，原本問題只是數學不好，到頭來卻變得好像是個性的缺陷。我愈是努力，情況就愈糟糕。我的主管還是繼續為我加油打氣。我很慘。我本該辭職，去找一份整理草坪的工作。如果我的主管當時開除我並對我說：「你顯然對這份工作沒興趣，這個暑假何不另外找份不同的工作？」那可是幫了我一個大忙，同時也為銀行省下很多錢。但實際上我不斷受苦，萬分掙扎撐到暑假結束。如果這是一份全職工作，我必須一直待下去，那可怎麼辦？

當你要開除某個員工，你是在為對方創造機會，讓他可以在他處做一份有意義的工作，表現傑出並找到幸福快樂。我祖母曾經對我說：「一個鍋配一個蓋。」一個人在你手下任職時表現不好，並不表示他們不能在另一份工作上大放異彩。我知道這聽起來很樂天，因此，在和對方開會之前，我會先試著具體想像那會是一份什麼樣的工作。我也會重新替我自己和我要開除的對象重新定義問題：糟糕的不是人，而是工作，至少對這個人來說是如此。那麼，什麼樣的工作才適合他呢？我能不能幫忙引薦？

- 留下績效不彰的員工，是懲罰表現出色的員工：無能處理績效問題，對於團隊的其他人並不公平。績效頂尖的員工通常會承擔沒做完的工作，導致負擔過重。實務上，每當我開除績效不彰的員工時，團隊士氣總會提高；有時候，我會因為把表現不好的人拖著太久而失去我最想留下的人。留著糟糕的主管，傷害尤其嚴重，因為糟糕的主管會對他們的直屬部屬造成負面衝擊。這和管理槓桿（managerial leverage）的精神背道而馳。

當我在寫這一段時，我認識的一位資深領導者遲遲不開除某個主管 —— 這個主管不實事求是，總是大吼大叫，他手下有個員工蕁麻疹發作，還有一個已經好幾個月都沒睡好。但是，開除的事還是懸而未決。而這個主管自己也提心吊膽，認為自己遲早會被開除。整個局面像是一場奇怪的貓捉老鼠。這種情況對當中的任何人都不好！

## 績效不彰／陡峭的成長軌跡

最難解的管理難題之一，是某個人原本應能承擔愈來愈多職責、一天比一天更好，但實際上卻搞砸了或表現糟糕。根據我的見聞，有幾個原因，值得一談。

### 錯的職務

有時候是你把出色的人才放到錯誤的工作上，這就是我所謂的「照照鏡子」象限：如果你把人放到錯的職務上，他們績效不彰實際上是你的錯。如果是這樣，你應該把這個人放到適合的職務上。

舉個例，我曾經要「馬瑞娃」迎戰我們整個團隊所面臨最艱困的挑戰；她是我共事過最出色的領導者之一。這個決定看來再合理也不過了：要工作表現最好的人去解決最嚴重的問題，一切都將迎刃而解，對吧？那次的情況並非如此。馬瑞娃是一個很善於管理人的主管，她管理大型團隊時，表現耀眼無比。但她的新工作是去管理小團隊。她的潛力很

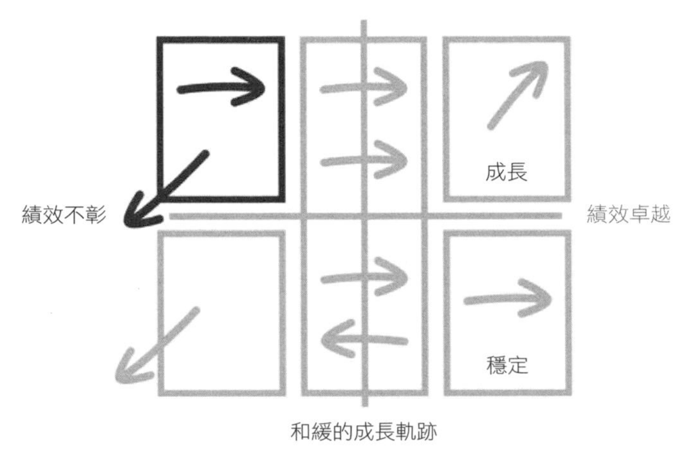


高，但現實要處理的問題規模很小。時間不斷流逝，卻未見團隊有逐步實現潛在業務機會的跡象。團隊士氣低落，馬瑞娃則是無精打采。她很不敬業。我更大力推她一把，情況沒變，於是我給了她事業生涯有史以來最低的評等，隔一季的評分又更低。我和馬瑞娃詳談為何進展不順利，她不同意我的說法，但也無法提出好的解釋。我愈來愈沮喪，也開始擔心起她的事業前景。

但就在這時，我靈光乍現，我發現我要她解決的問題屬於分析性質，最適合解決這類問題的人，是四分之三的工作時間都在辦公室裡單獨和數字奮鬥的人，但馬瑞娃真正的天賦是成為超級主管。我把她關在辦公室裡和試算表搏鬥，但她在這裡根本無法全力施展才華，和她面對人時相比天差地遠。當我告訴她我的領悟時，她的表情看來大大鬆了一口氣。當然，馬瑞娃打從心裡知道問題何在，但她不想找藉口，也不想把她的績效不彰算在我頭上。還好，另外一個團隊還有一個涉及幾百人的龐雜管理挑戰待解，我請馬瑞娃接下來，果不其然，她又重回頂尖績效員工之列，而且不僅是在我的團隊上，以全公司來說亦是。

還有一個實例。「克雷」在「亞特蘭提斯」這個國家領導一支團隊，在那裡，他是高績效領導者，創下的營收成長率比任何人都高。他希望能再獲得其他成長機會，於是我要他接手亞特蘭提斯另一個規模更大的團隊。但克雷心裡想要的是某一個區域性的職位，當我的團隊開出職缺時，他來找我。我非常懷疑他是否適任，因為這個職務需要很好的政治手腕，克雷從未展現這項技能（就我所知，他在這方面沒有往績可循），但這是順利接下此一職務的必要條件。我坦白對他說，但他十分固執，於是我投降。但他幾乎是一上任就接到政治的燙手山芋，精疲力竭。

你是給員工機會成長，還是把他們送入虎口，有時候不見得顯而易見，但這次是我做了錯誤的決定，我派克雷接下錯誤的職務。遺憾的是，我後來離開公司，克雷最後也遭到開除。我從沒機會好好照鏡子反省自己，克雷為我的錯誤付出了代價，這件事永遠讓我覺得難受。（還好，他繼續向前邁進，在亞特蘭提斯成為一位極成功的企業家。）

## 新官到任：工作太多，速度太快

顯然，當你要聘用全無工作經驗、要從頭學起的人時，他們要能有進度，有時花費的時間會長過預期。如果你有理由相信對方在這個位置上可以做得很好，如果他們有嶄露頭角的跡象，那就值得多投資一些。但有時候情勢沒這麼明顯。

若是這樣，自問以下這些問題會很有幫助：你是否清楚傳達期望？培訓夠了嗎？如果問題出在你解釋這份職務或傳達期望時不夠清楚，如果你認為對方可以成為超級員工，你就應該多花點時間去做好前述事項。

主管有時也會犯下另一個錯誤，就是一下子把太多工作丟給某個人，害他們失敗。有時候，這是因為主管對於一個人能做哪些事懷著不理性的期望，有時候，則是因為主管把自己的能力投射到部屬身上。他們忘記一個比自己少了十年經驗的人就是不懂某些事。

## 私人問題

有時候，在事業上戰無不勝的人突然間不再表現出色，因為他們遭遇了某些私人問題。如果是暫時性的，最好的辦法就是給他們必要的時間，好重回軌道。

我在桑德伯格手下任職期間曾一度碰上家裡有事，我永遠都會感激她的應對方式：「趕快上飛機回家，不管需要多少時間都沒問題，也不用擔心Google的事。不要用請假來算，慢慢來。我們會幫你忙。」她的話讓我覺得自己太幸運了，比一開始能加入她的團隊時更讓人感動，而且，當我回來之後，我的工作動力又高了兩倍。

## 水土不服

有時候，以經驗和專業來說，某個人看來適得其所，但在某家企業或某個團隊卻無法發揮作用，這是因為團隊文化和當事人的個人特質之間並不一致。當非常成功的人接下新公司的工作但「水土」不服，對每個人來說都很痛苦。如果文化或個人都改不了，最好的辦法就是互道珍重。一般來說，你沒辦法修正文化適應的問題。

比方說，我認識一個人，他採行一套「先推出再逐次改良」的方法，讓他在Google大有成就。Google的企業文化重點就在於實驗。當他轉往蘋果任職，由於蘋果的文化是構想正式推出之前要精打細磨，他拿過去的方法來用，最後葬送了自己的信用。這個人或蘋果公司都沒有錯，錯在兩者並不相容。

## 沒有永久的標籤

人很難擺脫自身對於他人的認知。「珍是磐石明星，一日磐石，一生磐石。」「尚恩是團隊的直布羅陀巨岩，沒有他擔任這項職務，我就慘了。」我對於「磐石明星」和「超級明星」兩個詞最大的顧慮，是擔心你把這些名稱貼在員工身上，變成永遠的標籤。請別這麼做！我們很容易就把某些人當成僅適合某些職務，或者具備某些不會改變的特定技能、缺點的組合。事實是，人會變。某些向來處於和緩成長軌跡的人，可能一夕之間躍躍欲試，渴望在工作上有新挑戰。或者，多年來都沿著陡峭成長軌跡發展的人可能也想享有一段安穩的時期。這是另一個你必須從事管理的理由；要成為出色的主管，就要不斷調整以適應每天、每週或每年不同的新現實。如果你不注意，或者你不夠瞭解員工、因而無法注意到有些重要的面向改變了，你就無法調整。

## 人會變，你也必須應變

重要的是要記住沒有人永遠身在陡峭或和緩的軌跡，人的工作表現也會隨著時間不同而改變。要謹慎，不要把某些人貼上「績優員工」的標籤。每個人偶爾都會有脫軌的時候。為了對抗貼上長期性標籤的問題，質標公司的共同創辦人（也是我在喬思與Google的前同事）賈瑞德·史密斯提出了「脫軌季」（off quarter）、「穩健季」（solid quarter）和「傑出季」（exceptional quarter）的績效評等方式。

當你要把本來讓你高枕無憂的人轉換到會讓你日子難過的新職務時，調整特別難，至少短期來說是這樣。多年來你都仰賴「珍」完成特定工作，但現在，珍想要新的工作。或者，這些年「派特」向來會接下新的挑戰，但最近派特常常避開艱鉅的任務，你必須調別人來替補，但新人不像派特那樣擁有亮麗的資歷。這讓你備感壓力！

在我們的事業生涯過程中，多數人都有高低起伏。有時我們處於學習模式或過渡模式，有時候我們會改變優先順序：配偶換了新工作，因此我們需要多花點時間在家裡，或者，我們想要把時間花在工作以外，投入自己所熱衷的事物上。對於團隊成員與主管來說，重要的是要清楚知道，在每一個轉捩點上，影響軌跡斜率的因素是什麼，如此才能為團隊成員與企業創造雙贏。

善用這套簡單的架構，但同時請勿濫用。每天務必以全新的眼光來看待團隊裡的每個人。人會變，你們之間的關係也必須隨之改變。要關懷個人，不要把人歸在某個類別之後就不管了。

# 4

# 齊心合作，創造成果

## 上令下行是行不通的

乍看之下，要有成果，直接挑戰似乎比個人關懷更重要。但徹底坦率的目標是要齊心協力創造出個人無法創造的成果，要做到這一點，你要先關心共事的人。

領導火星探測漫遊者（Mars Exploration Rover Mission）計畫的史帝夫・斯奎爾斯（Steve Squyres），道盡了協作的美妙之處：「超過四千人共同執行這項任務，沒有任何人有能力掌握全貌並說道：『我完全了解火星探測車。』這超乎每個人的腦力所及。」看這部紀錄片時，我坐在佩吉旁邊，他轉過頭對我說：「哇！這部片真的會讓人覺得你可以有點成就，對吧？」一方面我完全同意他的話，另一方面，Google的共同創辦人居然需要看一部紀錄片才能覺得他能有點成就，真是匪夷所思。

如果你希望團隊創造出比你單打獨鬥更大的成就，如果你希望「超乎你的腦力所及」，就必須關心和你共事的人。如果你花時間把他們的想法整合到你的想法中，同時把你的想法整合到他們的想法中，就能有更大的成就。

## 我在Google犯的錯

不要讓對成果的聚焦阻礙你去關心共事的人；我剛到Google就犯了這個錯。當時我把全副心力都放在要把事做好，而且要快，最後欲速則不達。

### 有事大家做，出錯沒人改

我領軍的AdSense團隊負責中小型AdSense客戶的銷售與支援，我們有五大任務：審核新客戶、帶領他們上線、負責帳戶管理、提供客戶支援以及執行政策。團隊裡大約有一百個人在做事，我走馬上任時，業務已經飛快成長，所以這裡的運作模式是自由參與：每個人什麼事都做一點。當有人注意到團隊的審核速度落後時，他們就會發出群組電子郵件給這一百個人，寫道：「請停下手邊的工作，處理審核案件。」如果沒人注意到，我們的進度就一直落後下去。Google很執著於數據，因此什麼都要追蹤。然而，當數據顯示方向走錯時，只是引發集體的愧疚感，卻沒人提出明確的改錯計畫，因為沒有任何人要為任何事負責。我們的執行狀況不佳，每個人的壓力都很大。

我有位教練曾經告訴我：「成敗僅有一線之隔。」如今我才懂他的意思。不管用任何常用指標來看，我們的成長都算出色，但我們也很快看出來，情況還能更好，前提是團隊不能像七歲男孩組成的足球隊那樣運作：每個人都追著球跑，沒有人守住任何位置。舉例來說，我提了一連串問題之後，才發現我們並沒有真正在做帳戶管理的事（亦即，我們並未協助大的客戶改善，好讓他們跟Google都多賺點錢）。我問理由何在，答案是：「這就不是Google的風格了！我們對所有客戶一視同仁，不管大小。」我建議要列出優先順序，卻看到大家臉上的表情清楚認為我的道德很有問題。

彙報架構也有問題，也因此，沒有人真正負起責任。有新人進來時，會隨機分配給直屬部屬最少的主管，但新人所做的工作和主管是誰並無直接關聯。此外，根據Google的文化，他們認為主管職銜只是為了幫主管累積「領導經驗」、然後可以進商學院，不然這裡根本不需要主管。名義上有主管是員工必須忍耐的必要之惡，這樣他們自己有一天才能成為主管，才能進入商學院。

真是亂七八糟！在一家成就非凡的企業裡，怎麼會有如此沒道理的事？我一位友人一開始也不相信有這種事。她說，在《紐約客》（*The New Yorker*）雜誌，核實人員不可能向文案部門的主管彙報，因為只有核實部門的主管才會知道這個人在做什麼，Google怎麼了？事實上，我在其他矽谷的「獨角獸」（unicorn）*企業還看過更瘋狂的事。當一群極聰明但經驗不足的人領導的企業起飛時，什麼事都有。但我很欣賞這樣的混亂，因為這也正是我被錄取的理由。當年我三十七歲，年紀比我的主管還大，也比一般的Google人大了十歲有餘，我是「成人監護人」。

---

* 這一詞是創投資本家艾琳．李（Aileen Lee）所創，用來指稱市值快速達到十億美元的新創公司。

## 改弦更張卻傷了同事感情

我也知道該做什麼。我不讓這百人團隊每個人什麼都做一點，也不放任隨機的管理架構，我把它們分成五個比較小的團隊，每一位在我手下工作的主管分別只負責一件事：審核、上線、帳戶管理、客戶支援或執行政策。之後，我重新調整每個人的直接彙報關係，業務能力比較強的人變成一個團隊，向負責帳戶管理的主管彙報，組織能力比較強的人變成一個團隊，向負責政策執行的主管彙報，依此類推。現在，員工的主管會知道他們在做什麼，既能協助直屬部屬，也能負起責任。

這是很合理的變革，同意吧？結果，我的五位直屬部屬中，有三位向我的主管桑德伯格抱怨，說他們受不了在我手下做事，因為我太專橫，把太多人排除在重要決策之外。其中一人甚至說他「傷心、難過，感覺被拋棄」。這三人都離開我，轉向其他Google團隊，他們可以自由這麼做，不需要我同意。我哪裡做錯了？要改變的地方這麼明顯。於是，我向桑德伯格徵詢意見。

她認同我重組團隊的想法，但不同意我的做法。「金，你的動作太快了，這就好像你在轉一條長繩一樣。」她一邊說，一邊模擬著她的頭上有一條長長的繩子在繞大圈圈。「你不覺得繩子移動的速度很快，那是因為你在中間手握繩子，你只是甩動手腕。但如果你在繩子末端，你得拼命抓緊，那很可怕。你不能對員工做這種事還期待他們穩住。」

## 想要成果，先學會合作

想要上令下行是行不通的。在我們顯然需要大力變革時，上令下行看來是最能快速向前邁進的方法，但其實不然。這是因為，其一，我沒有讓團隊參與決策，完全自行決定。其次，決定之後，我並未花時間說明理由，也沒說服團隊我做的是妥適的決策。所以，我的團隊不願執行他們不認同、不了解的決策，反而四分五裂，在我重建團隊之前，完全無法提升成效。

在Google工作的好處，是公司會讓我有機會修正錯誤。我的主管詳細說明我做錯了什麼事，然後讓我聘人取代失去的夥伴，我也得以把從前在喬思公司的部屬帶進Google。這是痛苦但極具啟發性的一課：在Google要有成績，我必須學著更能合作。

在Google，做決策不是靠權威，甚至也不能靠創辦人。有一次，Google的工程師決定重新設計關鍵字廣告業務AdWords*的前端介面，讓廣告主更能輕鬆選擇不同的廣告格式。由於Google的營收大半來自AdWords，因此，把這件事做對非常重要。在一場會議上，我看著Google另一位共同創辦人賽吉・布林（Sergey Brin）苦口婆心說服一支工程師團隊試用他的解決方案，解決他們為廣告主提供各種廣告選擇時

---

* AdWords是Google的廣告產品。如果你想替自家的帳棚做廣告，你可以針對「帳棚」等關鍵字競標，如果你贏了，當有人在Google上輸入「帳棚」搜尋網頁時，你的廣告就會出現。如果其他人的網站和帳棚相關，你的廣告也會出現在上面。若有用戶點選你的廣告，你就付錢給Google。

遇到的挑戰（比方說，廣告格式不同，用不同的方式確定廣告什麼時候出現，以及出現在哪裡，諸如此類）。團隊提出的解決方案和布林的不同，他建議他們撥出一些人照他的方法做，其他人則去做團隊支持的解決方案。團隊拒絕了。

很少生氣的布林搥著桌子說：「如果是在一般的公司，你們所有人都要照我的方法做。但我現在只要求一些人試試看我的辦法！」他顯然很火大，但他咧嘴偷笑也顯示他很自豪打造出一支會對抗他的團隊。最後，團隊說服他，他們的辦法比較好。

當然，並不是所有企業都堅持合作，也不見得允許員工對老闆不滿時就換團隊。然而，我一再發現，就算身處的職場容許你以偏向權威主義的方式行事，但若你能放下權力、更願意合作，績效會更好。

## 賈伯斯永遠都做對，因為……

「該死的賈伯斯永遠做對。」英特爾的傳奇執行長葛洛夫在舊金山的三一冰淇淋店一邊咆哮，一邊吃著雅摩卡杏仁奶油糖口味的冰淇淋。當時我正在徵詢他的意見，我想知道，我該不該進蘋果。

我笑了，我以為他是在講笑話，但葛洛夫對我用力搖搖頭。「不，你沒聽懂我的話。賈伯斯真的永遠都做對。我是認真的，就像在當工程師時那麼認真。我不是開玩笑，我也沒有誇大。」

我知道葛洛夫是要告訴我很重要的事，有一部分的我也希望這是真的。經歷了Google充滿創意的混亂之後，進蘋果工作的其中一項吸引力，是我任職的新公司會是一家能讓果決式管理發揮功效的公司，就算這代表要告訴員工該做什麼也沒關係。我假設，蘋果的行事作風是由充滿遠見的賈伯斯告訴大家該做什麼。但我還是覺得葛洛夫太誇張了。永遠都對，可能嗎？

「沒有人永遠都是對的。」我說。

「我不是說賈伯斯永遠都是對的，我是說他永遠都做對。他跟大家一樣，有時候也會錯，但他堅持大家要在他犯錯時告訴他，而且要不客氣，所以到最後他永遠都做對。」

葛洛夫的話，觸動我心中一套複雜又帶點矛盾的信念及理想，那是我對於出色的主管如何讓團隊做對事情的看法。一方面，我鍾愛Google的取向，也臣服於聖修伯里（Antoine de Saint-Exupéry）的管理哲學：「如果你要造一艘船，不要叫一群人去採集木材，別分派他們任務與工作，而是讓他們渴望大海的遼闊無垠。」另一方面，就像我一開始的故事中說到我在AdSense學到的啟示，我偶爾也會渴望擁有或成為一位無可挑戰的領導者。當我接下蘋果的工作，我發現葛洛夫的說法十分精準。每當有人證明賈伯斯錯了，他通常的反應是他樂於、甚至急於改變心意，但形式極少是「你是對的，我錯了」這般優雅。賈伯斯改變心意的態度，常常會讓人大怒。

一位同事告訴我，他有一次和賈伯斯爭論，但最後退縮了，可是賈伯斯的理由也說服不了他。最後情勢證明我的同事是對的，賈伯斯衝進他的辦公室大吼。「但這是你的想法，」我的同事說。「沒錯，但你的工作是要說服我說我錯了，」賈伯斯說，「你沒做到！」從那時起，我這位同事和他爭論的時間就更長，聲音也更大，他會不斷爭論，一直到他說服賈伯斯、或是賈伯斯反過來說服他為止。因此，賈伯斯之所以能做對，是因為他願意錯，而且他堅持身邊的人要挑戰他。無疑的，他這種風格不是每個人都能接受。他聘用不畏懼和他爭論的人，之後，他又鼓勵員工更加無所畏懼。

另一位同事告訴我，某次她和賈伯斯的爭論，最後說服賈伯斯他錯了，之後他完全接受她的立場，彷彿他一直和她同一看法。她猜測，賈伯斯一心一意要得到正確的答案，所以完全不在乎誰說了什麼。顯然，這種做法會讓人喪氣；人都希望因為提出好意見而被記一功。但他不斷挑戰自我、要求身邊的人讓他「做對」，而非讓他「是」對的，這種堅毅的聚焦，是帶動蘋果公司具備讓人瞠目結舌的能力、能高效運作的部分原因。

## 「GSD轉輪」架構

賈伯斯能夠「永遠都做對」，部分的理由當然是因為他是天才。天才無法模仿。但天才只是故事的一部分；無法化絕妙構想為實質事物的天才大有人在。比天才更重要的，是賈伯斯在蘋果領導員工的方式，他無須告訴他們要做什麼，就能完美執行任務。這是你可以仿效之處。但要做到這一點，你必須在「直接挑戰」這個面向上更大力敦促自我與團隊，可能不僅是稍微跨出舒適區而已。

事實上，創造出非凡成就的Google與蘋果，都沒有絕對專斷的管理風格。這也引發了一些重要問題：公司如何決定每個人該做什麼事？如何設定策略和目標？這兩家公司如何發展出同樣強大卻又如此不同的文化？公司裡成千上萬的員工如何了解使命？兩家公司的方式非常不同，蘋果比較井然有序，Google比較混亂，但從宏觀層次來看，兩者的流程是一樣的。

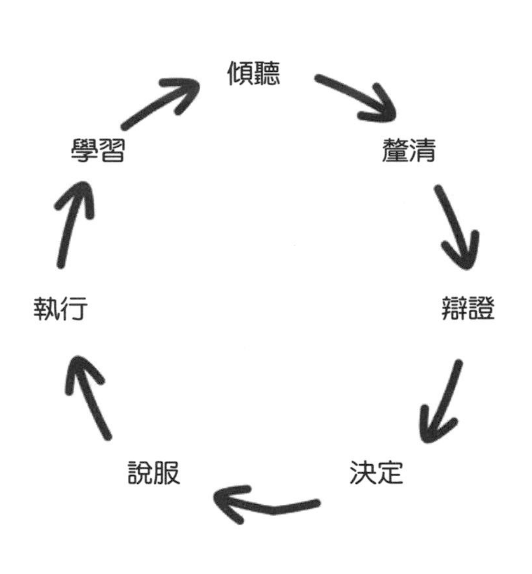


我把這套相對直截了當的流程稱為「GSD轉輪」，「GSD」就是「把事做好（Get Stuff Done）」。自認為是「把事做好」的人常常忽略其中的關鍵，那就是要避免想要直接跳下去的衝動，就像我在本章一開始時所舉的範例。反之，你要先打好合作的基礎。

若運作得當，GSD轉輪能讓團隊齊心合作，創造出許多成就，超越任何人單打獨鬥時能達成的成果，這正是所謂「超乎個人的腦力所及」。首先，你必須先傾聽團隊裡的成員有哪些想法，並營造出讓他們傾聽彼此的文化。接著，你必須挪出空間，以琢磨並釐清想法，確定想法不會在大家都還沒充分了解潛在用處之前就胎死腹中。但是，簡單易懂不見得是好構想。然後，你必須更嚴謹地針對想法進行辯證與測試。再來，你必須做出決定；要快，但又不能太快。不見得每個相關的人都參與了每個想法的「傾聽／釐清／辯證／決定」循環，因此，下一個步驟是納入更大的團隊。你必須說服決策過程參與者以外的人，讓他們認同這是好主意，這樣大家才能高效執行。之後在執行時，你必須從結果當中學習，以了解你是否做了對的事，並重新開始執行整套流程。

流程步驟很多。請記住，這套流程的設計重點在於快速循環。很重要的是不可跳過某個步驟，而同樣重要的是，不要卡在某個步驟。跳過某個步驟，最後只是浪費時間。如果流程的某個部分拖太久，團隊成員會覺得合作似乎是懲罰，而不是投資。

你很可能面臨的處境是，你的主管跳過各個步驟，直接告訴你要做什麼。這表示你也要這樣對待你的團隊嗎？不，當然不是！就算你的主管不接受GSD法，你也可以和部屬一起實踐這些概念。一旦主管看到成績，情況或許會有所改變。但是，如果他們還是無動於衷，你可能必須換工作了。堅持正向工作環境的人愈多，不僅能提升公司績效，也會讓你愈來愈幸福快樂。

## 傾聽

你已經知道你應該要傾聽，你可能也已經知道如何傾聽（以及如何關掉耳朵）。問題是，當你成為主管，會有人告訴你，你必須完全改變你的傾聽風格，而你做不到。

好消息是，你還是可以沿用自己的風格，而且還是可以

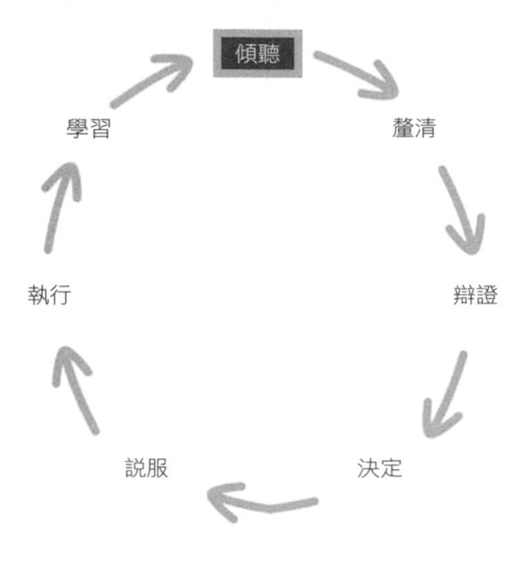


確定團隊裡每一個人的聲音都能被聽見，因此都能有貢獻。

蘋果的設計長艾夫在蘋果大學的某一門課裡曾經說，主管最重要的角色就是讓「安靜的人發聲」。我喜歡。Google執行長施密特採取完全相反的做法，他力勸大家「大聲說！」。我也喜歡。這兩位領導者以不同的方式，確定每個人的聲音都能被聽到。這也是你的目標，但是達成目標的方式不只一種。你必須找出符合你個人風格的傾聽方式，然後營造讓每個人傾聽彼此的文化，傾聽的責任才不會完全落在你一個人身上。

## 安靜傾聽

蘋果的執行長庫克是善於靜默的人。去蘋果面試之前，就有朋友警告我庫克常常會沉默不語很久，叫我不用因此感到緊張，也不要覺得需要講些話來填補空檔。即便有人提點，第一次面談時我還是焦慮地說個不停，以此回應他長長的沉默，過程中不慎對他提到太多我犯過的錯，超過我本來的設想。當我發現我正在透露一些可能會讓我賠上這份工作的事時，我慌了，此時整個會議室也開始搖了起來。

「是地震嗎？」我問；我講這句話時明顯地鬆了一口氣。

庫克點了點頭，抬頭看著牆壁的震動，說道：「我想，還蠻大的。」

我抓住這個機會，從講話變成聽話，我問起這棟建築的設計，庫克的工程師魂完全沒有抵抗力，詳細地解釋了個明白。因為建築位在輥支承上，因此會覺得地震的震動更劇烈，更讓人害怕，卻比較安全。庫克因為這樣的矛盾而笑了起來。

我在「蘋果管理學」這門課上有位學生仿效庫克的做法，他說他在每一次一對一的會面上都一定沉默傾聽至少十分鐘，不做任何反應。他的臉部表情和肢體語言都會維持完全中性。

「你在這十分鐘裡，聽到哪些在另外五十分鐘裡聽不到的訊息？」我問。

「我聽到我不想聽的話。」我的學生說；這剛好證明了庫克的技巧確有其效果。「如果我有任何反應，對方通常會說一些他們認為我想聽的話。我發現。當我特意不透露我怎麼想時，他們比較可能說出真心話，就算那不是我希望聽到的。」

安靜傾聽有幾項實質的優點，但也有缺點。如果你是主管，而員工不知道你在想什麼，他們會花很多時間去猜。有些人甚至會假借你的名義（「主管想這麼做」），然後把他們自己的想法套在裡面。因為沒人確定你心裡到底在想什麼，有時候可能就混過去了。此外，沉默會讓很多人渾身不自在，就像前述的例子。沉默會讓人覺得好像在打高風險的橋牌，而不是進行徹底坦率的對話。有些人會覺得，安靜的傾聽者其實根本沒在聽，他們只是在設圈套：等對方說錯話，然後攻擊。

如果你是安靜傾聽的人，你需要做幾件事，讓那些因為你的沉默而不自在的人安心。不要無緣無故表現出高深莫測的樣子。若你希望對方說出真心話，有時候你也需要說出你自己的想法。如果你希望對方挑戰你，你也要願意去挑戰。我班上那位主管在一對一會談中只有十分鐘不露聲色，而不是一直這樣。如果他自始至終都面無表情，對方很就難信任他，或和他好好相處。庫克當然也不是永遠都不開口。但因為他通常話很少，人們會特別注意聽他在講什麼。即便輕聲細語，只要一開口，他會極其清楚地表達他的想法。

顯然安靜的傾聽對於很多主管來說都很有效，但我就是辦不到。還好，還有另一種方式。

## 大聲傾聽

如果安靜傾聽意在保持沉默、讓對方有講話的空間，大聲傾聽的重點就是刻意說點什麼，讓對方有所反應。這是賈伯斯的傾聽方式。他會明白提出強烈觀點，然後堅持某個答案。為何我把這稱為傾聽，而不是說話、甚至吼叫？因為賈伯斯並不光是挑戰對方，他也堅持對方要挑戰他。

顯然，只有當人們覺得信心十足、敢於迎接挑戰時，這種方法才有用。安靜傾聽會讓某些人驚慌不已，同樣的，大聲傾聽也會冒犯某些人。有些人天生就無法面對作風激進的主管，或者，就算整體的文化歡迎挑戰，某些人仍覺得自己人微言輕而感到不安，如果你是大聲傾聽的人，要如何面對他們？你要如何去傾聽剛剛進入公司、不覺得自己地位穩固到可以採取高調立場的新人？這個人可能有很充分的理由證明你錯了，但是他們就是不會說出口。

如果你的風格是大聲傾聽，面對會因為你而感到不自在的部屬，你必須花時間培養他們的自信。如果這些人看到他人挑戰主管，他們比較會覺得這麼做很安全。艾夫說，賈伯斯常會過來對他說：「強尼，我有個很蠢的想法……」賈伯斯不會安靜地表達自己的想法，但他會自己先說這「很蠢」，藉此請艾夫挑戰他。

皮克斯大學校長兼蘋果大學教師藍迪・尼爾森（Randy Nelson）說得好，他說，賈伯斯「是一頭獅子，如果他對你吼，你最好也以同樣的聲音吼回去，但前提是你也要是一頭獅子才行。不然的話，他會把你生吞活剝。」

賈伯斯能讓身邊的人在他錯的時候指正他，靠的不是讓別人覺得自在。和他密切合作的人都知道，一旦看到他的邏輯有問題或出錯時，最好講出來，不然之後就要面對他的盛怒。這不表示這些人也要大聲說話。賈伯斯和庫克、艾夫都合作愉快，後面這兩位都是安靜的傾聽者。但他們必須硬起來，而且超有自信。

你不用像賈伯斯那樣大聲傾聽。史丹佛大學工程教授保羅・沙佛（Paul Saffo）就提出一套技巧，他稱之為「意見強烈，但不堅持己見」。沙佛的重點是，向對方表達出強烈、甚至有人會說是狂暴的立場，是得到更佳答案的好方法，至少也能讓對話更有意思。我喜歡這樣。我向來認為，明白說出自己的真實想法、然後花很長的時間鼓勵大家表達歧異，是傾聽的好方法。我多半會強烈表達立場，因此，我必須學著用以下的話來追蹤他人的反應：「請幫忙找出想法裡的缺點；我知道這或許很糟糕。因此，請提出所有我們不應該這麼做的理由。」當證明對方的立場是對的、而我錯到離譜，我就會把「你是對的，我錯了」的獎盃放在他辦公桌上。

大聲傾聽、強力表達觀點，是快速得知相反觀點或理據錯誤的方法，也可預防大家浪費太多時間去猜想主管心裡到底想什麼。假設你身邊有很多人可以毫不遲疑地挑戰你所說的話，把話說清楚是得到最佳解答最迅速的方法。

最重要的，應該是堅守你覺得最自然的風格。很多領導書都主張安靜傾聽，但如果你就是一個大聲傾聽的人，就很難遵行這類建議。改採你覺得彆扭萬分的行事作風，會讓團隊覺得和你相處起來很不自在，而不是安心。你要做的，反而是努力提升敏感度，了解同事對你的風格有何感受，並努力改進互動動態。找出適當的傾聽方法，讓安靜的人能發聲，同時不要嚇跑了習慣大聲的同事。你不會想讓團隊裡最愛講話的人霸占發言台；你會希望同時從不同的人身上獲得最好的答案。

## 營造傾聽文化

由你去傾聽團隊成員、並讓他們知道你有在聽很困難，但要讓他們彼此傾聽更難。關鍵在於（一）建立一套簡單的系統，供員工發想概念以及提出申訴，（二）務必快速處理提出的問題（至少是其中一部分），以及（三）定期解釋為何未處理某些問題。這樣的系統不僅賦權於員工，能讓大家指出可以改進之處，更要讓大家可以出手幫忙改正或做出改變。你必須允許他們開口，要求你提供一些協助，並大力支持這套系統。清楚訂出你在這裡能花多少時間，並確認投入的時間有實質效益。

在蘋果任職時，不斷有人帶著好構想來找我（事實上，已經超過我能處理的範圍），讓我應接不暇。因此我籌組了一個「構想團隊」來檢視這些構想。為了師出有名，我發出一篇摘自《哈佛商業評論》的文章，文中提到能掌握成千上萬「小型」創新的企業文化，將能為客戶帶來競爭對手難以仿效的益處：要抄襲一個重大的構想很容易，但外面的人不可能看透成千上萬個小妙方，更別說是抄襲*。

接下來，我完整地談到導引構想團隊的幾項關鍵原則，首先是賦權。構想團隊必須致力於傾聽任何人提出的任何想法，明確解釋他們為何拒絕某些構想，並幫助員工落實團隊認為值得一試的構想。如果某個人提出潛力雄厚的構想，他們甚至可以和提案人的主管協商，讓提案人從「日常工作」中挪出一些時間去落實構想。我鼓勵構想團隊主動指派行動項目給我，一星期可多達三項。

在這番創新之後，每當在會議上聽到很酷的想法或是收

---

* https://hbr.org/2008/02/getting-the-best-employee-idea.

到激勵人心的電子郵件，我不再覺得飽受壓力，反而可以熱情回應，把想法委交給構想團隊。很快的，就有很多人紛紛提出他們認為可以強化產品的構想，讓業務得以成長，讓流程更有效率。我們創造了一套構想工具（基本上只是維基百科的介面），讓大家提出構想，由團隊審查，然後投票決定接受或拒絕。這是一種傾聽形式，當一個人的想法經過投票而得到採納，一定會覺得同事已經聽到自己的意見。如果想法沒有通過投票，提案人也能確定自己的構想遭到拒絕：這是更清楚的信號，好過負擔太重的管理階層音訊全無。但投票不見得是找出最佳構想的最好方法，也不必然能確定大家彼此傾聽。因此，我要求構想團隊要讀過所有想法，並和所有提案人談過，以做到傾聽。發展出新機制之後，團隊混用投票和裁決，以篩選最佳構想。

更重要的是，構想團隊幫助提案人讓中選的構想付諸實踐。有時候，這項工作的重點是替提案人爭取時間，執行這些想法，或是要我提供一些參考意見，但通常只是經由傾聽與回應而得到驗證與鼓勵，「沒錯，這個想法很酷！做吧！」

莎拉．鄧（Sarah Teng；音譯）是一位剛從大學畢業的AdSense團隊成員，她有一個構想，利用可設定式鍵盤製作捷徑，快速取得他們和客戶溝通時一用再用的片語或段落。這聽起來很不錯，因此構想團隊要我核准預算購買可設定式鍵盤。我從善如流。這個簡單構想讓全球團隊的效率提高了一三三％。這表示，團隊裡的每個人不用一再重複打相同的文字，可以多花時間去想想其他的好構想，這是良性循環，太棒了！

當莎拉‧鄧向團隊簡報她的專案時，我謝謝她，進而提出一張圖表，說明這個想法在長期如何增進我們的效率。但效率不是大家最關心的事，因此我對團隊強調，她的創新如何讓大家的工作更有趣，並能協助大家在事業發展過程中成長，因為大家不用花這麼多時間處理瑣事，可以多去做他們認為有趣的工作。我說她可以有機會和其他更大型團隊的主管分享，以創造更大的影響力。我又發了一次《哈佛商業評論》的那篇文章，指出競爭優勢多半不是來自單一的重大構想，而是成千上百小型創新概念的組合。

我為何要做那些補充？首先，是為了證明她的構想極具影響力。使用可設定式鍵盤本身並非什麼創見，但是當大家看到這個構想以及其他構想長期累積出來的成效，就會感受到她的創新的重要性。其次，這能激勵其他有類似構想的人也提出自己的想法。第三、也是最重要的一點是，這樣能鼓舞大家傾聽彼此的想法，認真看待並幫助彼此執行構想，無須等待管理階層核可。大組織很容易錯失「小」構想，如果你也是，就會扼殺累積式的創新。

多年來有無數絕頂聰明的人在線上銷售與營運團隊工作，我很難相信之前沒有人想到可設定式鍵盤這個想法，然而就算有人想到，管理階層也不會聽。如果你能營造讓大家彼此傾聽的文化，他們就會開始修正，找到身為主管的你也不知道的突破點。

對我來說，最重大的意義是營造團隊高昂的士氣。有一次，員工士氣調查「Googlegeist」顯示，以創新在工作上所發揮的作用而言，負責回覆客戶支援郵件的AdSense團隊員工的看法很正面，勝過在搜尋部門工作的工程師（這些工程師可能是世界上最有創意的一群工程師）。

有時候，營造傾聽文化的重點在於妥善管理會議。當一群人在會議上唇槍舌戰時，我會停下來，讓與會的每個人都發言，以確定每一個人的聲音都有被聽到。有時候，我會在會議裡站起來走動，以具體行動阻止某個人講太多。有時候，我會和某些人快速開個會前會，要求某些人多發言、某些人少發言。換言之，我的部分工作是不斷找出新方法，好讓「安靜的人發聲」。

## 適應傾聽文化

我的朋友阿絲特麗・涂米娜茲（Astrid Tuminez）有一個很棒的故事，說明身處新情境時去適應傾聽文化的重要性。她在生長在菲律賓貧民窟小漁村，但事業發展版圖縱橫莫斯科（我就在莫斯科和她共事）、紐約與新加坡。任職於美國和平研究所（U.S. Institute of Peace）時，她受邀前往菲律賓南方，和摩洛伊斯蘭解放陣線（Moro Islamic Liberation Front）攜手促進和平進程。剛抵達當地時，她的所作所為就像一個紐約人，純粹公事公辦，訂下一個又一個會議。

之後，菲律賓談判團隊一位成員告訴她，摩洛伊斯蘭教團體這邊有人發送一份備忘錄到馬尼拉那邊問：「這女人是誰？她到底從哪裡來的？」告訴涂米娜茲這件事的人特別關心她的成敗，因為他們來自同一省。

對回教徒來說，涂米娜茲是沒有感情、不講人情的外國人（但她實際上是菲律賓人，還會說菲律賓語）。左思右想一番，涂米娜茲發現自己犯了某些大錯，比方說開會時沒有提供美食，這在當地文化是大事。她把接下來幾個月的時間花在傾聽上，而且只「大致」訂下會議。她參與公眾活動，四處談談聊聊，不再連番安排會議。她也一定會在主持會議時供應了大量食物。

藉由花時間了解與傾聽人們，她培養出信任，並證明她很關心和平進程。摩洛陣線這方終於樂於跟她交心，並帶她到外人到不了或不會去的地方。這讓她的處境完全改觀，得以展現高效能，處理這份工作必須面對的複雜、細緻談判。

## 釐清

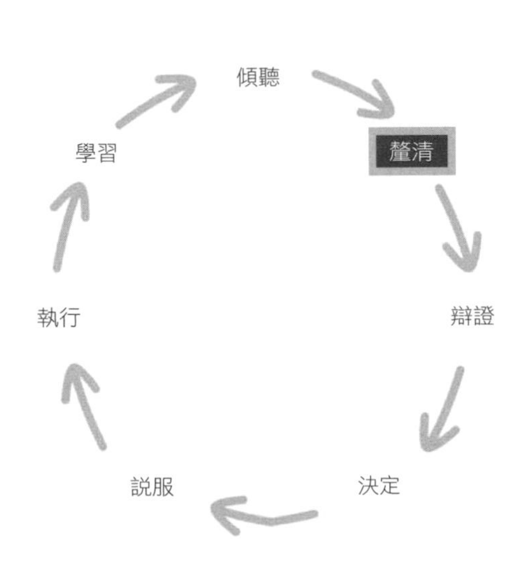


一旦營造出傾聽的文化，下一步就是要敦促自己與直屬部屬更清楚地理解、並傳達想法和概念。問題定義不清，努力解決也不太可能會有好結果；針對不完整的構想辯證，很可能反而會扼殺構想。身為主管，你是編輯，而非作者。

艾夫在蘋果舉辦的賈伯斯追思會上發言，他講到賈伯斯了解孕育與釐清新構想的重要性。「他對於創意流程的尊崇，罕見而驚人。」艾夫說，「他知道構想的力量到最後可能強大無比，但開始時卻很脆弱，是幾乎不成形的想法，很容易被放過，很容易被妥協，很容易被踩碎。」

新構想的格局不必宏大如開發出下一代iPad。你的團隊很可能會說：「這套流程讓我很沮喪」、「我的工作不像以前一樣讓我覺得充滿活力」、「我認為我們可以加強推銷宣傳」、「如果辦公室裡多點自然光，我能把工作做得更好」、「如果我們不再這麼做會怎麼樣？」或者「如果我們開始那麼做會怎麼樣？」

當然，我們在面對這些說法會很想要對方閉嘴，說出「我現在沒有時間處理這種事！」之類的話。然而，花點時間幫忙釐清這些想法，長期來說，可以幫你省下很多時間；花點時間幫助部屬把話講清楚，也讓他們可以動手去解決問題或是把握新的機會，而不是光會抱怨。

很重要的是，你要敦促團隊成員釐清想法與構想，讓你不致於「踩碎」他們最棒的想法，或忽略困擾他們的問題。清楚了解新構想很重要，同樣重要、但通常更困難的任務，是要了解你的團隊要對哪些人清楚解釋概念。

## 你要思慮清晰

身為主管的你，有一部份的責任是幫助成員先徹底想清楚他們的構想，之後才提出來接受辯證的大考驗。我要求Google團隊不要給我問題，而是給我三個解決方案與建議，但拉洛威說我這樣做是大錯特錯。「你這樣並不是在幫助成員創新，」拉洛威說，「你是要求他們做決定，但他們根本還沒有時間徹底思考。這樣的話，他們什麼時候才能談一談，和你一起腦力激盪？」我明白拉洛威是對的；我堅持「三個解決方案與建議」的做法，實際上等於放棄了自己的一項重要職責。

YouTube現任執行長蘇珊・沃希琪（Susan Wojcicki）非常善於協助團隊孕育新構想，不讓新點子尚未成熟就在辯證中被攻擊到體無完膚。在Google早期，員工會直接把新構想交給公司的高階主管管理集團（Executive Management Group），集團內包括創辦人、執行長以及幾位高階主管。在這些會議中，辯證可能很直率，讓人覺得這根本是新構想的墳墓。沃希琪體認到，這麼做讓她的團隊很有壓力，也會危害Google的創新，因此挺身而出，另創高階主管管理集團會前會，以利新構想的發展。在這裡，人們會協助彼此琢磨新構想，或是更明確地定義問題。

許多研究證明，當企業挪出時間與空間讓人們釐清思緒、以幫助員工發展新構想，創新將欣欣向榮*。在整個矽谷，不同企業以不同的方式做實驗，給員工創新的自由。Google有知名的「20%工時制」，理論上，任何人都可以在固定的全職工時當中挪出兩成的時間，去做任何他們想做的構想。運用「20%工時制」的人不多，因此，這套政策其實

* http://www.wsj.com/articles/SB115015518018078348

帶著Google夢幻色彩，與Google的現實有點距離。但是，有些重要產品確實始於由20%工時制而來的專案，其中包括Gmail。

打造蘋果公司iOS團隊的佛斯多用不同的方法做實驗，稱為「藍天計畫」（Blue Sky）。員工可以提出他們想要做的專案，向藍天計畫提出申請。如果核准，就可以有兩個星期的假不用上班，進一步去發展這個構想。同樣的，Twitter、Dropbox和許多新創公司全年都有固定的駭客週（Hack Weeks），在這段時間內，員工可以花時間去從事新構想。

腦力激盪也是經常用來促發、釐清新構想的方法。這些時段並不是不准任何人提出負面批評的閒談；壞點子很多，需要挑出來。找出新構想的缺失，不一定會扼殺點子，反而可以敦促人們釐清自己的想法。有很多構想乍看之下糟糕的不得了。好的腦力激盪會議可以分出好壞，不會壓抑太多好點子，也不會浪費太多時間在壞點子上。皮克斯有一套名為「加值增益」（plussing）的技巧。參與者不能只是說「不要，這個點子很糟糕」，還必須針對自己點出的問題提出一個解決方案。

這類安排，不如你每週固定一對一會談的制式會議或方案（請參見第八章的具體建議，能讓你的一對一會談更有生產力）那麼高潮迭起，反而應該是你直屬部屬的安全港，讓他們對你暢所欲言新構想。在這種脈絡之下，你不應該批判構想，只要幫助直屬部屬釐清思緒就好了。這是一種「加值增益」。你可以點出問題，但目標是以這些問題為核心找出方法，而不是扼殺構想。

## 說到別人聽得懂

唸商學院時，一位教授說了一個故事，是羅斯福總統和經濟學家凱因斯在開會。羅斯福總統公務極為繁忙，但他花了超過一個小時的時間和這位學者交換意見。有人認為，如果羅斯福總統能懂凱因斯經濟學的話，經濟大蕭條或許能早點結束，也可以避免景氣不佳造成的百般痛苦。但在這場會議結束時，經濟學家沒有成功說服總統。

我的教授提出了一個問題：「這是誰的錯？」是羅斯福總統不懂，還是凱因斯沒辦法說清楚？在我受教育的過程中，有幾個時刻改變了我的人生，這是其中之一。我向來都把讓人理解的責任放在傾聽者的身上，而不是發言者。但在那時我有所頓悟。如果凱因斯的才華都鎖在他的腦袋裡，那可能和不存在沒有什麼兩樣。凱因斯有責任把對他來說理所當然的概念說清楚，讓羅斯福總統同樣也能一目了然。他失敗了。我們太常假設對方不懂我們所說的話是因為他們「很笨」或「心胸狹隘」，但實際上很少是這樣。我們都知道自己要講的主題很重要，然而，我們可能不了解要交流的對象，因此無法清楚傳達構想。

如果你花時間了解談話的對象，對方就能更精準地聽懂你說的話。他們知道什麼？他們不知道什麼？你需要納入哪些細節，好讓他們更容易理解？還有，更重要的是，你可以捨棄哪些細節？

傾聽團隊成員時，請承擔理解對方（也就是做到真正的傾聽）的責任，而不是把溝通的重擔放在他們身上。但如果你要幫他們做準備、以便對其他人（不論是其他同儕、跨部門同仁還是高階主管）闡明構想，你的職責是督促直屬部屬和自己比凱因斯更懂得溝通；你要逼著他們在溝通時做到精準和清晰，讓大家都能理解他們的論點。

美國傳奇畫家歐姬芙說過：「唯有透過選擇、淘汰與強調，我們才能了解事物的真義。」要選擇什麼、要淘汰什麼以及要強調什麼，這些決定不僅取決於概念本身，也取決於群眾。如果你發出一封和工作上的挑戰有關的電子郵件給你的祖母，你可能會凸顯你的愛情生活因此受到哪些影響，完全不提對營收的衝擊。如果你針對相同主題寫信給主管，重點可能剛好相反。要讓概念清楚明確，本質是要深入理解，不僅要瞭解概念本身，也要了解你傳達概念的對象。

下一次，若你花兩小時幫別人編修電子郵件，到最後卻只剩下兩句話，千萬別認為你在浪費時間；你是在深入概念的本質，讓收信人可以快速輕易吸收內容。而且，你是在傳授一套無比珍貴的技能。

## 辯證

你花了時間釐清構想，你有透徹的理解，其他人也能輕易理解，你就會覺得一切大功告成了。沒這麼快！在釐清階段所花的時間，只是為了讓這個構想能夠就緒，接受辯證。如果你跳過辯證階段，會做出最糟糕的決策，無法說服必須參與執行的每個人，最後終會拖慢進度或是完全停滯。同樣的，你無須參與每一次辯證；事實上，你也不應該。但你必須確認辯證有在進行，而且你的團隊也有辯證的文化。

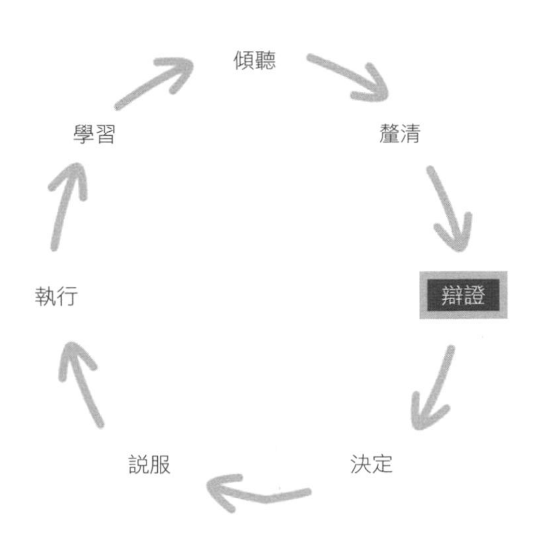


賈伯斯在小時候，鄰居給他看一台石頭打磨拋光機，那是一個在馬達上旋轉的罐狀機器。鄰居要賈伯斯去院子裡找一些普通的石頭。鄰居接過石頭，丟進罐子裡，加了一點沙礫，啟動馬達。在嘈雜聲中，他要賈伯斯兩天之後再回來。

當賈伯斯再次回到車庫裡這個噪音刺耳的角落，鄰居把新機器關掉。賈伯斯非常驚訝，因為他看到平凡無奇的石頭居然變成閃亮的寶石。後來賈伯斯說，團隊的辯證會讓構想和人都變得更美好，為了最後的結果，忍受中間的摩擦與噪音很值得*。

身為主管，你的職責是啟動「石頭打磨拋光機」。太多主管認為他們的職責是要機器關掉；他們要做出決定，讓團隊免除辯證的痛苦，避免摩擦。並不是。辯證要花時間，而且需要投入情緒能量，但少了辯證，會讓團隊在長期耗費更

* 出自紀錄片「失落的訪談」。

多時間與情緒能量。

當然，「石頭打磨拋光機」也有可能啟動太久，到最後罐子裡什麼都沒有，只剩塵土。以下這些建議可以幫助你推動辯證、又不會把每個人消磨殆盡。

## 將對話聚焦於構想，而不是自尊

確定個人的自尊與自利不會擋路，阻礙客觀追求最佳答案的過程*。在把事情做對的過程中，沒有什麼因素比強調自尊更浪費時間、更礙事。當你開始感受到有人想著「我一定要爭贏」、「我的構想vs你的構想」、「我的建議vs你的建議」或「我的團隊覺得……」時，就要出手干預。導引他們聚焦於事實，不要讓大家去關注概念是誰提的，也不要因為其他不在場者可能有或沒有的感受而被左右。提醒大家目標何在：找到最佳答案，而且是以團隊的立場來說。你是在促成聰明的腦袋彼此合作，而不是監督高中辯論賽或競選總統。如果有必要，在會議一開始時訂下基本規則，或者，如果團隊覺得有趣有用、不致於太荒謬的話，可以在門外貼個標語，例如「自尊寄放處」。

要幫助大家尋找最佳答案而不是證明自尊，另一個方法是要他們切換角色。如果一方的主張是正方，那就要求他們開始主張反方。如果辯證要持續一段時間，請事先告訴大家

---

* 最初我寫的是「真相」，而不是「最佳答案」。「真相」意喻恆久，這個概念對於「學習」來說很危險，而且，就像前一節所談到的，很可能助長傲慢，這是徹底坦率的大災難。

你會要求他們切換立場。當人們知道他們需要支持對方的論點時，自然會比較注意聽。

## 指定提出異議的義務

我曾在麥肯錫實習一個夏天，這家公司最讓我讚嘆的，是它有能力激發出有益的辯證。他們怎麼辦到的？麥肯錫公司特意設定了一種「提出異議的義務」。如果會議桌上每個人都同意，那是警訊，必須有人提出異議。曾任職於麥肯錫的人，常會把這樣的思維帶入之後任職的公司。有一位麥肯錫前高階主管後來加入蘋果，他很努力為他接手的日本團隊醞釀辯證文化。他有幾支小木槌，上面用日語寫了「提出異議的義務」。如果會議中沒有穩健的論據，他就會把小木槌推送到會議桌旁的某個人面前，表示要他提出相反的觀點。這個小道具非常有效。

## 需要整理情緒／精疲力竭時，請暫停

參與有益的辯證常會讓人筋疲力盡或情緒激昂。非常重要的是要體察出這些時刻，因為這類狀態很難導向好結果。你的任務是出手干預並叫停。如果你不這麼做，大家就會為了能回家而隨便做個決定，或者，在更糟的情況下，毫不遮掩的情緒將會衍生出嚴重的爭吵。

如果你非常了解每個成員，就能清楚察覺每個人的情緒與精力狀態，你會知道何時該介入，把辯證延後，直到大家都處於比較適當的心態時為止。

## 善用幽默，尋找樂趣

一場辯證傳達出的精神，通常會決定接下來的趨向。當我發現我領導的團隊裡有成員偏離我要的基調、警報快要響起時，我會想辦法在辯證中找點樂趣，其他人通常也會起而傚尤。有時候，這就是很簡單的幽默，或是以有趣的自嘲故事來開場。你說的內容不重要，重點是帶動氣氛，並把調性延續下去。

最後，很重要的是，要知道不見得每個人都喜歡辯證。有些人覺得辯證這種事極具攻擊性及／或威脅性。我還記得，有一次我們在蘋果準備一門和溝通有關的課程，我描述我對於營造積極辯證空間的想法。突然間，我隔壁一位同事微笑，並迸出一句：「喔！原來你一直和我辯證是為了琢磨這門課。我還以為你是要讓我抓狂。」對我來說是砥礪彼此、發展概念的大好機會，對他來說是想辦法略勝一籌的痛苦練習。這道盡了事先講清楚辯證目的、並為了辯證營造正向空間有多重要，更別提必須了解辯證對手，足以察覺何時我已經在無意中讓他們抓狂！

## 知道何時結束辯證

大家之所以覺得辯證壓力很大或很討厭，原因之一是在場的人有一半期待會議結束時能有決定，另一半則希望在之後的會議中繼續辯論。要避免這種緊張，方法之一是把辯證會議和決策會議分開。希望知道何時會有決定的人會很焦慮，有種方法可安撫他們，那就是在每一個辯證項目旁邊加註「最晚決定期限」。這樣一來，至少他們知道辯證何時會結束、何時會有個決定。

我建議每週舉辦一次「大辯證」會議。在舉辦工作人員會議時，我們會找出每星期最重要的辯證題目，以及誰需要參與（請見第八章）。

## 儘管辯證很痛苦，也別隨便做決定

當辯證太過痛苦，我們會很想盡快結束辯證並做出決定。你可能漸漸察覺到某個議題正在變成一場嚴重爭論的主題。像這些時候，員工仰賴主管結束痛苦，做個決定。我的本性是調停，要不然就是快快做出決定，但主管的職責通常是讓辯證繼續下去，而不是拍板定案以化解爭議。工作上的辯證會幫助個人成長，幫助整個團隊更有能力想出最佳答案。

我有一次針對座位表這等小事率先擅自決定，結果糟透了。當時我們連小隔間都沒有，只有辦公桌而已。而當團隊從十人擴大到六十五人，我勢必要重新安排空間，挪動每個人的辦公桌。大家都對於該坐在哪裡有意見，有位年輕的專案經理自願協調這群難纏的人。誰該坐誰旁邊？每個人距離窗戶多遠？這類問題衍生出來的焦慮，占據了那週大半時間，盤旋不去。我沮喪地在星期天跑進辦公室，親自挪動每個人的辦公桌。結果，星期一的一大早，上演了一齣幾乎要翻桌的戲碼。「我們就快達成結論了！」專案經理大叫，「你卻讓我們回到一個星期之前。」他這個人極為冷靜，但此時他眼裡充滿了挫折的眼淚。

正確的做法是設定「最後決策期限」，讓大家都知道不能永無止盡地去遊說專案經理。如果辯證的敵意太過強烈，我大可問問他我要如何幫忙。比方說，對於差異太大、他很難協調的人，我大可藉由請這些人吃頓飯或一起散個步請他們閉嘴，或者要他們互換角色、捍衛對方的立場。但是，沒有問過他就做自行做決定，不僅專橫，根本沒用。

## 決定

你必須把決定和事實整理好，並且把自尊（尤其是你自己的）排除在外。就像身兼推特與四方（Square）兩家公司執行長的傑克・多希（Jack Dorsey）說的，到了這個階段，就該「推動決定變成事實」了。我從以下的範例中領悟到這句話的真意，學到如何幫助團隊盡可能做出最好的決定；而這也是「永遠把事情做對」的意義。

### 不是你說了算（多半不是）

我有一次在偶然之下和團隊裡一位女士隨意聊聊。某天午餐時我問她狀況如何，她前後輕晃，不斷地抓頭。

「怎麼了？」我一邊問，心裡也響起警報。

「我以為我是因為聰明才被錄取，但自從上班以來，我完全用不到腦子！馬克……」她在說出主管名字時明顯退縮了，「他做所有決定，就連他根本不了解情況時也一樣。」

我參加馬克接下來的工作人員會議，會議中由他檢視團隊的季度目標與重要成果。他打出第一張投影片時，我覺得很棒。我接下這份職務才三個星期，還不是很了解情況，但是他的計畫看來很棒。他繪製用來解釋季度目標的圖表，包含了我要的一切項目：目標清楚且充滿企圖心，重要成果皆可衡量。

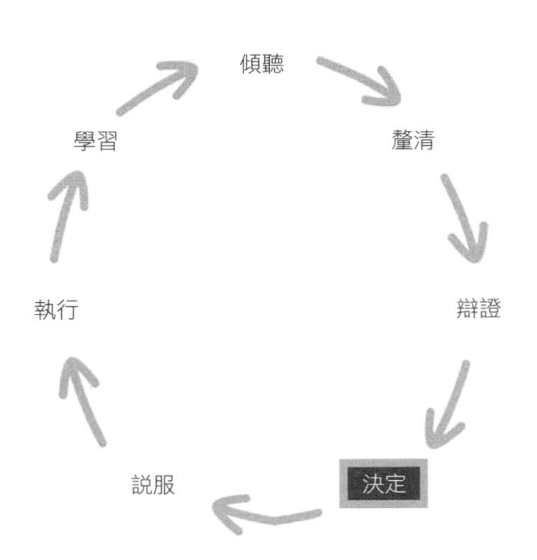


然後我看到坐在我右邊的一位同事有點懶懶地窩在椅子上。環顧會議室，我看到有人雙臂交叉，有人面無表情，室內的沉默讓人震耳欲聾，甚至穿透馬克備妥的演說。馬克的反應，是更生動、更熱烈地講述他的目標與重要成果。他在結束時告訴我，他對於「他的」團隊深感自豪。他顯然是希望表揚各個成員，但他的話聽起來反而有一點鄙視和高高在上的意味。我有點毛毛的，我可以想像，在他手下工作的同仁有何感受。

「有問題嗎？」馬克做總結。

所有人都雙手、雙眼低垂，因此我問會議室裡的人：「如果馬克沒有決定這些目標和重要成果，各位下一季打算做什麼？」

大家吐了一口氣。在午餐時抓著頭的女士，心不甘情不願地發言了。雖然馬克的願景很讓人振奮，但她擔心那並不實際。她計算要做到他建議的事項需要花多少時間，顯然，每個人每星期得工作八十五個小時。其他人也附和。他嚴重低估系統的時間差，這會讓工作效率不如預期。他們一直都在修正，但問題很難解。

對話啟動了。看起來，雖然馬克提出的目標在理論上合情合理，但團隊知道這當中有重大阻礙，將導致計畫窒礙難行。他將這些阻礙斥為不過是「執行細節」。但在傾聽團隊所說的話之後，我發現他顯然跳過了重要的「傾聽」、「釐清」、「辯證」與「決定」階段，直接奔向「說服」模式。我看得很清楚，（一）他的決定並未以事實為根據，（二）即便他的決定是對的，也沒有人要去執行，以及（三）他正在面對失去團隊的風險，前提是如果還有團隊的話。我提議讓大家繼續輪流說出自己的想法。然後，隔天我們重組團隊。

這種常見的錯誤並不限於新手主管。老布希總統（George W. Bush）有句名言：「我說了算。」這句話之所以有趣，部分理由是因為事實上他並不是拍板定案的人，而且好像只有他一個人不知道這件事。

如果美國總統都不能理所當然地握有絕對決策權，那麼，主管職位、甚至自行創業的執行長，當然也不可能有「我說了算」的地位。

在《決策入門》（*A Primer on Decision Making*）一書中，詹姆士．馬其（James March）闡釋道，如果做決策的永遠都是最「資深」的人，這是一件壞事。某些人成為決策者是因為他剛好出席某場會議，而不是因為握有最佳資訊，此時便會出現馬其所謂的「垃圾桶決策」（garbage can decision-making）。遺憾的是，在多數文化下，決策權通常都會落到最資深的人或是在會議裡最能堅持己見的人身上。劣質決策是造成組織平庸與員工不滿的重大原因。

正因如此，超級主管通常不會自行做決策，而是設計出一套清楚的決策流程，賦予最貼近事實的人最多的決策權。這樣不僅能得到較好的結果，也能帶動更高的士氣。

## 決策者應取得事實，而非建議

蒐集資料做決策時，我們常常會想請別人提建議，比方說：「你認為我們應該做什麼？」但是有位曾與我在蘋果共事的高階主管指出，人常常會把自尊放入建議當中，這可能會導致爭權奪利的問題，造成決策品質低落。因此，她建議尋求「事實，而非建議」。當然，每個人的特定視野或觀點也會影響「事實」，但比較不會像建議那般，是沙地上隨時會改變的塗鴉。

## 深入探勘

身為主管，你有權探究任何對你來說很有趣或很重要的細節。你不必永遠都在「制高點」，有時候你要成為實際做決定的人。就算你已經把重要決定交代給部屬，不時還是能針對其他比較小型的決策深入追究細節。你不能每一個決策都這樣做，但某些可以。我把這稱之為在組織裡「探勘」，這是找出實際情況的好方法，也是讓主管和部屬的立足點更平等的好方法，顯示沒有什麼事是層級太高或層級太低而不需顧慮的。

此外，當你要做決定時，追查事實來源非常重要，當你是「主管的主管」時尤其如此。你不希望你是透過層層的管理者才得到「事實」。如果你小時候玩過「打電話」的遊戲，你就會知道，「事實」轉手太多次時會怎麼樣。

為了確定自己能理解並挑戰提出的事實，蘋果的領導者背負的期待是他們應該要了解藏在組織許多「層級」裡的細節。如果賈伯斯要做一項重要決策、想更深入了解某些方面，他有權去直接找從事相關工作的人。蘋果流傳著許多軼聞，據說相對年輕的新進工程師吃完中飯回來，看到賈伯斯在員工的小隔間等著，急著問他們工作中的某些細節。賈伯斯不會透過員工的主管過濾資訊，也不會由主管提供建議，他要直奔源頭。你愈常這麼做，整個組織愈能感受到你賦予他們的力量。

## 說服

你努力帶領你的團隊做出決定，但還是有些人不同意，這些人也是要負責執行決策的人。做事方法有效率，就不可能要求每個成員參與每一件事都經歷「傾聽／釐清／辯證／決定」流程的每一步，各階段只會納入相關人員。現在，決定已經做成，是找來更多人準備上工的時候了。這是一件絕不容易、卻也絕對要做對的事。

到了這個時候還要進行說服工作，常會有人覺得根本是多此一舉，也會讓決策者討厭起團隊裡不完全認同決策的人。決策者辛苦走完傾聽、釐清與辯證等各個階段，做出了決定，為何還有人不清楚應該這麼做的原因？至少他們也要願意配合才對吧？

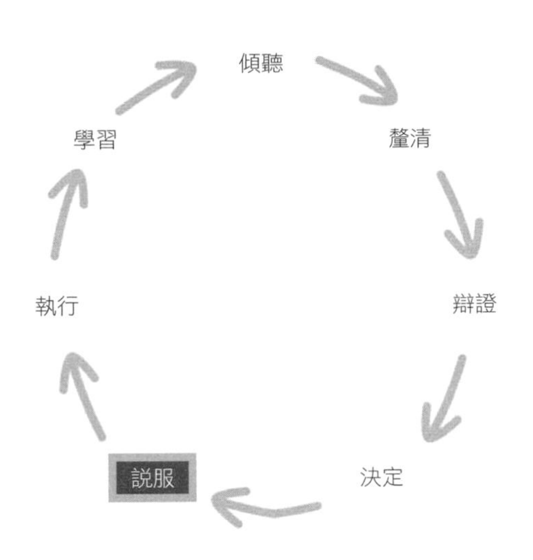


但是，光期待別人執行、卻不去說服對方這項決策是該做的正確之事，必然導致績效不彰。不要以為你可以介入，要求大家彼此配合支持決策（無論決定的人是你，還是別人），然後就沒事了。就算只是解釋決定都還不夠，因為那只處理了事理；你還必須處理聽你說話的人的情緒。如果你期待成員貫徹決策，就必須確定一件事：不管決策者是你，還是其他團隊成員，此人都要有信用。

抱持權威主義的主管多半不太會說服別人，他們不覺得有需要說明決策或自己的邏輯；「去做就對了，不要質疑我！」由於他們不知道、也不在乎團隊成員的感受，因此也不顧慮成員的情緒。他們無法建立信用，因為他們預期大家會顧及他們的主管身分而聽命行事。

然而，較民主、開放的主管，也會陷入不斷解釋理據的迷陣中，卻忘了必須讓人對決策有感覺，或者可能剛好相反。如果你做到了徹底坦率的基本功，在個人面上了解每一位直屬部屬，並建立起開誠布公交流意見的慣例，說服會比較容易一些。但即便是到了這個境界，很多人來並不會因此自然變得有說服力。

我共事過的許多領導者都不具說服力，因為他們不想被當成操弄高手；說服與操弄可能僅有一線之隔。亞里斯多德之所以感到憂心，是因為滔滔辯才和說服力都可歸結為操弄他人情緒。他認為，一定有比較好的方法可以把想法傳播出去，傳給眾多沒有時間或知識去完全理解的人。他主張，如果你想成為真正具說服力的演說者，必須先處理聽眾的情緒，還要建立信譽，並分享論點中的邏輯。這些是禁得起時間考驗的說服力要素。

為了助你提升說服力，接下來會簡短討論亞里斯多德的修辭要素，我把喻情（pathos）、喻德（ethos）、喻理（logos）大致詮釋為感受、信譽和邏輯。*。

## 感受：聽話者的感受

你或許對某個決策有很強烈的感情，可能是因為你認為做這件事有機會幫助一大群人。但如果你無法考量聽你說話的人的感受，你就沒有說服力。

---

* 用這麼短的篇幅來討論這個早已廣被人研究的領域，我覺得很不好意思。雖然我從兩所一流大學拿到兩個看起來光鮮亮麗的學位，但一直到我進入蘋果大學之後，我才開始學習這個模型，我認為這很好用，因此我簡短地與各位分享。談亞里斯多德《修辭學》這本書的書籍成千上萬，若需要快速但學術性質較強的參考資料，請見「史丹佛哲學百科全書」（The Stanford Encyclopedia of Philosophy），網址為http://plato.stanford.edu/entries/aristotle-rhetoric/。二十一世紀最常被引用的説服力相關書籍，應該是羅伯特．席爾迪尼（Robert Cialdini）的《影響力》（*Influence*）。只要快速搜尋一下，也會找到很多很棒的資料來源。

我一位同事「傑森」負責把產品設計成失聰人士也可使用。他很投入這項工作，因為他的母親就是聽障人士，但他無法說服工程團隊把某些功能列為優先，及時推出。當我給他看亞里斯多德的架構時，他火大了。

「我不知道要怎樣才能在我的論點裡投入更多感情。」他說；他的聲音因為挫折而哽咽了。他對他們說過他和這個專案的關係，工程團隊看來很感動，但是還是不做。

「工程團隊的感受呢？」我問。

「喔，他們累壞了。他們熬夜好幾個星期了。他們就像要慷慨赴義那樣。」

「那你做了哪些事去處理他們的情緒？」

傑森拍了一下額頭，現在才看出自己哪裡做錯了。賈伯斯二〇〇三年宣布蘋果要推出視窗平台的iTunes時，他很清楚這不只是在發表一項新產品而已。在麥金塔忠實支持者的眼中，對微軟的任何讓步，不啻是背叛。推出視窗平台的iTunes這項決策背後的邏輯非常扎實：為了贏得音樂產業，蘋果必須登上市占率超過九成的平台，不能只固守比率不到百分之五的麥金塔。但是，用這套邏輯只會讓麥金塔迷更憤怒。他認同麥金塔迷無法置信、不願相信的情緒，以「地獄結冰」(Hell froze over；意指不可能的事發生了）為標題，並認真看待他們的情緒反應，保證蘋果仍會堅守核心。

時任推特執行長的迪克．科斯特洛，是善於連結「推羊」（Tweep，指推特的員工）感情的大師。我研究過許多員工敬業度調查，我認為要做得比賈伯斯更好是不可能的任務；

我在蘋果任職時，超過九成的蘋果員工都持正面觀點看待自家執行長。然而，對於執行長科斯特洛表達正面感受的推特人們，比例更高。

科斯特洛靠著他溫暖的幽默感，串聯起人們的情感，並贏得他們的信任，這讓他成為具說服力的領導者。科斯特洛常在推特的全員大會上讓每個人笑了又笑，當他以出人意表的誠實回答，應對某種程度帶有惡意的臨時動議時，效果尤佳。我問他如何能想出這些反應，他帶著招牌的笑容回答：「不好意思，其實是這些反應想到我。」

就算你沒當過單口相聲喜劇演員，還是可以試試看科斯特洛的做法。他替其他矽谷的領導者推薦過幾門即席表演課程，幫助他們用有趣的答案，以利從容面對全員大會上提出的尷尬問題，而不致於被嚇壞。

## 信譽

有些東西很難說明白，但是只要一看到，就知道沒有錯，而信譽就是其中之一。顯然，信譽有部分取決於你要了解主題，同時拿得出過去做出穩健決策的紀錄。但是，這還需要第三個要素（這一點有時候很缺乏）：謙遜。

賈伯斯並不是眾人眼中謙遜的代表，但他很懂得在產品發表會上加入一點「唉唷，真不好意思」的元素。舉例來說，在二〇一〇年的iPad發表會上，賈伯斯一開始先說：「我們在一九七六年創辦蘋果公司，三十四年後，我們這個假期季的表現……營收達到一百五十六億美元。連我都不敢相信。這代表，現在的蘋果是一家市值超過五百億美元的公司。現在我要忘記這件事，因為這並不是我們對於蘋果的期許。但這還真的蠻不賴的。」在他身後出現的畫面，是兩個科技怪才和一台笨重的箱狀電腦，提醒大家蘋果不起眼的起點，以及事實上帶動蘋果的是一股熱情：打造可改變世界的產品，而不執著於追求利潤。這些附加的背景脈絡，讓賈伯斯可以指出蘋果擁有專業和資源，能打造全新類別的電腦，又不至於失去原有的客群。請特別注意他話裡特別謹慎選擇的用詞：「現在我要忘記這件事，因為這並不是我們對於蘋果的期許。」這裡的「我們」是很重要的一部分，為他自己以及整個公司確立了謙遜的立場。

如果你不是賈伯斯，不曾創造出經濟學家熊彼得（Schumpeter）所說的「破壞性創新」，或者你根本是新手，完全沒有太多往績可循，那你要如何建立信譽？請聚焦在你的專業與過去的成就上。保持謙遜：只要可以，請說「我們」而不是「我」。自吹自擂沒有用，偽裝的謙遜毅然。不要忘記建立你自己的信譽，當團隊裡的決策者需要說服他人執行決策時，也別忘了幫他們建立信譽。

## 邏輯

多數人都會預期，說服的「邏輯」部分是最容易的，因為這裡面沒有建立信譽時讓個人感受到的尷尬不自在，也不需要鍛鍊出強大的心理以處理一群人的集體情緒。但這當中自有陷阱。有時候，你覺得邏輯不證自明，因此沒辦法對其他人闡述。如果你擁有深入的知識，你很難記住別人不見得和你一樣。

好消息是，你在高中數學課就已經學會解釋邏輯的秘密：說明你是怎麼做的。當賈伯斯有個構想時，他不會只是描述構想，還會跟大家說他是怎麼想到的，他會說明他是怎麼做的。這會透露出他的理據當中是否有任何錯誤，而他也想知道這一點。如果沒有，大家就比較可能接受。說明他是怎麼做的強化了他的邏輯，最終不僅讓他具備說服力，而且還「永遠都做對」。

## 執行

身為主管，你有一部分工作是把大量的「合作稅」——亦即因為合作帶來的麻煩，攬在自己身上，讓團隊可以在執行上多花點時間。履行主管職責會花掉你很多時間。當主管最為難的一點是，你要在主管責任以及自身必須親自執行的專業領域工作之間求得平衡。

關於求得平衡，我有以下三條心得：不要浪費團隊的時間；保持基本功的手感；以及撥出執行的時間。

### 不要浪費團隊的時間

在桑德伯格手下工作四年，我可以憑良心說，她從未浪費我一分鐘，事實上，她替每一個為她效力的員工省了很多時間。她期待我們開一對一會議時帶著問題清單，列出她能幫我們解決的部分。她會傾聽，確定自己已經了解，之後她會像坑道工兵一樣，化身爆破問題專家。她化解某些讓我大動肝火的權謀鬥爭，她克服了某些看來無法破除的障礙。我們不開不必要的會，沒有不必要的分析。她和我開會從不遲到，也從不容許任何人開她的會遲到。她會要我們以整個團隊為考量進行辯證，但在大家快覺得乏味無聊時，她也會指定「決策者」，要求此人在某個期限之前給其他人一個決定。她是我見過最有說服力的人之一，她也教會我們整個團隊如何更具說服力。當Google發布浪費時間的荒謬指示時，桑德伯格會想辦法幫我們擋掉。因為有這些保護措施，每個在她手下工作的人都有更多時間可用於執行。驗收成果時，也逃不過她分析犀利的法眼；無論成敗，我們必須從所做的工作當中悟出心得。

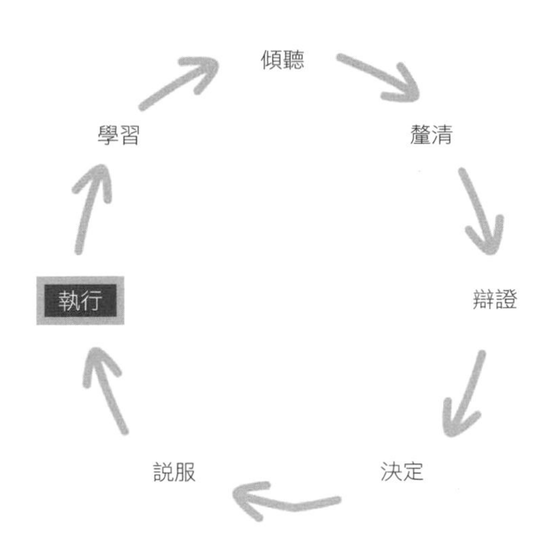


桑德伯格的團隊之所以生產力高超，是因為她讓我們一遍又一遍走過GSD轉輪，她也一次又一次幫我們披荊斬棘，讓我們可以盡量把時間用在完成實質的工作。

## 保持基本功的手感

雖然「合作稅」的重擔都落在身為主管的你身上，但也不應由你完全負擔。為了成為團隊成員的好夥伴，也為了讓GSD轉輪有效率地運轉下去，你與實質工作之間還是要連結：你不能只是觀察別人執行，自己也要動手做。如果你是指揮，仍需要不斷練習你擅長的樂器。如果你是業務經理，仍需要親自撥打銷售電話。如果你管理水電師傅，請動手修水龍頭。當然，你也需要花時間在一對一會談上傾聽對方說話、引導辯證等等。你要學習把領導與親自執行兩件事繫在一起。不要為了領導放棄動手做；要整合兩者。如果你距離團隊正在做的實質工作太過遙遠，就無法清楚了解他們的構想，也就不能幫助他們釐清、不能加入辯證、不知道要敦促他們做出哪些決策，也無法教會他們更有說服力。如果你無法對於團隊做的事情知之甚詳，GSD轉輪就會轉得很吃力，然後停下來。

### 撥出執行的時間

通常，執行是很孤獨的任務。我們在從事協作任務時多半使用行事曆，比方說，用來安排會議等等。身為主管，你的任務之一是確定協作任務不會耗掉你或團隊太多時間，導致大家沒有時間執行已決定、已被接受的計畫。

## 學習

此時，你到了轉輪上的「學習」階段，你和你的團隊已經投入了大量心力，你們有了一些成果，你們希望能出色。我們都會對投入大量時間心力的專案產生感情，而且通常沒什麼理由，這就是人性。我們大概需要具備超人般的紀律才能退一步來看，看出成果本來可以更好或者根本不好，並從經驗中學習。

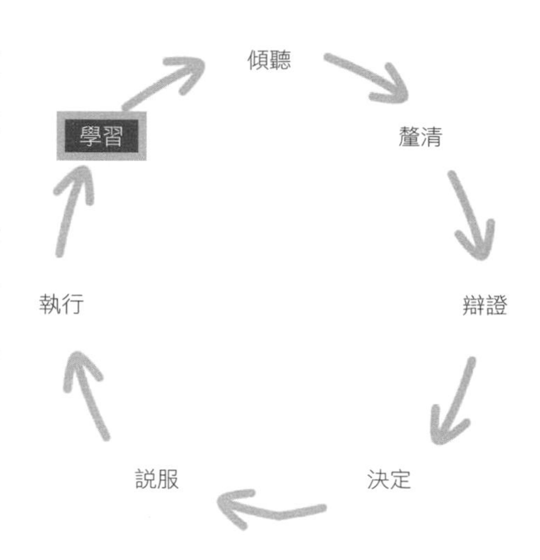


Dropbox共同創辦人兼執行長德魯・休士頓（Drew Houston）是我事業生涯中見過最投入、最謙虛的學習者。Dropbox能有上億用戶，是因為這家由休士頓領軍的企業樂此不疲地強化產品的直覺性，簡化使用方法。休士頓非常樂於嘗試，並把嘗試的經驗當成關鍵樞紐，完全不在乎他的實驗效果是不是不如預期。一家公司能推出產品並反覆琢磨已經很困難了，更難的是一個人獨力去做這件事。然而，休士頓最讓我敬佩之處，是他在執行長的職位上堅毅地不斷重新塑造自我，比他改善公司所打造的產品更努力。休士頓可能讀過並一再重讀每一本和管理相關的書。關於他想要打造什麼樣的公司，以及他想成為哪一種領導者，他想得非常深。

在《啟動你的面對力》（*Denial*）一書中，泰德羅寫到幾十個痛苦的失敗案例，起因都是原本聰明且成功的人拒絕去看自己的錯誤，更遑論承認。我有一位同事曾打造出一支表現極為糟糕的團隊，但他就是不承認。我們這些嘗試為他指出錯誤的人都很困惑。當我們最後去向他問清楚時，他大聲說：「如果你生下一個醜寶寶，要承認這件事萬分痛苦！」

顯然，無論是錯誤還是成功，好主管都能從中有所領悟，並繼續進步。但面對不完美的執行結果，否認是比學習更常見的反應。為何學習如此少見？我發現，管理大型團隊時，有兩股巨大的壓力讓我很想逃避學習。

## 一以貫之的壓力

我們常聽人說，改變立場會讓自己變成「牆頭草」、「舉棋不定」或「沒有原則」。我喜歡凱因斯說的：「當事實改變，我就改變心意。」

關鍵當然是溝通。有些人可能會提出合理的抱怨：「兩個月前你才說服我這樣做是對的，但現在你告訴我可能不要這樣做會比較好？」你當然不可能這樣草率地改變方向，但如果你是，你必須以明確且能讓人信服的方式去解釋為何事情變了。我通常會和一些內部人士再走一次傾聽、釐清、辯證與決定的步驟，當我們得出新結論後，就該去說服大團隊，很重要的是深呼吸，不厭其煩地解釋我們如何得出這樣的結論，明確說出改變後的方向。

## 過勞的壓力

有時候，工作和私生活會讓我們招架不住，這些時候也是最難從結果中學習並重新運轉整套循環的時候。正因如此，在推動這個你以主管身分向前邁進的轉輪中，你必須堅守中心。最首要也是最重要的是，你要先照顧好自己。當然，這說來容易，做來困難。

科斯特洛展現了絕佳的能力，穩穩守在中心。我擔任他的輔導教練時，媒體讓科斯特洛經歷了一趟我生平僅見的「時而英雄，時而狗熊」的雲霄飛車之旅。雖然他在風暴中心、而我在安全距離之外，但從旁邊看著整件事的發展仍讓我承受莫大壓力，比他更甚。某天白天經歷一場很糟的媒體互動之後，我在半夜裡驚醒，夢到推特的辦公大樓被推到發射台上，我們要被推向太空，但身上沒有太空裝。我尖叫，把我先生吵醒，而我再也無法入睡。科斯特洛告訴我，他一夜好眠。

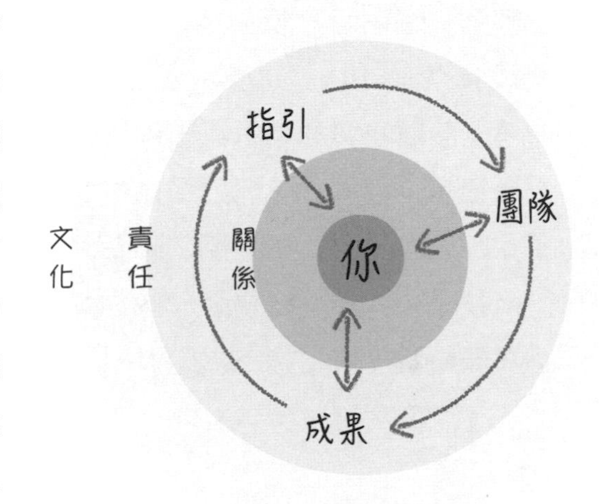


當每個人對科斯特洛歌功頌德、視他如天神降世時，他以招牌的自貶式幽默以對。你想得到的每一個名人都送過多數人夢寐以求的邀請函給科斯特洛，大部分他都拒絕了，以確保他把心力放在推特的營運上，以及回家和家人一起吃晚飯。每個人都在攻擊他時，他則引用他女兒的話：「爸，我有好消息和壞消息。壞消息是你今年在雅虎財經版（Yahoo! Finance）的五個最差執行長名單上，好消息是你是第五名。」

科斯特洛也並未假裝天下太平。那一次不僅對他來說是個難關，對推特來說亦然。他對全公司發表演說，談到「意志堅強」是在面對惡意的媒體攻擊時還能保有信心。聽到他演說我淚眼汪汪，這讓我很不好意思；然而，我環顧四周時，才發現在哭的不只我一個。我想，科斯特洛堅強的意志力有很多來自於他有能力穩住中心去做一些事，比方說每天都在行事曆上空出來兩小時來思考。

接下來，第五章要談一些你可以去做的具體行動，確定你在職場上與個人生活中都可以穩住中心。

# 第二部
# 工具與技巧

我希望本書的第一部已經緩解了一部分的恐懼、焦慮與自我懷疑；這些都是與任何身為主管的人常相左右的同伴。第一章到第四章說明我從過去二十五年來領導團隊當中學到什麼，其中包括莫斯科的鑽石切割師，以及Google、蘋果，到現在的坦率公司。我寫出來，是因為太多好人變成壞主管，而壞主管正是造成這個世界的痛苦以及職場功能不彰的主要源頭。我希望這些想法能幫你找出自己的路，成為更好的主管，在工作上更成功，並讓世界更快樂一些。

現在，你已經了解，與每個直屬部屬建立徹底坦率的關係，能助你一臂之力，讓你帶領團隊創造出成果。而且，雖然關係無法擴大規模，但文化可以。你的關係和你的責任會彼此強化，從這樣的互動當中，你的成功隨之而至，你的文化也不斷茁壯。但要如何落實這些原則呢？你明天上班時，究竟能有哪些不同的作為？

本書的第二部要介紹一些工具和技巧，讓你馬上就能把第一步的概念付諸行動。我以本書的核心概念來安排這些章節，而不是根據你應該做什麼的先後順序。閱讀時請先瞭解這一點。但請安心，

最後一章將會提供按部就班的行動計畫，讓你將徹底坦率這套系統付諸實踐。能和你關心的人一起去做你熱愛的工作並創造出色的成果，很少有什麼事會比這更棒。這不是白日夢，你能營造這樣的環境，就讓我來細說分明。

# 5

# 關係篇

你應如何營造出適當的氛圍，好讓徹底坦率的關係在其中蓬勃發展？在本章，你將會開始看到，身為主管，你的角色十分有意義，而不只是呆伯特那種刻板印象的模樣。

唸商學院時，我學到的是，身為主管，我的任務是要「為股東創造最大價值」。在實際生活中，我發現，太過強調股東價值實際上會毀了價值，也毀了士氣。反之，我學到要先聚焦在讓自己能穩守中心，這樣我才能和每一位直屬部屬建立實質的關係。當我守住中心、而且我的關係很穩固時，我才能履行身為主管的職責，導引團隊達成最佳成果。股東價值是結果，但不是核心。

就像我之前說過的，你的關係和你的責任之間的互動，是雞生蛋、蛋生雞的問題。沒有良好的關係，你就無法履行職責，但你履行職責的方法又是這些關係當中的一部分。建立關係是由外而內的，也是由內而外的。本章要把重點放在由內而外，第六章到第八章則鎖定由外而內。在本章，我要談一談穩守中心、和你的直屬部屬站在平等的立足點上，以及職場社交的藝術（與危險）。

## 穩守中心

乍看之下或許有些奇特，但當我在輔導企業執行長建立徹底坦率的職場時，一開始我會先檢視當事人如何架構自己的人生，如何面對工作的壓力。我們能在工作上有哪些貢獻，取決於自身的健康與福祉。整個社會何時不再覺得前述的主張過於「軟性」，是社會進步的一項指標。這樣的信念其實有利於企業，因為能為自身奠下穩定基礎的經理人必定更有效率，能打造出色團隊、讓同仁創造出畢生最出色表現。

回想一下你在工作上經歷過的難關。你壓力破表，你夜不安眠，工作上和家裡的問題互相影響。當你未能處於最佳狀態時，難關更顯困難。這些時候，你面對共事夥伴時很難

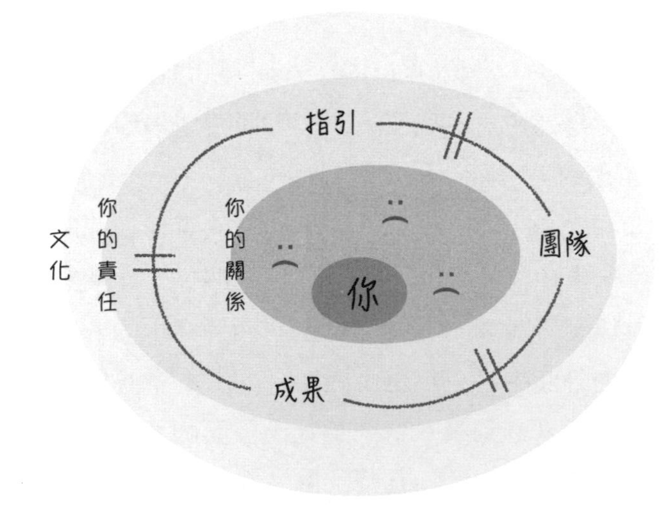

做到「個人關懷」，更別提和你生活在一起的人。你太忙，沒有時間處理自己的事。但「個人關懷」是建立關係不可或缺的一環，而關係帶動其他的每一件事。關係的本質，是不被環境打倒。

照顧不了自己，就無法照顧別人。當你自顧不暇、顧不到身邊的人，其他都是奢談，比方說工作成效。但這一點你早已經知道了。那麼，我建議你怎麼做？

## 整合工作與生活

堅定地堅持要把你最完整、最優秀的自我帶到職場上，然後再帶回家來。不要想在工作與生活間找到平衡；工作與生活某種程度上是零和賽局，你投入工作上的資源會剝奪生活資源，你投入生活上的資源會剝奪工作資源。反之，你要把這項任務是在整合工作與生活。如果你需要睡足八小時才能穩守中心，花時間睡飽覺就不叫做你很自私只為自己著想、卻讓工作或團隊付出代價。你在工作和生活的表現可以讓彼此「雙重反彈」。你花在工作上的時間展現了你這個人，讓你的人生更加豐富，也嘉惠了你的親友。

## 找出你穩守中心的「秘方」，並堅守到底

這個世界到處都有建議，對於某個人來說很有意義的意見，對另一個人來說可能荒謬無稽。我看過一部電影，片中一名紐約警察給莫斯科警察看他用來管理壓力的魚缸、特殊燈光以及繁複的冥想儀式。「你如何應付？」紐約警察問。莫

斯科警察只簡答了一句話：「伏特加。」

對你有用的就去做。我發現，重點是，當你遭遇難關時，更要優先去做能讓你穩守中心的事（但不要過度）。當你壓力高漲、忙碌無比時，撥出時間去做讓你能站穩腳跟的事非常重要，更勝過平常相對平靜之時。我認識一位很成功的企業家，在萬分艱辛的時刻會在上班前與下班後去健身房。

我為了穩守中心必須做的事如以下：睡足八小時、運動四十五分鐘，還有，和家人一起吃早餐與晚餐。如果我有一、兩天跳過其中一、兩件事，那沒關係，但常規就是這樣。而且，我常常需要讀點小說（理想上是一星期一部）、和我先生出外共度浪漫周末（理想上是一年四次），並和父母、兄弟姊妹一起度假兩星期（一年一次）。如果我能安排好這些事，無論我身邊颳起多強的風暴，通常我都能穩守中心。如果我不能妥善管理，就算身邊一切風調雨順，我通常都會有點神經兮兮。

## 行事曆

把你要為自己所做的事放進行事曆，當成重要會議一般安排。如果你很難及時離開辦公室回家吃晚飯，請在行事曆上寫上通勤，假裝你要去趕火車。

## 為自己現身

不要缺席這些你和自己的約會，也別因為其他排程而跳過，至少不可以多於你應和主管開會卻臨時缺席的次數。

## 優游於工作

好，現在你穩守中心，也把最好的自己帶進工作。下一步，是思考如何賦予團隊自主感以及主導感，好讓他們也能夠穩守中心，把最好的自己帶進工作。如果能和每一位直屬部屬培養出信任的關係，你就可以導引團隊創造成果；只有當人們覺得優游於工作時，才會有真正的信任。要和他人培養出這種關係、讓對方覺得能優游於工作，第一步是要放棄單方面的權威。如果你在Google擔任主管，公司會幫助你放下身段。如果你是在其他幾乎任何公司擔任主管，你必須自願放下。這需要堅定的紀律。有點控制欲是人的天性，但權力和控制都是虛幻的，無法帶領你到你想要去的地方。關係的效果更好，更讓人滿意。

這裡的基本前提是，當每一位成員都能在心智上、情緒上與生理上把最好的自己帶進工作，做起事來就更有成就感，更能與他人合作，團隊也能迭創佳績。你無法靠權力、權威和控制在人們身上導引出這些力量。身兼推特與四方兩家公司執行長的多希發出一封電子郵件給全公司，簡潔地說明了其中的道理。「如果你必須用別人的名義或權威才能推動某個觀點，那麼這個觀點也沒有什麼價值可言（可能連你自己都不信服）。如果你相信某件事正確無誤，請把焦點放在說明你的想法，然後證明它。價值自然而然帶出權威，而不是反其道而行。」

如果你和部屬培養出信任的關係，他們就會覺得優游於工作，也比較可能創下此生最出色的工作表現。但不是由你親自動手「從他們身上導引出最好的自我」，你要做的是營造條件，讓他們自己去做這件事。

## 限制主管的片面威權

我們在第一章討論過，在和他人建立信任關係時，少有比單方面權威或優越感更有害的因素了。你對待他人的態度，決定了他們面對你時會全力以赴、得過且過，還是根本變成你的絆腳石。當你把別人當成大機器裡的小齒輪，你就只能得到你要求的小齒輪，而且，你也設下了讓機器運轉不了的誘因。我永遠不會忘記，我在讀商學院時做的一個鋼鐵廠顧問諮商專案。我設計出一套我自以為非常聰明的薪酬專案，把員工當成「投幣式自助機器」。領班對我說：「有這種系統，那些連名字都寫不好的人都會去學微積分，找出方法弄垮我。」我明白他說的全對。

要說有什麼比專制更糟糕，當然唯有無政府狀態了。霍布斯（Hobbes）在《利維坦》（*Leviathan*）一書中就說了，無政府狀態「猥瑣、粗野又淺陋」。在無政府狀態下最適合追逐狹隘的私利，因此恃強欺弱的人可以僥倖成功，但通常不會有整體成果這回事。有一個關於獨裁者以及無法無天軍閥的俄國小故事，把其中的道理說得淋漓盡致。有一天，軍閥到獨裁者家中拜訪，獨裁者帶軍閥飽覽從窗外看出去的美麗風景。「看到那條路了嗎？」獨裁者一邊問，並捶捶自己的胸口。「百分之十都是我的，哈哈哈！」獨裁者回訪軍閥時，軍閥得意洋洋地展示更壯麗的景色，問道：「看到那條路了嗎？」獨裁者問：「哪有路？」軍閥捶捶他的胸口。「百分之百都是我的，哈哈哈！」在無政府狀態下，軍閥的權威遠比專政體制下的獨裁者更不受限。

夏娜．布朗在加入Google高階主管團隊領導業務營運之前，就寫出了《邊緣競爭》（*Competing on the Edge: Strategy as Structured Chaos*）一書，她希望避免創造出獨裁者，也不想看到軍閥興起。她謹慎設計聘用流程、升遷流程以及績效評量流程，隨時把這一點放在心上。這些流程都不是為了控制員工，反之，其用意都在於防止單方面的權威（這很容易受到權宜與狹隘的私利左右），代之以需要整個團隊提供意見的流程。藉由強迫主管放下單方面的控制權，Google鼓勵他們和直屬部屬培養良好的關係，確保每個人都能優游於工作。這大幅強化了Google的決策流程。

Google不信任不受限的主管權威，這一點基本上反映在公司所有程序上。主管不能只是用人，他們必須讓應徵者歷經一套嚴謹的面試流程，之後把「面試包」（interview packet）直接發給佩吉，以決定錄不錄取。升遷也不是由主管決定，而是一個由同儕組成的委員會決定。會影響考績分數的包括給每位成員的三百六十度回饋意見，不只考量主管的主觀意見，之後還會視團隊的不同進行調整，以確認各個團隊遵行的是相似的標準。這一來，要偏袒任何人或以不公平的手段阻礙任何人，都很困難。此外，還有各種諸如此類的政策。

無論Google極端的做法適不適合你的公司，你都可以看看這種做法如何降低任何人被單一個人玩弄於股掌的機率，藉此讓員工感受到公平與自主。主管不能太過官僚。當你擁有太多單方面的權威，必會做出一些有損信任、破壞關係的事，讓你的直屬部屬像逃獄般逃離工作。有時候，一點點的片面權威就足以讓人行為不當。想一想上一次你去監理站的情形。就是因為這樣，要和員工建立起適當的關係、讓他們優游於工作之中，第一條規則就是放下片面的權威。

但我要重申，我並不是建議棄權或無政府狀態；我並沒有叫你別管直屬部屬，或者任由他們想做什麼就去做，你還是要管理。你必須引導團隊創造成果，要做到這一點，你必須在雙方旗鼓相當時做裁判與做出艱難的決策，而且通常都不受歡迎。培養出以信任為基礎的關係、讓員工在這裡能優游於工作之所如此重要，部分道理也就在此。

我建議你找出一些能放棄傳統主管控制權的面向，藉此對直屬部屬發送信號，告訴他們你希望他們更自主。之後三章會提出各種建議，其中大部分都是鼓勵你放棄片面權威，改為培養以信任為基礎的關係。

## 熟練職場社交的藝術

某些企業會費盡心思讓員工在公司以外的地方聚一聚，可能是酒吧的歡樂時光、假日派對，或是在外地舉辦的活動。休息和派對都可以帶來益處，前提是團隊成員真的喜歡；你最好要記住，你從工作上更能了解共事的同事，而不是一年一度的假日派對上，前者是日復一日，而且是工作節奏的一部分。

在工作以外的輕鬆場合和同事聚一聚，不用管工作期限的壓力，可以是培養關係的好方法。這類活動不用耗費巨資，你可以和對方一同散散步，或者一起去野餐。讓彼此的家人見見面，也意義重大。Google「帶小孩上班日」的嘉年華場景很瘋狂，工程資深副總裁艾倫．尤斯塔斯（Alan Eustace）還穿上粉紅色兔子裝，尤其讓人難忘。邀請團隊成員及其家人或重要另一半以及一般伴侶來你家吃飯，是開放你自己並展現你關心他們的絕佳妙方。

但有時候，當這些活動由管理階層發起時，會讓人覺得有義務、被迫出席，無意間傷害了自由與自主的文化。你每天已經花很多時間和同事與部屬相處了，善用那些時間來培養關係就好了。多數時候，利用下班時間讓你自己穩守中心，會比和同事社交更好。

當你在職場上要籌組社交活動時，請記得以下的提醒：就算是非強制活動，都可能讓人覺得是強迫的。還有，酒精會讓你身陷險境。

## 非強制也難脫強迫感

有趣的活動可以是了解團隊成員、幫助大家互相了解的好方法。但你要知道，如果你是主辦人，社交壓力會拖著某些人陷入他們避之唯恐不及的情境。雅虎前執行長梅麗莎．梅爾（Marissa Mayer）還在Google任職時，我和她聊過一次，讓我永生難忘；我們聊到她的主管曾籌辦一次賞鯨之旅，藉機讓團隊聯絡感情。梅爾會暈船，她知道如果跟去的話，她最後會在船側狂吐。但主管對她施壓，說她不管怎樣都得去，要做懂得團隊合作的人。人不需要為了證明自己是很合群而把船吐的一塌糊塗。

在你努力建立團隊與提升士氣時，很重要的是避免如上述這類諷刺的時刻，以免情況更糟。我曾經和一位領導者共事，他的團隊一星期工作八十小時。當他們舉辦外部靜修活動時，仍念念不忘要達成「工作／生活平衡」：活動排在晚上九點，之前先去玩小型賽車。每個人其實都寧願跳過賽車，只是覺得必須玩點「有趣」活動，以利「聯絡感情」。有時候，你能給團隊最好的禮物，就是讓他們回家。

## 酒精的危險

小酌一、兩杯，是社交潤滑劑，但也會造成反作用，而且很嚴重。以下是一些我個人曾經親眼看見或聽當事人直接說到職場上因喝太多久造成的後果。

一位女士在客戶的晚宴上吐在自己的沙拉盤中。一位男士揍了警察，在拘留所關了一夜。辦公室裡的長椅得送去清理，因為很明顯有人在上面歡愛。另一張長椅全毀了，因為有人喝醉了吐在上面。一位女士酩酊大醉，在辦公室昏了過去，導致警衛得在凌晨三點打電話給她主管的主管。喝醉時不請自來的性挑逗造成情緒上的痛苦也毀了婚姻。強暴指控。自殺未遂。毋需多言，這些都不是建立關係的好方法。

## 尊重界線

欲建立徹底坦率的關係，你需要戰戰兢兢，在尊重他人的界線與鼓勵他人將完整的自我帶進工作兩者之間維持巧妙平衡。這些界線沒有一體適用的「正確位置」，也沒有單一方法讓這些界線能稍微開放一些。你必須和每一位共事的同仁分別協調界線。尊重界線的同時，隨著日積月累，你也要愈來愈了解共事的同事，這樣才能打造出你事業生涯中最美好的關係。以下是我學到幾點關於拿捏分寸的心得，希望也有助於你協調出你的方式。

### 培養信任

在任何關係中，要培養出信任都要花時間，因為信任是建立在持續以善意行事的模式中。若你以為很快就能培養出強烈的信任感（例如，當你還不太認識對方時就交淺言深，深入探問許多個人問題），那就大錯特錯了。另一方面，你總是需要從某個地方起頭。如果你從來不問起對方的生活，就很難發展「個人關懷」這個軸向。要建立信任，你能做的最重要一件事，可能是花點時間定期和每位直屬部屬相處。定期進行一對一會談，由你的直屬部屬設定議程、你來提問，是開始培養信任的好方法（請參見第八章「一對一會談」）。你如何要求對方提出批評、以及你得到指教後有什麼反應，對於培養信任（或毀了信任）大有影響（請見第六章「當下徵求指引」）。一年一次的「職涯對話」，也是強化和每一位直接部屬關係的絕佳方法（請見第七章）。

## 分享價值觀

我和團隊合作發展〈蘋果管理學〉課程時，有些人大力主張，這門課一開始應該從要求主管寫下並分享他們的「個人價值觀」開始。他們提出的理由還蠻不錯的。價值觀是讓你穩守中心的因素。但是，我以戒慎恐懼的心情看待這類活動。首先，個人價值觀的發展是終生課題，用四十五分鐘的時間做報告會讓人覺得很廉價。其次，有些人認為明確說出自己的價值觀大有益處，有些人卻覺得用說的不可能有太大意義。第三，也是最重要的一點是，很多人覺得價值觀是很私密的個人信念，他們不想和同事討論。也有人把這樣的活動當成說服別人改變信念的引子，他們談到自身價值觀的方式很可能是去凸顯差異，根本和他們能不能促進團隊合作無關。要求大家公開談論價值觀，很可能挑起不合，而不是幫助大家找到共同之處。

既然我的重點全部都放在「把最完整的自我帶進工作」（亦即自在地全心投入工作，包括在智慧上、情緒上與實質上），那我為何又不願要求員工寫下自身的價值觀？有一位來上課的學生曾說了一個故事，簡潔地說出了其中的理由。他來自中西部，是同性戀，他很確定，如果他在之前就出櫃的話，許多同事必會排擠他。因此，在公司裡做價值觀分享報告，可能使得他必須說謊。

真正重要的是謹守你的價值觀，並在你管理團隊時展現，而不是在紙上寫下諸如「努力工作」、「誠實」以及「創新」等字樣。身體力行你的價值觀，不要像「辦公室瘋雲」（The Office）影集裡的人資活動般逐條列出來。

## 展現開放的心胸

沿襲前文的價值觀脈絡，我現在要來談的徹底坦率的重要核心信條之一：開放。要在職場上培養出良好的關係，你們不一定在深處都有共同的個人價值觀，還有，想要說服同事你的價值觀是「對的」、他們的是「錯的」，是很可怕的想法。當對方和你分享他們的價值觀時，請務必要尊重。

你可能以為，比較自由的地方，比方說我工作的舊金山，或者是紐約，大家會以較開放的態度對待差異。但我有好幾個同事都抱怨，在舊金山，他們必須憋住偏保守派的政治觀點不說出口，不然就要面對排擠。每當有人大放厥詞，認為每個人一定都同意所有保守派人士要不就是笨蛋、要不就是壞蛋，他們就必須咬緊牙根不出聲。請想一想，不管是同志必須面對反同笑話，還是保守派人士必須面對反保守派的笑話，結果都是一樣的：他們身上的某些部分被否定了，他們不由自主地在工作上覺得疏離，而不是優游於工作。

也因此，極重要的是，我要提醒大家，徹底坦率的關係，有一個重點是開放自我、在和他人建立關係時接納所有可能性。對方的世界觀可能和你不同，對方的人生可能涉及你不了解的行為，甚至和你的核心信念相衝突。就算對方不認同你的墮胎、槍枝管制或上帝觀點，你還是可以做到個人關懷。如果你想的是要在職場上營造出表面的虛情假意，讓整個組織展現出平庸的一面，最快的捷徑就是堅持先確定每一個人都有相同的世界觀，之後才開始建立關係。

一段徹底坦率的關係始於基本的尊重和常見的人情義理，無論各自有怎麼樣的世界觀，每個人都必須這樣相待。我要再說一次，工作才是團隊裡的每一個人真實共有的羈絆，想要強化這樣的羈絆，最有益的方式是學習如何以讓所有人都得利的方式合作。

科斯特洛花了很多時間精力，思考如何讓推特變成更包容、更開放的職場。他去做了衡量無意識偏見的內隱聯想測驗（Implicit Association Test，IAT），得分顯示基本上他並沒有無意識的偏見。根據內隱聯想測驗的結果來看，他的性別偏見比我更低，而我可自認為是真正的女權支持者。

關於科斯特洛與多元性，我最愛的其中一個小故事，是他努力盡量不去用到「you guys」（意為「大伙兒」，但「guys」的字義是指男性）這樣的說法。我跟他說過，我的龍鳳胎上幼稚園，兩人的老師都在想一個問題：為何男生總是比女生更常舉手回應？後來我參與了一堂課，聽到老師提問的說法是：「好，各位小朋友（you guys），誰知道四加一等於多少？」難怪女生不舉手！小孩都是按照字面行事，女生不是「guys」。我對科斯特洛說了這件事，並坦承我也很拘泥於字面，每當有人對混合性別的團體演說用到「guys」或「you guys」時，我都覺得不舒服。多數人聽到我發表譴責「you guys」的言論時，反應都是不以為然，但科斯特洛拍了自己的額頭。「這是當然的啦！沒有什麼比變成隱形人更糟糕了。我不敢相信我居然沒想過這件事！要讓一群人覺得被排擠，沒有什麼比用言語假裝他們根本不在場更糟糕的了。」

「對啊，就像《看不見的人》（*Invisible Man*）那本書說的那樣。」我說。我和科斯特洛最近再討論拉爾夫·艾里森（Ralph Ellison）所寫的小說，探討一位非裔美國人因為膚色而變成隱形人。

「對，沒錯！好，你說服我了。我以後要開始只說『you all』（各位、大家）！」科斯特洛說。

要改變脫口而出的慣用語並不容易，但是科斯特洛下足功夫，訓練自己說「you all」，用以取代「you gyus」。

## 肢體距離

碰觸同事是好主意嗎？很多人說，在工作上任何超過超級專業的握手以外的實體接觸，皆為不當或危險的行為。我認為，在這方面，我們是因噎廢食了。當同事的配偶在車禍中喪命，或某位同事宣告要訂婚了，超級專業的握手並不夠，真心的擁抱或許是這個世界上最高效的表達個人關懷的方法。

跑腿兔公司（TaskRabbit）的執行長史黛西·布朗－菲兒帕（Stacy Brown-Philpot），從受人喜愛的矽谷輔導教練比爾·坎貝爾（Bill Campbell）身上學到很多關於擁抱（以及邁進實體空間）相關的事。布朗－菲兒帕和坎貝爾第一次見面，是他在一場演說後過來找她，指出她講話時會在面前揮動雙手，而如果她不這麼做的話，會更具公信力。她說，這是她獲得最有用的公開演說建議。

「一個素昧平生的人跑過來批評你，你會不會有點氣他？」我問她。

布朗－菲兒帕想了一會。「呃，我不會。因為他在和我說話之前先給我一個溫暖的擁抱，輕吻我的臉頰。因此我知道他的出發點是溫暖的善意。我幾乎是馬上就了解到這點，他是關心我，把話說出來是為了幫助我。」

「一個陌生男子跑來擁抱並親吻你，難道你不會覺得很詭異嗎？」

「不會，因為他的行為舉止看來很自然。我希望有更多人能學會這樣的擁抱。」

我先生指導坎貝爾的兒子所屬的小聯盟球隊，他說：「坎貝爾擁抱所有教練、所有家長、所有孩子。他擁抱每一個人。應該要有更多人這樣做。」

正如布朗－菲兒帕和我的先生，我也希望有更多人能像這樣擁抱。不只維持禮貌距離的側身輕觸，而是長達六秒的大擁抱，像葛瑞琴·魯賓（Gretchen Rubin）在《過得還不錯的一年》（*The Happiness Project*）一書裡寫的那種。魯賓什麼研究都做，她解釋為何較長的擁抱比短暫的擁抱有效。

「冷知識：要讓催產素與血清素等化學物質（這些物質能提振心情和強化聯繫）的流動達到最佳狀態，最高效的方法是擁抱至少六秒。」

當然，擁抱與碰觸也可能出錯。在我事業發展早期，有一次我為了某件事難過不已，我的主管給我一個大大的擁抱，然後開始用色情、最讓人不悅的方式用力擠我。這就讓我真的很不高興了。我向來仰賴他，當他是明師，如今我永遠認為他不過是另一個下流胚子。如果擁抱當中帶有色情、輕蔑或顯然讓對方不悅的成分，那就是惡意攻擊；如果你只會擁抱，永遠都做不到挑戰對方，那麼，你的擁抱可能是濫情同理。反之，當對方不想被人擁抱時，不要覺得難過；如果你不慣於擁抱，也沒問題。當拉洛威讀到這裡時，他馬上要我別抱他。

想用擁抱展現你「個人關懷」，你必須遵循「白金守則」。「黃金守則」說，己所不欲，勿施於人，「白金守則」則說，找出什麼樣的行動能讓對方感到舒服，然後去做。如果團隊裡多數人都接受擁抱、但有少數覺得不舒服，你就要想辦法，確認他們不會因為那些他們不想要的擁抱而覺得被排擠。這時，請改用言詞表現你的個人關懷！

如果你能夠做到像坎貝爾對布朗－菲兒帕那般，以徹底坦率的擁抱開啟對方的理性與感性去學習新事物，或是以某種方式成長，那請你多留一點幸福給這個世界。

儘管去做。盡情嘗試。就看你敢不敢！不過，敦促自己跳出舒適圈是好事，但讓別人不自在可就不是了，所以務必只挑選想要被擁抱的人嘗試！

## 承認自身的情緒

「看你進門時的心情，我就知道那天我會過得怎麼樣。」拉洛威和我還在Google共同奮鬥時，有一天早上他對我這麼說。我很少覺得如此羞愧。我自以為是一個很沉穩的人，在艱辛的時刻也可以做到不動聲色。他看到我很難過，便說了我幾句好話，但並沒有撤回他的直接挑戰：「你至少很努力不要把氣發在我們身上。但所有人還是都會關注到你進來時的情緒。每個人都會去看主管進來時的心情如何，我們必須這麼做，這是一種適應。」

我要怎麼做，才能確保團隊不會因為我正經歷壞情緒而一整天跟著難過？當你身體力行「將完整的自我帶入工作」，這條規則反而會和行動造成的負面影響互相碰撞，這裡就是一例。但壓抑這些感受通常也無濟於事。面對和你密切合作的同事，你無法把自己的感受藏得密不透風。你不想把自身的不順利發洩在團隊身上，但也藏不住此時的你並非處於最佳狀態的事實。你能採取的最佳行動，是坦承你的感受以及其他生活面向的現況，不要讓別人覺得你心情不好都是他們害的。

我學到只要這麼說就好了：「各位，我今天過得很糟糕，我很努力不要發脾氣，但是如果我今天看起來很短路，沒錯，但這並不是因為各位或各位的工作，只是因為我剛剛和朋友（或其他人）大吵了一架。」

如果私生活領域真的讓你情緒大壞，請在家裡待一天。

你不會想要把壞心情傳播出去，就像你不想把病毒傳遍辦公室一樣；情緒的感染力就像細菌一般強大。我們應該更嚴肅看待心理健康出問題的時刻。

## 嫻熟掌握自己面對他人情緒時的反應

很多人成為主管後，在情緒領域裡跨越了危險界線：他們試著去管理別人的情緒。這就太過分了。每個人，包括你的直屬部屬，都要為自己的情緒負責。要走到虛與委蛇的境地，最快的捷徑便是自以為你能控制或處理他人的情緒反應。如果想要建立坦誠無諱的關係，就千萬別試著防阻、控制或管理他人的情緒。當對方情緒高漲時，你要認同並以同理心去因應。還有，你要嫻熟掌握你自己面對他人情緒時的反應。

你早就知道該如何以同情心回應情緒；你在私生活領域裡一直都在這麼做。只是，到了職場，我們有時候會因為訓練有素而忘記這些基本道理。以同情心回應情緒的要點如後——你在其他人際關係當中可能早已憑直覺做到這些，但在職場上卻不然。

**承認情緒**　情緒上的反應能提供非常重要的線索，幫助你更瞭解由你管理的同仁到底發生了什麼事。情緒反應是一條通往問題核心的捷徑。因此，在面對情緒爆發或陰沉的沉默時，不要假裝沒有這回事。不要試著用「我不是針對你」或「我們就事論事」這些話來緩和局面。反之，你要說：「我

看的出來你很生氣／沮喪／亢奮／____

**提出問題**　當職場上有人因為某些事而極度受挫、憤怒或生氣以致出現情緒反應，這個信號就代表你要提出問題，直到你了解真正的問題是什麼為止。不要過度主導對話，只要傾聽就好，情況會逐漸明朗。

**把你的內疚加到對方難受的情緒當中，不會讓他們比較好過**　我管理或輔導的人在為開始哭泣的人提供指引之後，常常心煩意亂地來找我，問到：「我在之前是不是應該有不同的作為？」但他們之前的處理方式可能根本很適當。當一個人開始哭或開始大吼時，並不表示你做錯了什麼事，只表示他們很難受。如果你對於他們很難過這件事感到內疚，那麼，你比較可能採取防禦性的反應，而不是帶著同情心。防禦性反應可能反而導致你拿出自大傲慢的施恩態度，或是冷酷無情。人在工作上花掉很多時間，一般而言，大家都很在意工作，當事情出錯時他們當然很難過。有人難過並不見得是你的錯，他們的難過可能跟你毫不相干。把重點放在他們身上，而不是你自己身上。

**指導別人應該有什麼感受，可能造成反作用**　以下這些話最會造成反效果：「不要難過」、「不要生氣」、「我無意冒犯，但是……」。如果你真的很想這麼說，請你想一想肉塊合唱團（Meatloaf）的歌：「我渴望你，我需要你，但我無法再愛你，現在請不要悲傷。」就是這些話，徒惹人更加悲傷！如果你是一個難以承受情緒的人，別把讓對方不再哭泣、吼叫或充滿戒心的責任往自己身上攬。如果你叫對方不能有某些情緒反應，最後對方八成正是會落入那些情緒反應；你下的禁令很可能反而招致你最不樂見的情緒。這就像俄國文學家托爾斯泰（Tolstoy）的哥哥要他不准再想大白熊，不然就不准離開房間的角落，結果這隻大白熊反倒在托爾斯泰心裡盤據了好幾個小時。我曾有一位主管要我不得在他面前哭泣，搞得我和此人相處時一天到晚都在哭！對我們兩人來說都是很恐怖的事。

**如果你真的無法處理情緒爆發，放過自己**　如果你難以承受，不見得一定要坐在那裡看著某人大哭大叫。如果有人開始表現出你無法面對的情緒反應，你大可說：「我很抱歉你那麼難過。我先出去一下替你倒杯水，我等一下回來。」之後，當你回來，你可以說：「我現在要改變話題，等一下再討論這件事。我答應你我一定會回頭來談，因為我知道這很重要，但我現在真的很難去做。」

**把面紙放在離辦公桌要走幾步路的地方**　我習慣在辦公室放一盒面紙，以防有人落淚。但我有個同事養成一種習慣，每週五下午都躲進我辦公室哭。在眼淚中替一個星期畫上句點，這真是讓人心力交瘁。我向一位非常怕看人哭的同事尋求建議。他指出，我一看到有人流淚就遞上面紙，有時候反而轉開了水龍頭。如果他看到誰開始哭，他會先道個歉，說他離開辦公室一下去拿面紙。這個暫停通常足以讓對方恢復平靜。下一個週五我便試用他的方法，真的有效！

**辦公桌上擺幾罐瓶裝水**　一位專攻人力資源業務的夥伴給了我另一項好建議，就是隨時準備一些未開封的瓶裝水。

如果你看到某個人要開始難過了，遞上一瓶水。通常，這個簡單的暫停動作會讓人收起眼淚，喝一口水已經足以讓對方覺得平靜一些。如果你愛哭，你也可以善用瓶裝水！

**起來走動，不要坐著**　要進行難以開口的對話時，試著起來走一走，不要坐著談。走路時，情緒比較不會顯露出來，也比較不會引發具破壞力的反應。而且，走一走、把視角轉成相同的方向，會讓對方覺得你和他站在同一條線上，好過隔著桌子對看。

和直屬部屬培養關係要花時間與真正付出心力。有時候，尤其在情況不妙的時候，這是你工作中最耗神的一項。請記住，主管工作的核心是幫助他人。如果你可以突破這些時刻，可能會像我一樣，發現職場人際關係讓你的工作更有意義，遠遠超越你們協力創造出來的成果。

# 6

# 指引篇

在第二章中，我說明了徹底坦率的關係如何營造信任，讓你能提出更好的指引，而提出更好的指引回過頭來又能促進徹底坦率的關係。指引是管理工作裡的「基本元素」，卻讓多數人感到非常不自在。以下我要提供一些具體的工具與技巧，讓你更能輕鬆在團隊裡營造出指引的文化。為了建立徹底坦率指引的文化，你需要徵求、提供與鼓勵讚美和批評。我發展出一張協助你保持平衡的圖表（如右圖），供作參考。

| 指引 | 讚美 | 批評 |
|---|---|---|
| 徵求 | | |
| 提供 | | |
| 鼓勵 | | |

## 當下徵求指引

關於營造指引的文化，我得到最重要的見解之一，來自於我看著佩吉和卡特斯爭辯；我在前言中提過這件事。佩吉批評卡特斯的提案前，他興味盎然地鼓勵卡特斯提出挑戰，

| 指引 | 讚美 | 批評 |
| --- | --- | --- |
| 徵求 | ✔ | ✔ |
| 提供 | | |
| 鼓勵 | | |

當卡特斯火氣開始上來，他展露了鼓勵的笑容。佩吉從沒說過「別情緒化」這種話。卡特斯的批評愈激烈，佩吉笑得愈開心。

你要如何孕育出這樣的文化，讓前述的場景變成尋常風景？你可以做哪些事，以向團隊徵求批評？

這並不容易，因為，你一旦成為主管，大家真的就很不想批評你，也不想告訴你他們的真心話。坐上主管位置，你自然必須承接一些和你這個人無關的假設。主管的角色常會改變大家對你的印象，而且可能很毫無來由。比方說，我身高五英尺（約一百五十二公分），金髮，帶有美國南方的口音。我一輩子都在和「愚蠢金髮妞」的刻板印象搏鬥。也因此，成為主管之後居然有人說我看起來很嚇人，我還以為她在開玩笑。後來我還偷聽到另一個人說我很高；可是團隊裡有一個人整整比我高了十七英寸（約四十二公分）。

千萬不要以為，因為你是好人、因為你之前每天都和這群由你管理的人吃中餐，他們就不會以不同的眼光看待現在身為主管的你，或是自動就會信任你。你可以看看許許多多有趣的主管定義，比方說專門收錄俚語的網路資源「城市辭典」（Urban Dictionary）上的這一個：「主管就像尿布一樣，裝滿了屎，跟在你屁股後面。」以及「主管：傲慢無禮的侏儒穿戴的虛偽外表，表面上看起來很恭謙，但實際上他們骨子裡根本絲毫不尊重你。」某種程度上，從接下主管職的那一刻起，你就在和這些認知奮鬥了。事實上，隨著職務而來的權威很可能引出你最糟糕的本性，所以說，這些可能並不只是認知不公的問題而已！

也因此，當你成為主管，重要的是要加倍努力，爭取團隊的信任。你自然會擔心要如何才能贏得他們的尊重。但如果太在意尊重，一遭到批評，你的表現很容易讓人覺得你心防重重，反而引發反效果。另一方面，如果你肯傾聽批評並妥善回應，尊重與信任將會隨之而來。

根據我的見聞，以下是一些可以有效讓對話進行順暢的秘訣和技巧：

**你不適用「私下批評」的經驗法則**　吉爾特集團（Gilt Groupe）執行長米雪兒．佩茹索（Michelle Peluso）談到公開批評自己的好處。在接受《紐約時報》專訪時，她說：「我向來採用和三百六十度評鑑稍有差異的方法。我們的高階主管團隊會和彼此分享評鑑，我會從我自己先開始：『我在這些方面表現得很好，但在那些方面不太好。』我甚至會對全公司說：『我在這些地方需要各位協助。』這會讓他人覺得比較安心，也跟著做，你就可以培養出信任。」

有一次我找到團隊裡最能自在批評我的人，要求對方在工作人員會議或全體大會上這麼做。員工永遠都不願意當出頭鳥；他們會問『私下批評怎麼樣？』但是，當你身為主管，就自動不適用私下批評的規則。鼓勵大家公開批評你，是在製造機會向團隊證明你真心誠意想得到指教。你也為整個團隊設下典範：每個人都應該欣然接受能幫助我們把工作做得更好的批評。團隊愈大，你愈能借力使力，從妥善回應公開批評得到更大的力量。

此外，團隊規模愈龐大，就愈難把員工排進你的行事曆。如果你手下要管理約六十名員工，大家等上好一陣子才能在私下和你相處的場合分享一些批評，你可能永遠也聽不到。公開說還有另一個好處：你不用一再聽到重複的意見。

太多主管擔心公開受到挑戰最後會毀了自己的權威。人天生想要壓制異議，但是妥善回應公開批評能為你建立起有力領導者的公信力，也能幫你營造指引的文化。

**提出你可以有所行動的問題**　當你成為主管，要求直屬部屬坦白告訴他們對你的表現有何想法，是很困窘的事，而對他們來說，困窘程度更勝於你。為了幫部屬的忙，我採行《清醒的企業》（*Conscious Business*）一書作者、同時也是我在Google的教練考夫曼所提的建議，提出可以有所行動的問題：「我能不能做些什麼或停止做些什麼，好讓你能更輕鬆和我合作？」如果這些話你很難說出口，去想一想哪些遣詞用字適合你。當然，你不是真的只在找一件什麼能去做的事；這種開放式問題是為了推動事情。

**坦然面對不自在**　多數人一開始都會說「沒事，一切都很好，謝謝你。」，然後期望對話趕快結束。他們可能不知道你的問題所為何來，因此馬上警覺起來。他們的不自在也會讓你覺得不自在，你可能會發現自己也想讓他們安心，不斷點著頭，並且說「很高興聽到你這麼說。」別這麼做。基本上，你要為這類尷尬的情境預做準備，堅持繼續對話，直到你得到真心的答案為止。

有個技巧是數到六之後才開口，強迫員工忍受沉默。這麼做的目的不是要成為霸凌者，而是為了堅持進行坦率的討論：讓對方處於「沉默比較困難、說出想法比較輕鬆」的處境。如果他們當場還是想不到該說什麼，你永遠都可以安排下次碰面的時間。如果數到六沒用，就重述問題。如果有必要，再做一次。有一位主辦Facebook首次公開發行案的銀行家告訴我，在某一次和潛在投資者會面之後，桑德伯格請他提供回饋意見。「我有哪些地方本來可以做得更好？」她問他。他什麼也想不到。這場簡報滿分。但桑德伯格不放過他。「我知道一定有什麼是我本來可以做得更好的部分。」他還是一片空白。到這時候，他開始緊張了。「你素來有善於提供回饋意見的好名聲，」桑德伯格鼓勵他，「我敢說，如果你想一想的話，一定會想出什麼。」此時，他已經汗流浹背。但她還是不放棄。她露出期待的微笑，並保持沉默。這時他終於想到了一件事，並對她說了。「謝謝你，」她說，「下一次我一定會做得更好！」

坦然面對不自在的另一個方法，是指出對方的肢體語言和他們所說的話不一致。假設你和一位同事在開會，你對他說了一個很重大但可能不務實的構想。他的反應是：「哇！好點子。」但你注意到他的背部縮拱，雙臂交叉，呈現防禦姿態。忽略這些非口語線索，會損失重大契機。在不帶惡意的情況下，請試著指出：「那你為什麼雙臂交叉，縮在椅子上？少來了，告訴我你真正的想法！」

**傾聽時意在理解，而非回應**　你終於聽到別人的批評指教了。同樣的，你必須管理你的回應方式。無論你做什麼，都不可以一開口就先批評對方的批評。不要說對方沒有做到開誠布公！反之，試著複述對方的話，以確定你理解無誤，不要針對你剛剛聽到的意見先豎起心防。傾聽並釐清批評，但不要辯證。試著說：「所以說，我聽到你說的是……」如果你覺得我的用詞太制式，你可以換句話說。

如果你的本性不是歡迎批評指教、將其視為改進機會的那種人，你當然會感受到一股亟欲自衛、或至少自辯的衝動，這是很自然的反應，但這很容易扼殺任何你從對方身上再度獲得坦誠大禮的機會。因此，當你湧出這種極為正常的人性反應時，不要懊惱。主動管理感受，別被感受控制。請提醒自己要進入一個狀態：無論批評多不公平，你要做的第一件事就是帶著想要理解的意圖去傾聽，而不是捍衛自己。

**獎勵批評，以得到更多指教**　你提出問題、坦然面對不自在並去理解批評，但後續你還必須證明你真心歡迎大家批評。如果你的確想得到更多坦率意見，你必須獎勵這些看法。如果你同意批評，請盡早做出改變。如果必要的改變需要時間，請展現一些具體的行動以證明你的努力。舉例來說，我的共同創辦人拉洛威曾經抱怨我插嘴。這是真的，我的插嘴已是積習難改。我試著別這麼做，但我知道我無法因為他講出這件事就順利改掉這個壞習慣。但告訴拉洛威我就是改不了，可不是獎勵他坦率表達意見的好方法。於是我說：「我知道，這是一個問題。我能否請你幫我不再插嘴？」我從抽屜裡拉出一條很粗的藍色橡皮圈，套在手腕上，請他在我每次打斷他時都彈一下橡皮圈。拉洛威覺得很好玩，也同意了。我套上橡皮圈去開工作人員會議，我把這想成是我的「緊箍圈」。我請在場的每一個人也幫我忙，彈我的橡皮圈。果然，其他人也開始彈了。之後，我在全員大會上提到這件事。有更多人彈我的橡皮圈，確實幫助我少去打斷別人說話。但同樣重要的是，這發出一個強烈的信號，告訴大家我聽到了批評也採取了行動，我也想要得到更多意見。

當然，某些時候你可能不認同批評，此時，你的徹底坦率技能就變得十分重要。只是認同對方的感受從來都不夠，那只會讓對方覺得是一種被動攻擊，也顯得你沒有誠意。反之，你要先找到批評當中你認可的部分，先凸顯你對批評抱持開放的態度。之後，確認你真的理解了：向對方複述你聽到的話，確定你懂了。接下來，讓他們知道你對他們的話有何想法，並安排時間再度進行討論。重點是你要回來談這件事。到那時，關鍵就變成你為何不同意。如果你無法做出改變，要給員工周嚴、尊重的解釋說明為何你沒做，這是你給他們的坦誠意見最好的回報。有時候他們會想通，有時候則不然，有時候他們甚至會找出你的理據當中的錯誤，讓你重新思考。要不然，要嘉獎他們的坦率表現，你至少要完整說明為何你不同意，開誠布公讓他們願意探究你的理據，以及等到該停止爭辯並做出承諾時要說清楚。

**評量你得到的指引**　心中要有一把尺。每星期你的直屬部屬批評你多少次？他們有多常讚美你？如果全是好話沒批評，請小心！你被唬了。你需要更努力請他們提出建言。請把徹底坦率的概念傳遞給你的團隊成員，解釋你為何不希望他們以濫情同理或虛與委蛇的態度對待你。告訴他們，你樂見徹底坦率的態度，而且你寧願面對惡意攻擊，也好過沉默不語。列印出徹底坦率的架構，當你們在對話、而且你感到對方因客氣而有所保留時，請直指何謂徹底坦率，並請他們這麼做。如果你覺得隨時衡量或列印出架構太麻煩，可試用我們設計用來助你一臂之力的「坦率量表」（Candor Gauge），請見www.radicalcandor.com/。

## 橘色箱子

嬌生公司原始的信條理有一條很有趣：「員工應有提供建議與提出申訴的完整系統。」這條後來重寫，信條中的意圖被輕描淡寫，變成更模糊不清、更沒有用處的說法：「員工必須覺得很自在，願意提供建議與提出申訴。」如果你是主管，你需要有更好的做法，不光是說員工「必須」覺得自在而已。如果你沒有具體作為，確保提供建議與提出申訴不僅很安全、也是符合期待之舉，員工就不會覺得自在。你必須安排一套系統，但不一定要很

| 指引 | 讚美 | 批評 |
| --- | --- | --- |
| 徵求 | | ✔ |
| 提供 | | |
| 鼓勵 | | |

複雜。

麥可·迪爾林（Michael Dearing）是二〇〇二年定下電子灣（eBay）產品行銷策略的人，現在則是一名企業執行長，負責成功的種子階段基金哈里森金屬（Harrison Metal），他採行一套簡單但有效的方法讓大家批評他。他拿來一個橘色箱子，上面開了一道長長的開口，放在人來人往處，讓大家可以把問題或回饋意見丟進去。在全員大會上，他會把手伸進箱子裡把意見拿出來，然後當場回答。我的好朋友安·波麗特（Ann Poletti）曾待過迪爾林的團隊，她說，無論問題多老套，迪爾林「永遠都拿出極為尊重的態度，謹慎看待每個問題。」

波麗特是這麼說的：「在業務動盪之際和兩百多人的團隊進行問答，再加上當時電子灣正在換執行長……他一定精疲力竭；他是內向的人。我知道他很討厭做這件事，但是他從未表現出厭煩或失去耐性，事實上，他把這件事做得好像他很享受這些問題一樣。」迪爾林向團隊證明，有人提出問題時，他就會去解決，而不是槍打出頭鳥，他最後終究營造出讓員工願意直接挑戰他的文化。隨著時間過去，橘色意見箱空了。員工碰到問題，他們會站起來而出直接問，或是跑去他的小隔間。

## 管理階層的「除錯週」

工程性的組織常做一些相當於大掃除的事，某個星期大家都把開發設計新功能的工作放一邊，為現有的產品除錯。

| 指引 | 讚美 | 批評 |
| --- | --- | --- |
| 徵求 | | ✔ |
| 提供 | | |
| 鼓勵 | | |

工程團隊平時會持續追蹤與評估錯誤，因此等到除錯週來臨時，他們手上就有要優先處理的問題列表。除錯週和駭客週相反；除錯週不是用來從事通常沒時間去做的新鮮刺激構想，而是騰出一個機會，去解決困擾人好幾個月的老問題。這就好像你終於動手徹底清理放餐具的抽屜一樣；幾個月前你打翻了一點蜂蜜在裡面，但一直是你找不到時間，把所有的刀叉拿出來、把抽屜底部擦乾淨。除錯週的用意雖然不同於駭客週，但是仍然能為人們帶來深刻的滿足感。

在某個時候，Google的某個團隊決定，定期來個「管理除錯週」有助於保持健康。（之後，另一個團隊也有類似的作為，但他們稱之為「打敗科層」〔bureaucracy buster）。）除錯週的操作方法如下：建置一套系統，讓大家登錄擾人的管理問題。比方說，如果費用報表的審核很耗時，你可以提出一個管理「錯誤」。諸如績效評鑑永遠都在一年裡最不適當的時間點舉行，或者上一次的員工調查要花很久時間才能填完，又或者升遷系統不太公平等等，你都可以提出。

管理錯誤追蹤系統是公開的，因此大家可以投票訂出優先順序。會有一名專責人員，負責全部讀過，並將重複的問題放在一起。之後，在管理除錯週時，會把這些錯誤分配給主管處理。他們會取消所有（或者多數）固定排定的活動，鎖定改正組織最讓人困擾的管理問題。

## 當下提供指引

到目前為止，我們談的是如何讓團隊為你提供回饋意見。我把這件事放在前面，因為我想強調，這是一條雙向道，而事實上，這要從你開始。如果你沒有勇氣提出徹底坦率的指引，你的直屬部屬就不會相信你真的希望他們給你批評指教，當團隊認為你偏離正軌時，他們也不會告知你。如果你無法以身作則，團隊成員也不太可能指引彼此。

| 指引 | 讚美 | 批評 |
| --- | --- | --- |
| 徵求 | | |
| 提供 | ✔ | ✔ |
| 鼓勵 | | |

### 要謙虛

我從謙虛開始說起，是因為不管傳達讚美還是提出批評，謙虛極為重要。一開始聽到批評時，每個人自然而然都會起戒心，但如果你以謙虛的方式提出，就可以突破對方的天性，不再抗拒你所提的批評。表達讚美時批評也同樣重要，不然的話，你會讓人聽來自以為高人一等或是很不誠實。此外，關於提供意見，人們常會提出一個問題：「如果我錯了怎麼辦？」我的回答是，你可能錯得非常離譜，向對方說出你的想法，也是讓他們有機會讓你知道你是對是錯。提供指引之所以很寶貴，有一大部分是因為可以藉此修正雙方的錯誤認知。

我發現以下這些技巧很有用，可確認我以謙虛的態度表達讚美與提出批評。

**情境界定、行為描述、行動衝擊**　創意領導中心（The Center for Creative Leadership）是一家專門從事高階主管教育訓練的公司，發展出一套名為「情境界定、行為描述、行動衝擊」（situation behavior impact）的技巧，協助領導者以更精準、較不傲慢的態度來提供回饋。這套技巧提醒你在提出回饋意見時要描述三件事：（一）你看到的情境，（二）行為（意即，當事人做了什麼事，無論好壞），以及（三）你觀察到的影響。這套方法能幫助你避免去批判對方的智力、常識、善良本性或是其他個人特質。如果你提出的是以偏概全的判斷，你的指引會讓人聽來覺得很你自大。

日常生活裡就有簡單的範例：當有人搶了你的停車位時，你不要大吼大叫說：「你這渾蛋！」請試著說：「我在這裡等這個車位已經等五分鐘了，你剛剛卻切到我前面占走車位。現在我要遲到了。」如果你這麼說，就讓對方有機會回答：「喔，抱歉，我沒發現，我來移車。」當然，對方也可能就發了火回你：「你活該。」到這時，你就可以更理直氣壯大吼：「你這渾蛋！」:)

「情境界定、行為描述、行動衝擊」可用於表達讚美，也可用於批評。讚美和批評一樣，也可能讓人聽起來覺得你很自大。如果有人說：「你真是個天才。」這就惹來一個問題：「你是何方神聖，敢評論我的智慧？」如果有人說：「你讓我深感驕傲！」你很自然會想：「你是哪根蔥，為我感到驕傲？」比較好的說法是：「你在今天晨會上做的簡報（情境界定），討論我們的多元化決策時（行為描述）非常有說服力，因為你讓大家知道你有聽到其他的觀點（行動影響）。」

擔心讓人覺得我自大傲慢或高高在上，有時會讓我不知道該不該適當地表達讚美。善用以上三項準則會有幫助。

**左手欄**　哈佛商學院的教授克里斯・阿吉里斯（Chris Argyris）和哲學與城市規劃教授唐納德・舍恩（Donald Schön）聯手，發展出一套名為「左手欄」（left-hand column）的演練，這套方法也可幫助領導者避免在批評裡流露自大輕率。

左手欄的演練方法如下：回想一段讓你感到氣餒的對話。然後拿一張白紙，在中間畫一條線。在右手欄寫下你實際說的話，左手欄寫下你的想法。現在想一想，對話內容哪裡走偏了？你所說的是否是你心裡所想的？演練的重點不只是說出你在左手欄寫的內容，更在於謙遜地質疑你的想法：「莎麗是真的扣住資訊，還是她只是忘了告訴我？」「是山姆真的不可靠，還是我沒有明確定義要求標準？」

**「發自內心的謙虛」**　考夫曼非常強調在工作過程中反省核心價值觀的重要性。他的著作《清醒的企業》裡有一章題為「發自內心的謙虛」（Ontological Humility），提醒我們不要把客觀現實與主觀經驗混為一談。他引用他女兒的話來當作例子：「綠花椰菜很噁心，所以我不喜歡。」這話三歲的小孩說來很有趣，但當人把主觀喜好和與客觀現實混為一談，那就是自大了。「他是笨蛋，所以他錯了。」所謂「發自內心的謙虛」，要強調的是當你用心注意自己的主觀經驗並非客觀事實時，就能幫助你用歡迎對方也來挑戰你的態度來挑戰對方。

## 伸出援手

伸出援手顯然是證明個人關懷的好方法，直接挑戰的整個重點也在於協助對方。

同樣的，這很困難。你很忙，還有，你也沒有所有的答案；你很謙虛，對吧？好消息是，幫上忙不代表你必須全知全能或替別人做他們的事，這只是意味著你必須找到方法，幫助對方釐清他們面對的挑戰；這樣的釐清是一份禮物，讓他們能向前邁進。以下是一些秘訣和提醒。

**聲明你想幫忙有助於撤下心防**　當你明白告訴對方你不是要為難人，實際上是想幫忙，這會讓他們遠更為願意聽進去你所說的話。你可以嘗試加一點前奏。比方說，你可以用你自己的話來表達以下的意思：「我要說明一個我看到的問題，我可能錯了，如果我錯了，我希望你能告訴我；但如果我是對的，我希望我提出來可以幫你改正錯誤。」

**用「演」的，不要用「說」的**　關於如何講故事，這句話是我得到的最佳建議，我永遠也不會忘，而且這也適用於提供指引。你愈是準確表達出好的或壞的部分是什麼，指引就愈有用。通常你會很想不會描述細節，因為細節很讓人痛苦。你希望讓對方免於痛苦、讓自己免於清楚明白說出這些話時的尷尬。但是退縮回到隱晦抽象正是濫情同理的基本典型。此外，語焉不詳實際上在無意之中透露出你們要討論的行為很糟糕／很讓人羞愧，因此你連說都說不出口，這樣很難讓對方繼續向前邁進。我曾經必須告訴某人：「我們之前開會時你傳了一張紙條給卡凱瑟琳，上面寫著『快看艾略特正在挖鼻孔；我想他都已經挖到腦子了。』艾略特後來看到了。這惹得他很不高興，真沒必要，也讓你們更難共事，這個因素便是導致我們這個專案延遲的最大罪魁禍首。」這整件事極為荒謬，你心裡多希望只要對當事人說「你開會時所做的事很不成熟」就好了，但這樣說既不明確，也沒幫上忙。

我要再說一次，同樣的道理也適用於讚美。別說：「她真的很聰明。」要說：「她提出的說明是我聽過最清楚的，明確點出為何使用者不喜歡那項功能。」明確描述好壞在哪裡，你才能幫助對方在行事時去蕪存菁，也讓當事人能夠看清楚差異。

**找到幫手勝過自己出手**　當桑德伯格提出要幫我請演說教練時，她必須挪出預算，但她不用坐在台下花好幾個小時看我演練。她需要花點時間幫我忙，但不用太多。

你不一定像在Google任職的桑德伯格那麼幸運，有預算可以花用，但是，你通常都有可以幫忙的同事或熟人。你要做的，只是引薦雙方，幫助直屬部屬組織對話架構。

**指引是禮物，而不是懲罰或獎勵**　我花了很久才想通，有時候我唯一必須出手幫忙的，就是談一談。懷抱「指引是禮物」的心態，可以確保你的指引幫得上忙，就算你無法提供實際援助、解決方案或無法引介幫手也沒關係。不要因為無法提供解決辦法就不願意提供指引。想一想哪些時候的指引對你最有幫助，請用相同的精神給予提引。

## 立即提出反饋

盡快且盡可能以非正式的方式提出指引，是徹底坦率中很重要的一部分，但由於人的天性是在面對衝突時盡量拖延／迴避，而且我們的生活也已經夠忙了，要做到這一點要仰賴訓練。然而，有些事花一點時間就能產生大影響力，立即的反饋就是其中之一。拖延的話於你自己有損！

如果你等太久才提供指引，事情就會變得更困難。你也知道一直把事情往後拖會怎樣：你注意到某個問題，也知道你要動手處理，但你就是不花時間記下來。之後偶然又想起，那時你就需要坐下來好好回想問題到底是什麼。接著你要記得安排一場會議。現在你開始需要編製一張清單，寫出你本來打算要說、但一直沒有說出口的話。到了要開會之前，你需要花點時間想想還有沒有你打算要說卻沒有寫下來的話。這些清單彼此並不一致，你根本不記得這個問題有那些明確的範例，因此你無法使用「情境界定、行為描述、行動衝擊」的模型，到頭來，你得面對困惑、滿心挫折的同事。你到底要批評什麼事？把批評這件事往後拖就是這麼讓人氣餒、讓人疲憊。馬上說更有效，負擔也沒這麼重！

當然，有些時候你必須等一下，別急著提出讚美或批評。一般而言，如果你或對方很飢餓、憤怒、疲倦或因為任何其他理由心緒不佳，等一等比較好。但這是例外，而非通則，而我們又太常把例外當成藉口，不去做我們心知肚明該做的事。最後要說的是，馬上提出批評跟吹毛求疵是兩回事。如果不重要，就不要馬上說，或根本別說。

**在兩場會議中的空檔，花兩、三分鐘說出來**　如果你之後還要花時間安排會議，不如就在當下用一分鐘、兩分鐘、最多三分鐘說出來更省時，更別說開會要花多少時間；而且，馬上說的話，你就不會一直掛在心上，也不會在某些時候莫名其妙困擾你。我在教徹底坦率的相關課程時，學生最常問的問題是：「我要怎麼找到適當時機？」一開始，我把這當成他們並未接受我認為指引非常重要的主張。但多談幾次之後，我明白這是因為大家並不認為可以快速提出指引。他們認為，這是需要特別安排、長約一小時的對話。他們認為，提供指引會讓每個星期的會議時間拉長。他們認為，提供指引就像是做根管治療一樣。請試著改成把這件事想成刷牙。不要寫在行事曆上，持續去做，你可能永遠都不用做根管治療。

請容我複述：當下提供指引，真的是你在兩場會議之間最多花個三分鐘就可以完成的工作。如果你在兩場會議的空檔之間說，不僅替自己省了時間、日後少開一次會，也做到花更少時間就提供了指引，比之後還要安排會議省事多了。你提供的指引品質也會更好。我人生中獲得的最佳指引，通常都出現在臨時起意的超級快速對話當中，比方說我和桑德伯格交換意見時。如果你有五位直屬部屬、你希望每星期為這五位同仁各表達三次讚美與一次批評；這樣的當下回饋頻率，已經高過多數主管所做的。這項工作一星期最多只需要花你六十分鐘，而且這些都是你就算不提供指引，也要花在走去參加不同會議的時間。但不管怎麼說，要提供指引還是需要體力精力和覺察力。

**行事曆上留點空檔，或者願意遲到**　將某件事列為優先，通常代表你要在行事曆上為這件事把時間空下來。但你要如何在行事曆上規劃「當下臨時起意」的事？沒辦法。比較好的做法，是馬上告訴對方。要能做到這一點，你必須做到以下兩件事其中之一。第一，要在行事曆上挪出空檔，安排會議時你不要兩場連著開，或者，你可以安排二十五分鐘再加一場五十分鐘一定要叫停的會議，而不是三十分鐘加六十分鐘的會議，要不然，你要願意在下一場會議中遲到。

**不要把指引留到一對一會議或績效評估時提出**　成為主管最有趣的事情之一，是換個身分會讓很多人把他們過去所了解的待人處事之道忘得一乾二淨。在私生活中，如果你和誰起了爭執，你絕對不會想安排一場正式會議來和對方談這件事。「管理」已經變得很官僚，某種程度上我們已經拋掉了日常生活溝通所用的有效策略。不要讓正式流程（一對一會議、年度或半年度的績效評鑑或者是員工幸福度調查）取代即時指引；這些制度意在強化我們每天所做的事，而非替代。一年要固定請牙醫師洗幾次牙，無礙於你每天還是要刷牙。別把績效評鑑當成不當下當面提供反饋的藉口。

**指引的半衰期很短暫**　如果你等了一星期還是一季才跟對方講起，事發之日已經久遠，他們根本無法修正問題，也無法以此為基礎追求成功。

**沒說出口的批評，爆炸威力一如放射性炸彈**　就像在日常生活中一樣，在工作上，當你對於讓你感到憤怒或挫折的事沉默太久，最後的爆發很可能會讓你看起來極不理性，或者傷害雙方的關係，更可能兩者皆有。不要讓這種事發生在你身上。除非你覺得自己在盛怒當中，不然的話，請馬上說出你的想法！

**避開黑洞**　務必馬上告訴對方他們的工作成果得到哪些評價。如果你請人幫你準備開會或簡報內容、但對方屆時不會在場，請一定要讓他們知道別人對這些成果有哪些反應。如果你沒說，負責相關工作的人會覺得自己的努力被吸入黑洞。很重要的是，不論褒貶，都要傳達他們的努力有什麼貢獻。當然，更好的是，只要有可能，請他們來呈現自己的工作成果，好讓他們親自得到指引。即便是在沒有階級的Google，對我的部屬而言，能得到我的主管的讚美，永遠都比聽到我的指引更有意義。

## 面對面（可行的話）

請記住，你的指引是否清晰要由對方的耳朵來判斷，而不是你的嘴巴。也因此，傳達指引最好的方式是面對面。如果你看不到反應，就無法真正得知對方是否理解你說的話。

如果你不知道對方是否清楚你說的話，你很可能根本也不會說。多數溝通都是非口語的。看得到對方的肢體語言與臉部表情，你可隨時調整傳達訊息的方式，盡量讓他們聽懂。當你可以直視對方雙眼，注意到他們是否坐立難安、雙臂交抱等等，會比較容易分辨對方是否清楚理解你所說的話。

你之所以不想面對面提出指引，通常是因為你想要避免看到對方的情緒反應。這是自然的。但如果你能在場面對這些感受，可以提升你的指引品質。如果對方很難過，這就是你表現仁心善意的機會 —— 以徹底坦率的架構來說，這是「個人關懷」面向的提升。對方的情緒反應會幫助你更了解訊息傳達到哪種程度，並隨之調整。當對方應付敷衍你時（就像桑德伯格第一次對我說我一直說「嗯」時我的反應），你知道你必須在徹底坦率架構中的「直接挑戰」更進一步。但是，當對方難過或憤怒時，請把焦點放在展現你對個人的關懷上，不要因為情緒而打消了善意、馬上跳入直接挑戰。

可惜的是，面對面提供指引不見得一定可行。若不可行，請記住以下幾點。

**立即vs.面對面**　如果對方在另一個城市，親自提出指引得等上好幾天，那就設法找到立即給予指引的最佳方式，除非你要談的是重要事件（不要用簡訊開除員工）。如果對方在走廊的另一頭，你走幾步路就能做到面對面提供指引 —— 請勞駕！

**溝通模式有不同的層級**　如果你有高速網路，視訊會議是次佳選擇。如果網路斷斷續續，語音的部分就用電話，影像為輔，把電腦關成靜音。電話是第三選項。盡可能避免用電子郵件與簡訊。大家都覺得發電子郵件或簡訊快很多，但當我想到我每次必須花好幾個小時釐清電子郵件引起的誤解，我就知道穿過走廊或是打個電話，其實還比較快。

**多重模式**　我發現，在公開的全員大會上讚美員工，是分享重大成就的好方法；在一對一會談中面對面徵詢進度，通常要承擔較多的情緒負擔；發電子郵件給整個團隊進行追蹤持續，效果最強。

**使用「全部回覆」功能時該做與不該做的事**　如果你必須用電子郵件批評或糾正某個人，不要使用「全部回覆」。絕對不要。就算這件事是不太重要的客觀事實錯誤、而且很多人早就知道了，也請你只回覆給犯下這個客觀事實錯誤的人，但要求此人使用「全部回覆」。如果是用來讚美小事情，我發現快快發出一封「全部回覆」的電子郵件效果很好。這樣表達讚美只須一點時間，但可證明你有注意到周遭的情況，而且深感欣慰。如果你在走廊上碰到當事人，或經過他們的辦公桌旁時，記得當面提一提，那會更好。但記住，不要讓完美主義防礙你讚美他人。

**人在遠方時會很困難**　如果你身在遠端的辦事處，或者你管理的人在遠端的辦事處，快速、頻繁的交流就真的很重要，這會讓你能夠掌握對方最細微的情緒線索。我從莫里斯．譚波士曼身上學到這一點；我住在俄羅斯時，他是我的主管。他每天都在固定時間從紐約打電話給我，就算只是短短三分鐘的問候電話也好。一九七〇年代時他曾在非洲營運，了解透過經常性的溝通來掌握遠端人員的情緒線索有多重要。事實上，他說，就算連打電話都辦不到、僅能仰賴電傳（telex），他也可以感受到對方的情緒，但前提是他已經養成每天發電傳的習慣。（電傳是介於電報和傳真之間使用的科技。）

## 公開讚美，私下批評

提供指引有一條非常好用的基本原則：公開讚美、私下批評。公開批評通常會引發自衛反應，讓對方難以接受自己犯了錯，更難從中學習。公開讚美多半會讓讚美更具分量，並鼓勵他人效法好表現。然而，這是一條基本原則，不是牢不可破的規定，以下是你要思考的一些其他因素。

**修正、事實觀察、歧見與辯證，都不算批評**　能夠公開修正別人的工作成果、做出適時觀察或進行辯證是很重要的，但如果要批評人，就應該私下進行；比方說，「第六張投影片有個錯字」、「簡報裡錯字很多，就我們的工作性質來看，我們必須做到完全正確」、「內容裡有些錯字，但在這個階段沒關係」、「你還差五%才能達成目標」，或「我不同意你剛剛說的話」等等，這類修正就用電子郵件傳達或是在公開會議上說出來。

以下則是批評的範例：「你做了幾次的簡報，裡面有很多用拼字檢查就能找到的錯誤，我在想，到底發生了什麼事。你可以說明嗎？」這就是需要私下講的議題了。

**適應個人偏好**　雖然多數人喜歡公開接受讚美，但對有些人來說，公開被點名有如酷刑。讚美人時，你的目標是要盡量讓對方知道他們有哪些事情做得很好，並以讓他們覺得最舒服的方式表達，而不是你想聽到的方式。如果你對每一位部屬都做到個人關懷，如果你花時間去了解每一個人，你就知道這些偏好都是天生的。

**團體學習**　我很少看到願意承認自己喜歡公開接受讚美的人。因此，每當我要公開表揚時，我都會先說我這麼做並不是因為當事人想要在大庭廣眾之下被人讚美，而是因為大家都應該從這些良好表現當中學習。我的用語大致如下：「我並不想讓珍難為情，但我想確定每一個人都能從她的表現當中有所學習，所以我才要讓大家知道，她有哪些成就，以及她如何辦到。」當我要鼓勵公開批評、讓大家都能彼此的錯誤中學習時，我會讓當事人自行提報（請見本章稍後的「彆腳猴」。）

## 不要針對個人

在表達讚美與提出批評時，個人關懷和針對個人是兩回事。個人關懷是好事，針對個人是壞事。以下有些訣竅可以幫助你避免針對個人，同時在對方認為你的話是針對個人時不對事實，坦然看待。

**「基本歸因謬誤」有損指引的功效**　提出基本歸因謬誤一詞的，是史丹佛大學的社會心理學家李伊・羅斯（Lee

Ross）。我們已經談過基本歸因謬誤的問題，但再說一次也無妨，因為無論是夫妻、親子、朋友，還是主管與部屬之間，對於人類的任何關係來說，不犯下基本歸因謬誤都是關係健全度的核心。所謂犯下基本歸因謬誤是指，利用認知中的人格特質（比方說，「你很愚蠢、懶惰、貪婪、自誇、是個大渾蛋」）來解釋一個人的行為，而不去考量對方本身的行為及／或情境因素可能才是導致對方所做所為的真正理由。

基本歸因謬誤是一大問題，因為（一）歸因通常都不對，而且（二）基本歸因謬誤會讓本來可解決的問題變成難以修補，因為要改變核心人格特質很困難且耗時。我在第二章中提過，AdSense的政策問題不在於佩吉很貪婪，而是因為我根本不懂他的提案，但在那個當下，指控佩吉貪婪比較輕鬆，也比較容易讓人滿意。

請嘗試去注意自己想到或說到「你這個人很……」的時候，使用「情境界定、行為描述、行動衝擊」或是「左手欄」等技巧，試著謙虛並避免針對個人。

**請說「這麼做是錯的」，不要說「你錯了」** 我曾經和一位徹底坦率的人共事，他背著渾蛋的惡名，這很不公平。一旦和他熟了之後，大家就會知道他不是壞人，只是個性非常緊繃；事實上，他非常關心同事，不下於他對於共事成果品質的關心。他的表現絕佳，短期的壞形象阻止不了他有所成就。但是，他會以錯誤的方法激怒別人，這一點替他和團隊製造了許多不必要的壓力。我從紐約搬到加州後，好多年沒和他聯絡，後來碰巧遇見一個剛剛加入他團隊的新人。我先做好了心理準備，才開口問對方和他共事有何感想，然而，我聽到的說法是：「喔，他真是個好人！我很喜歡和他合作。他可說是全公司最願意支持別人的人了。」我打電話給我的朋友，把對方的美言說給他聽，並問他是怎麼甩掉惡名的。他告訴我，一個很簡單的建議幫助他扭轉乾坤。是什麼？他不再說「你錯了」，改為學著說「我認為這件事錯了」。「我認為」很謙虛，還有，改說「這件事」錯了而不是「你」錯了，就不是針對個人了。大家開始更能接受他的批評。

太常見的情況是，本來很單純的事引發爭論（比方說，「我們要往左還是往右？我們要按上面的按鈕，還是下面的按鈕？」），變成了意氣之爭（「你這個笨蛋！你這自大的王八蛋！」）。爭辯的重點若是議題，就請嚴守在議題上。不必要地針對個人，只會讓問題更難解。

**「我不是針對你」這句話不僅無用，還很糟糕**　我之前提出警告，建議不要針對個人，但即便你確實遵循前述所有建議，即便你沒有針對個人，但對於接受回饋的人來說，這些回饋意見確實是針對他個人的。多數人投注在工作的時間精力遠超過生活中的其他事物，工作是我們這個人的一部分，因此是很個人的。所以，你以為自己是要減緩衝擊而講出「我不是針對你」，其實是否定了人對於工作的感情。這就好像你在說「不要難過」或「不要生氣」的意思一樣。身為主管（以及身為人），你的工作有一部分是認知並因應別人的情緒反應，不要駁斥或逃避。

**實際上很個人時，如何不針對個人**　如果談的是一個人的工作，較容易理解如何避免在指引中針對個人，但如果你談的是比較個人面的事，那就困難多了。我曾和一位有體臭的女士共事，問題已經嚴重到有礙她的工作成效。但這種事要怎麼點破呢？我很努力把對話鎖定在她的同事的鼻子，而非她的腋窩。她不是美國人，但我們在美國工作，所以我先針對美國文化開了點小玩笑。我設法不要規定她用哪些方法解決（她可能對體香劑過敏，或有健康上的疑慮），但我說的很清楚，現狀已經有損她的績效；她本來應該可以表現出色。她看來很尷尬，但著手解決問題。五年後，她寫信感謝我。現在身為主管的她，也面臨類似的問題，她終於知道，對我來說，要把問題講出來有多困難。但她也注意到，當她處理掉體味的問題之後，大家都更願意和她合作。因此，她知道克服自己對開口的抗拒心理非常重要，也找到方法向她的直屬部屬說明問題所在。

## 找出基準線，追蹤改善狀況

我一直強調，提供的指引到底是不是徹底坦率的建議，是由聽話者的耳朵決定，而不是說話者的嘴。但說話的人怎麼知道聽話的人聽進去哪些話？你真的有需要針對你提供的指引獲得指引嗎？壞消息是，是的。好消息是，這件事僅需十五秒。

| 指引 | 讚美 | 批評 |
|---|---|---|
| 徵求 | ✔ | ✔ |
| 提供 | ✔ | ✔ |
| 鼓勵 | | |

如果有蛛絲馬跡能讓你知道自己何時邁向、何時又偏離徹底坦率象限，這種看得見的線索非常寶貴。要更接近徹底坦率，最有效的方法之一，就是向團隊說明這套架構，並請他們每個星期都要評量你給的指引。長期追蹤你的進度，看看你是偏向、還是偏離徹底坦率？

我們可以用一種低科技的方法來做，就是在辦公桌附近放一張架構圖，附近再放上幾張貼紙，用一個顏色代表讚美，另一個顏色代表批評。請員工把貼紙貼在他們認為最適合用來描述你們近期交流的象限。如果某人覺得你太過嚴格沒有必要，應該把批評的貼紙貼在「惡意攻擊」象限。如果他們覺得你太過含蓄，就貼在「濫情同理」象限。如果他們覺得你為了讓他們好過而說太多無意義的「太棒了」、「做得好」或「你太讓我驕傲了」這種話，他們會把讚美貼紙貼在「濫情同理」象限。如果他們覺得你口頭上說「做得很好」、但卻對別人說「其實很糟」，那他們就會把讚美貼紙貼在「虛與委蛇」象限。

這套紙本貼紙法有個問題，那就是當一個人看到他人如何衡量你的回饋意見時，很可能就會在無意中造成影響。他們也會跟從。而且，叫大家走近你的辦公桌或辦公室貼貼紙，有點奇怪。貼貼紙的新鮮感很快會消失。大家不會為了貼紙一直往你的辦公桌跑。當然，有一套應用程式可以解決你的問題:)，請上網搜尋（radicalcandor.com）。

不論你用的是紙本加貼紙，還是應用程式，請團隊衡量你的指引有助於讓大家自然熟悉徹底坦率的指引。（我看過這樣的效果在蘋果公司發酵；我們把徹底坦率的架構印在美麗的卡紙上，許多經理人都貼在辦公桌附近。）

其一，這可以讓大家每天都接觸到徹底坦率的架構，幫助他們理解你在挑戰他們是因為你在乎，而不是因為你想要讓他們生活悲慘。其二，當你們有共同的語言，同事就比較可能要求你以徹底坦率的態度行事，這樣一來，就比較容易克服「不是好話不出口」症候群。其三，看得見的線索是提醒，你因為當下很激動而被拉往反方向時，線索能幫助你堅持徹底坦率。就我的經驗來說，多數主管害怕變成渾蛋，而員工害怕主管不直接把話說出來。當主管明確看到員工希望聽到他們有話直說，會比較容易照辦。其四，如果你要求部屬開誠布公，但他們不要，或者，他們以匿名的方式在各種應用程式上提出評等，這就是很明確的信號，代表他們不相信你會妥善回應。你需要先向團隊證明，他們不會因為批評你而受到懲罰，你必須先回頭努力徵求徹底坦率的指引。

舉例來說，如果你看到蠻多人把你的讚美和批評列在濫情同理象限，你就知道不管是批評還是讚美，你在直接挑戰這方面做得不夠，你要聚焦在表達讚美時要更具體、更誠懇，批評時要「直話直說」。初次嘗試時很可怕，但以我輔導過的人來說，試過後大部分都非常驚喜。他們做好準備直話直說，預期會引發最嚴重的情緒反應，換來的卻是對方的感謝。幾次之後，要做到徹底坦率就容易多了。

從濫情同理過渡到徹底坦率看來理所當然，而且相對輕鬆。從濫情同理直接轉入徹底坦率，馬上就感受到轉變之美妙。但有時候也有人為了想要做對而矯枉過正；他們必會先從濫情同理轉向他們最害怕的惡意攻擊，最後才能抵達徹底坦率。一般人一開始總是先以濫情同理的態度待人，主要理由就是他們不喜歡覺得自己是渾蛋，結果自己居然過渡到惡意攻擊，這種感覺很可怕。如果這說的就是你，不要絕望；實際上你正在往對的方向走，但務必不要停在這裡，請繼續努力往上走。

從濫情同理要走到徹底坦率，必須改變行為；改變行為絕非易事。而好消息是，這就好像刷牙一樣。如果小時候沒人教你刷牙，就算刷牙是一天兩次、每次短短幾分鐘的事，要養成習慣都需要費點勁。然而，一旦你習慣刷牙，沒刷你就會覺得怪怪的。如果你沒刷牙，你會晚上睡不著覺、白天出不了門。

為別人提供指引也會有高潮、低潮。有時候你會被家事壓得喘不過氣或因此分心，濫情同理及／或惡意攻擊將會趁機而入。你不必做到時時刻刻百分之百誠意正心。提供指引很難，而你總是要承受某些壓力，讓你做不到徹底坦率。你無法冀望「校正」自己一次之後就能自動運作；你必須管理自我，而且這是每天的功課。從他人身上看出端倪以了解自己是朝向或偏離徹底坦率，會很有幫助。

當一個人被評為虛與委蛇或惡意攻擊象限時，這很讓人難受。但這也是一種激勵，因為很少有人真的想要成為操弄他人或惡意行事的人。

如果你被評為「濫情同理」，同樣也很讓人難受，但這樣的評價其實很有用。設法提醒自己直接挑戰其實是很仁慈的事，這麼做可快速對行為造成重大影響。批評時「直話直說」、讚美時「具體明確」並沒有這麼困難。由於多數的管理錯誤都發生在濫情同理象限，身處在此象限的主管若能去衡量自己提供的指引，可快速提升部屬所得指引的質與量，同時推動你和整個文化邁向徹底坦率。如果有更多人能從濫情同理轉向徹底坦率，這個世界將會更有生產力、更快樂。惡意攻擊帶來的成就會高於濫情同理，但這樣的態度讓人非常不樂見。

最重要的，是找出他人對你的指引有何感受。請仔細傾聽，了解他們對於你提出的指引有什麼感覺。幫助他們理解，你挑戰他們是因為你不僅在乎他們的專業成長，更在乎他們這個人。如果能有常設的視覺化提示工具，讓你知道別人如何看待你的指引，大有益處。

## 以徹底坦率面對主管

我最近在一場演說中談到，徹底坦率不僅是主管的工作，更是道德責任。幾天後，有個看到這場演說的人發推文給我：「試過以徹底坦率對待我的主管。被開除。」我覺得很難過，於是提議幫他找工作。他要我安心，一切都好，他也有好幾個工作機會。

但請讓我說清楚。如果你並非擔任握有權威的職位，我還是會建議你試著以徹底坦率行事，但是請步步為營。如果代價是要賠上工作，批評你的主管就不是你的道德責任。如果你發現無法以徹底坦率的方式面對主管，我建議你另謀高就，另外找個新主管。但你要根據自身的條件行事，不要被開除了。請保護自己。

你要如何安全地練習用徹底坦率的態度面對主管？你必須獲得主管的允許，才能開始嘗試嗎？由於我相信單方面的權威並無效果，因此，無須訝異，我的答案是「否」。請你先發主動。等你開始推動以徹底坦率對待團隊並展現出色成果，你就可以向主管說明你在做什麼，以及理由是什麼。讓你的主管有機會挑戰你，但請假設對方是善意的。如果你得到正面的訊息，請挺身而進，並提出指引。

幸好，若要以徹底坦率的態度面對主管，你可以大致套用你和團隊相處的模式。先請對方提供指引，你再提出。你會希望確定自己理解對方的觀點，才開始提出讚美或批評，無論對方是主管、員工、同儕還是生活中的任何其他人，都是一樣。當你得到指引，不要評論你獲得的指教，也不要接受無謂的讚美；如果你能得到坦率的意見，把重點放在獎勵上，如果不能，則坦然面對不安的感覺。如果你的主管已經在推動徹底坦率這套做法，並明確請你衡量他們提供的意見，此時就是「別評論批評」這條基本法則的例外。如果主管是濫情同理的人，你可以要求他衡量你的意見，並請他秉持坦率的態度。

接下來（如果你是和主管對話，而不是部屬，這裡就是稍微要修正之處），要求主管許可你提供指引。你可以這麼說：「如果我對你說我對這件事的看法，會有幫助嗎？」如果主管說不，或者他說這不關你的事，那就放下，動手編修你的履歷！如果主管說是，請先從小處著手，然後慢慢觀察對方有什麼反應。如果他們的反應很好而且對坦率持定態度，那就繼續。若否，那就馬上放棄，不然對方會假設你意圖不軌。小心地再試一次，如果你又得到相同的反應，可能就是該繼續前進的時候了。你應該找個更好的主管。

為主管提供指引時，也請運用前述的訣竅：伸出援手、要謙虛、要馬上做而且面對面、公開讚美（前提是不能讓人看起來是在拍馬屁）並私下批評，而且不要針對個人。

有能力以開誠布公的態度與主管相處，對於你的成功來說至為重要。身為中階主管，最困難的一件事之一，就是你最後常要為你不認同的行政決策負責（由於多數執行長要向董事會報告，這一點可說是適用於所有的主管與中階主管）。這會讓人覺得進退兩難。如果你對團隊說你同意這些決策，大家會覺得你在說謊，或者，至少讓人覺得很不實在。如果你對團隊說你不同意，大家又會覺得你軟弱、不服從，或兩者皆是。

徹底坦率可讓你跳脫這種兩難局面。如果你能告訴主管你不同意某項決策，至少你們可以進行一場對話，讓你更了解背後的道理何在。一旦你更深入了解原由，你就可以向團隊說明，就算你不同意也無妨。當同仁問：「為什麼我們要做這件事？我們認為這毫無意義，你沒有爭辯嗎？」那你就可以回答：「我懂你的觀點。沒錯，我確實有機會爭辯。我當時是這麼說的，而就我了解，我們是因為以下理由才去做這件事。」如果他們堅持要你表態是否支持，你可以很坦白地說，你的主管聽到你的觀點，你曾有機會挑戰這些決策，但現在該全心投入不同的行動方針，即便那不是你支持的主張也一樣。

葛洛夫在英特爾有句名言，我們借來描述蘋果的領導：傾聽、挑戰、承諾（Listen, Challenge, Commit）。強大的領導者要虛懷若谷去傾聽，要自信滿滿去挑戰，要有智慧知道何時該停止爭辯、開始動手做。

## 性別與指引

無論是男性或女性，面對異性時都會更難提出指引，但難處不同。面對異性，偏見和所謂的「性別政治」都可能折損你為了做到徹底坦率而付出的心力。我之所以談到性別問題，是因為本書源出於我的親身經歷以及我身為白種女性的身分。但另外也有其他同樣重要的原因，以及其他身處跨越群組界線關係的經驗。

### 管理女性的男性可能較難做到徹底坦率

多數男性打從一出生就被訓練成要對女性要比對男性更「溫柔」，有時候這對於他們的女性部屬來說可能是很糟糕的事。我遇過最有魅力的男性主管總是非常不願意批評我，與他對待其他男性部屬時大不相同。他非常害怕會弄哭我。他讓很多男性部屬流下男兒淚，但他看來對此不太在意。我敢說，女性在職場上哭泣的頻率，並不會高於男性。我從沒看過相關數據，但根據經驗來看，男性也會哭，而且也常哭。然而，前述這位主管很怕批評團隊裡的女性，因為他很確定我們會哭出來，他的做法讓我覺得，他是用一種帶著自大與同情的心態，看扁女性。

我在這個議題上不想太過嚴苛。很多男性主管不願像批評男性部屬那般去批評女性部屬，但他們多半並非厭惡和女性打交道的人。如果你發現自己也不願批評女性，不要自責，但請記住，如果你是主管，管理你對眼淚的恐懼、批評女性時不要欲言又止，這是你的職責。批評是禮物，你要以平等的標準贈與男性與女性部屬。

某些男性之所以難以用徹底坦率的態度面對女性，「性別政治」是另一個理由。我最近和一位物理學教授談話，他有個學生不懂二次方程式（高中代數課上完之後我也不記得了，但我可不是主修物理）。教授很訝異，也不明白她怎麼會有這麼嚴重的學習落差，於是對她說，她要馬上去學。這番批評讓學生很憤怒，因此在教師評鑑表上給了他很低分。

這一開始不是性別議題。最初的問題是，這位年輕女學生就和很多人一樣，不習慣面對批評；《大西洋月刊》（*Atlantic*）裡有一篇名為〈呵護美國人的玻璃心〉（The Coddling of the American Mind）文章，詳盡探討了這個現象。

但教授的同仁（其中某些人是很善意的男性，盡力對性別議題保持敏銳度）卻任由這次的齟齬變成性別議題。忽然之間，對這家學院的教授而言，要求主修物理的學生去學二次方程式變成一件很危險的事。

這種情況不僅不利於這個抗拒去學習成功所必備知識的學生，也損及這位教授日後教的女學生。可想而知，與對待男性學生相較，他會更不願去批評女學生的學業表現。但要在所屬領域成長，這些年輕女子和她們的男性同儕一樣，都需要他的批評。這種情況對教授來說也好過。

前述情境描繪的是一股抗拒指引的趨勢，目前正在高等教育領域引發一場完美風暴，進一步吹進所有千禧世代任職的企業。如果教師和主管擔心遭到報復，唯恐告知學生或員工事實時被視為「造成威脅」或「騷擾」，那麼學校和企業都有麻煩了。這一點再加上性別政治，將重擊學習。現今「校園對話」的調性（或者說，缺乏校園對話）是否會適得其反，導致女性能接受的指導與學習減少？

二次方程式這個奇怪的範例很極端，但比較尋常的範例每天都有。而且不只是發生在大學生身上，也發生在自詡為數據導向、在企業工作的中年男女。

最近我和一位男性好友聊天，他是工程領域的領導者，我們談到科技界女性的問題。我建議他問問自己的一位女性部屬（多年來他支持並培養這位女性的職涯發展）她有什麼想法。他抬頭看我，一臉訝異。「我不能跟她談這個問題！」他驚呼道，而且對我會提這個建議感到萬分驚訝。

說這句話的，是一位不只不帶偏見、對於偏見非常敏感、決心消除偏見的男性。他會注意到連我都忽略的事情。因此，如果連他都不能和他熟悉的女性進行一場關於性別議題的徹底坦率對話，可以想見衝擊有多嚴重。但問題不在他，也不在他那位女性部屬身上。我認識他們兩位，我很確定，如果可以對話，對話一定會很精彩。問題在於性別議題的焦慮造成的普遍氛圍，讓每個人如履薄冰，避免去談重要事實。

我有另外一位男性同事最近陷入一場大風暴；他在職場上針對性別提出一項重要且理性的論點。他的用語被斷章取義，在媒體上延燒，更傳遍社交媒體。這位男士同樣也承諾要公平善待每個共事者，而且他固定會額外多花點精神支持女性同仁的事業發展。但是，在這場騷動之後，他決定再也不在公開場合談到性別議題。我不怪他。但是，對於性別這個在徹底坦率與公民對話都有其重要性的議題，這又是一次打擊；而我確信，他在這個議題的立場是對的。

我們必須停止性別政治。

## 性別偏見讓女性更難以展現徹底坦率

性別偏見讓女性難以展現徹底坦率的態度，無論面對男女皆然。女性常陷入一個常見的偏見，那就是：「強勢陷阱」（abrasive trap）。以下是我個人的「強勢陷阱」經歷。

有一天，我的主管把我叫進他的辦公室，問我熟不熟最近探討能力／討喜議題的文獻。我不熟；他直截了當地說，女性能力愈強，她的同事就愈不可能喜歡她。我的主管說，有幾個和我共事的人，可能基於性別偏見，就不太喜歡我。他不去要求這些人重新評估自己的態度，反而要求我努力提高我的「受喜愛程度」。

當然，我認為他應該處理性別偏見，而不是叫我努力，替痛恨我這麼能幹的人烤餅乾。但我熱愛這份工作，也和坐在我左右兩邊的男士是摯友，而且在內心深處，我知道有時候我可能帶有惡意攻擊的意味；我所見過的主管，落入「惡意攻擊」的頻率全都比他們想要的程度高一點。此外，我也知道是哪個同事不喜歡我，更清楚為何這件事會讓我的主管不自在。因此，我竭盡所能地與對方和平相處（不過，我沒烤杯子蛋糕）。

當主管再度把我叫進辦公室，我很確定我已經修正問題了。他說情況有好一點，但他有個想法可以完全治本。我洗耳恭聽。他的建議是什麼？把我降職。他說，這麼一來，我的同事就不會忌妒我位居高津了，我也比較容易「討喜」。不到三個星期，我就找到另一份更好的工作，打包走人。

我很幸運，這件事發生在我事業生涯稍晚期，那時我已經能有很多其他選項。如果早一點，我很可能會吞下降職以及隨之而來的苦澀，或者在還沒有找到其他工作之前就先離職，在事業發展上受挫。

姬蘭．施妮德（Kieran Snyder）是泰斯提歐（Textio）公司的共同創辦人，她將語言學分析套用到績效評鑑上，她發現，當女性直接挑戰時（她們必須做到這一點，才能有成就），會得到被評為「強勢」的懲罰（「強勢」這兩個字確實常常有人說出口）。女性身上的「強勢」標籤，由其他女性貼上的數量不下於男性。

施妮德針對她的發現寫了一篇文章刊登於《財富》（*Fortune*）雜誌，在我擔任顧問的幾家公司引發一些最長篇大論、最慷慨激昂的電子郵件討論。為何這篇文章會挑動這麼多人的神經？關於女性如何因太能幹而被別人稱之為強勢、缺乏親和力，以及她們為此付出了多少情緒上與專業上的代價，我認識的每一位女性專業人士都有一部斑斑血淚史可講。

讓我們來看一個純理論的案例，看看為何「強勢」的標籤會讓女性裹足不前，因此導致女性領導人的人數偏少，就算在一開始講究男女各半以達成平衡的組織，也無法避免。我們來看看施妮德的例子，她以兩位都同樣位處高階的同事為例。以下是這兩位的直屬部屬給他們的回饋意見：

- 「潔西卡真的很有才華，但我希望她不要這麼強勢，她太強悍了。」
- 「史帝夫很聰明，是很好的共事對象。他需要學著更有耐性一些，但每一個人不是都這樣嗎？」

這些評語會轉化成績效評分，評分則會影響升遷。讓我們假設由於部屬說潔西卡「強勢」，因此她的績效評分略低於史帝夫。只是一季的話，可能沒什麼問題。但是一次又一次稍低的評分，最後會害得潔西卡將升遷機會拱手讓人。就算並未因此拉低評分，但選擇拔擢與領導職務時，很多時候也是取決於「親和力」。

當偏見長期發酵，就會嚴重衝擊女性在領導上的表現。研究人員進行模擬，想知道如果偏見只稍微影響評分，幾年長期下來會對升遷造成什麼影響。如果性別偏見對於績效評分造成了五％的影響，而組織在一開始時基層職位有五八％由女性擔任，到最後，領導職中僅會有二九％為女性*。

當然，這只是全局中的一部分。讓我們來看看，長期來說，潔西卡的個人職涯受到什麼影響。如果發生在早期，即便有人指她「強勢」，她或許還是獲得升遷，但可能會「落後」史帝夫一、兩年。往前快轉五到七年。此時，史帝夫已經比潔西卡高兩級了。由於每一次加薪都會附帶大幅加薪，他的薪水很可能遠遠高過潔西卡。如果史帝夫和潔西卡共結連理，生了小孩，猜猜看誰的薪水對家庭所得來說比較重要？小孩生病時，誰又比較可能請假留在家？

但對潔西卡來說，這還不是最糟糕的。假設她很在意「強勢」的評語，因此不再直接挑戰部屬。她調整行為，讓自己更有親和力，但工作成效卻因此降低了。她不再秉持徹底坦率行事，因為這樣做害她被指稱惡意攻擊，因此她提供的回饋意見多半都是濫情同理或是虛與委蛇，這降低了她身為領導者的成效。因此，除了性別偏見之外，她還必須與真正的績效問題奮戰。在這種情況下，潔西卡絕對不可能超前。

---

* Martell, R.F., D.M. Lane, C. Emrich. “Male-female differences: A computer simulation.” *American Psychologist* 51, 2 (Feb. 1996).

她的挫折難以衡量，她判定，必須在討喜與成功中擇一，這是一場不值得參與的賽事，於是離開。

這樣的動態有些不同的版本，發生在每一位我所認識女性的生命中。有些人可成功克服，但不管怎麼樣，我們都經歷過。我們也都必須阻止這種瘋狂的事。

## 你可以做什麼？

這些議題太難因應。許多男性（連真心想要處理性別批偏見的男性也一樣）理所當然判定，不值得冒險去討論任何和性別扯上一絲關係的議題。風險的源頭不必然是和他們共事的女性，有時候來自其他故意製造混亂、想要利用性別議題來推進自身事業發展的男性，有時候則來自熱心過頭的人力資源部門。偶爾風險來自於法律；法律在特定案例上常常可能有極不恰當的裁決。三不五時來自社交媒體的壓力，或是媒體的單方面說法也會造成風險；這些故事太常都是尋找腥羶材料的記者容易得手的報導。背景脈絡很重要，但是性別政治與性別偏見的脈絡難以碰觸，這對大家都不利。

不是非如此不可。關於一個人如何採取行動、好讓這類紛爭在自己每天工作的職場冷卻下來，我有一些想法。

## 男性：對待女性不要「手下留情」

如果你是男性、而且你擔心自己會因為掛懷性別政治或擔心女性同仁哭泣而手下留情，但你又認為要是能知道女性對於你的指引有何感受，這會很有幫助，那麼，請你直接開口問。試著運用徹底坦率的架構，提出意見時請說：「我試著用開誠布公的態度對你，我希望請教你對我提出的反饋意見有何看法。」藉此請她衡量你的讚美和批評。（就算你不擔心性別政治，找出答案也很好。）你可能根本沒有意識到自己對某些人很寬容，但對某些人則不然。

## 女性：要求他人批評

同樣的，如果你是女性、而且你擔心主管不太願意批評你的工作，讓他知道你想要得到更多回饋意見，會有幫助。

你可以說：「我可以做些什麼或別做些什麼，好讓你更容易用徹底坦率的態度對待我？」、「我擔心你太在乎我的感受、因此難以給我回饋意見幫助我進步」，或者「我最需要的，是你告訴我你的真心話。」然後打住，在心裡數到六秒。沉著面對此時的不安。盡你所能，導引你的男性同仁或主管說出坦誠的評語。請複習前面關於獲得指引的章節，並多加把勁！

## 男性與女性：<br>當你覺得一名女性「太強勢」，請思考……

當你提出認為對方「太強勢」的回饋意見時，請試著使用以下技巧確認你沒有陷入能幹／親和力困境的陷阱。還有，不要以為你也是女人就不會掉進陷阱！我發現，遺憾的是，男女兩性在這件事上同樣有責任！

**轉換性別**　做某件事情的人如果從女性換成男性,,你的評語會不會從「你太強勢」,變成「你真瞭解要怎樣做才能完成任務」?認真想像一下,團隊裡有個男同事,行事作風與這位女同事相同 —— 現在,你的反應是什麼?如果你的反應不同,那代表你陷入了上述的陷阱。

我認識兩位即興表演的演員,他們利用角色扮演在某些矽谷大企業幫助人們練習提供優質的指引,演練方式如下:在角色扮演時,他們都用「他媽的」一詞來講自己的「主管」。女演員使用這個詞時,學員(有男有女)的反應極為激烈,但男演員說出口時,大家眼睛都不眨一下。有位女學員不在乎男演員用這個詞,但是,當女演員這麼說時,她大喊:「我要炒了那賤人!」

**更具體**　「你太強勢」這種評語過於抽象,因此,常常受到「強勢陷阱」影響。如果你具體提出範例,證明這句話,更能釐清究竟這是真的問題,或者是你無意識的職場偏見。

**不要使用帶有性別偏見的語言**　注意你的遣詞用字。你是否會使用「強勢」、「尖聲尖氣」、「尖叫」或「愛發號施令」等很少用來形容男性主管的詞彙?如果是,你可能已經陷入陷阱。和科斯特洛共事時,我最欣賞他的一件事就是他會挑戰「強勢」這類用詞,尤其是在績效評鑑的時候。他常常注意到連我都忽略的細微之處。當他聽到帶有不當性別偏見的用詞時,他永遠都會點出來。

**永遠不要只是說「要多討喜一點」**　請確定你在處理問題時提供的建議是要具體協助女性改變行為、增進成效。並請記住，雖然性別偏見是赤裸裸的事實，但身為主管，你不應該要求女性避開問題以安度險境，你的職責是要協助整個團隊辨識並消除性別偏見：創造更公平的職場環境，不讓不公平的偏見傷害任何人的事業發展。

## 如果你是女性，有人說你「強勢」，請思考……

面對指稱你攻擊性太強、太強勢等批評，你在回應之前，請先想想以下幾條基本原則。

**請勿放棄直接挑戰**　被人指稱強勢（或更難聽的話）的女性，太常得到「放棄直接挑戰」的建議。這十之八九是錯的。你必須做到能直接挑戰才會有成就。

**要關懷別人，但請殺掉天使**　為了提升「個人關懷」面向，屢見不鮮的情況是，女性花掉太多精力收做辦公室雜務，要不然就是變成「職場上的天使」〔借用維吉妮亞・吳爾芙（Virginia Woolf）的話，不過她說的是「家裡的天使」〕。如果你不想做，你就不用烤蛋糕、煮咖啡，不用負責影印，也不用在男性同事都穿著牛仔褲和公司T恤時還花錢花時間打點自己的穿著。

**前述的能幹／親和力研究並沒說身為女性就一定不會越分**　請記住，你很可能確實很討人厭。不要成為辦公室裡的天使，但請抱持開放的態度，面對你有可能真的在不必要的情況下傷害了某些人。

**媚上欺下是錯的，但並不表示反其道而行就是對的**　我輔導過很多、很多和我犯下相同錯誤的女性，我指的是我第二章提到我發給佩吉的「群組」電子郵件事件。這些女性以坦率的態度對待自己的團隊，但惡意攻擊對待主管。我手邊沒有研究證明有這種行為的女性多於男性，但以我個人的經驗來說也夠多了，所以我在這裡特別提出。

**不要貶低男性**　我對我父親說，主管提議我降職，以避開能幹／討喜的陷阱，他問我這是什麼意思？我把如今已經惡名昭彰的「海蒂・羅伊森／豪爾・羅伊森」（Heidi／Howard Roizen）案例講給他聽；這個案例是說，一位商學院教授把同樣的案例研究分別交給兩班的學生，探討企業家海蒂・羅伊森在真實人生中的真實奮鬥故事；他對其中一班動了手腳，把主角的性別改掉了。他後來對學生做調查，他們都認為海蒂和豪爾很能幹，但是海蒂是賤人，而豪爾是偉人。（這是我自己的用詞！）

我父親回答：「好，我懂你的意思了。我曾經和許多強悍的女性共事，但她們根本不需要做到這樣。」我父親是我認識的人當中最聰明的人之一，他一路支持我的雄心壯志與我的事業發展，打從我十歲開始，他就帶著我每天晚上用望遠鏡看星星，希望我成為天文學家。但他的智慧、他對我的愛或是他願我成功的渴望都不足以平息他無意識的偏見，他還是一腳就踏進了能幹／親和力的陷阱。我又對他說了一次，我們兩個都大笑。還好，他是我爸，而且我也知道他有多關心我。但如果他是別的男人，我很可能會想犯下基本歸因謬誤：把他貶低為沒救的人、厭女、性別歧視的豬或什麼別的。別這麼做，因為這無助於你解決問題。請直接挑戰，並證明你關懷個人，一直到他們理解為止。

## 正式績效評核

若說績效評核比根管治療還痛苦，其實也不為過，但在這個比喻裡，醫師面對的痛苦，可能和病患相去不遠。某種程度上，這是免不了的。如果你像我一樣，反射性地懷疑這類流程是否太過於制式、太過做作而且太沒人性，你對它們就不會寄予期待。

| 指引 | 讚美 | 批評 |
| --- | --- | --- |
| 徵求 | ✔ | ✔ |
| 提供 | ✔ | ✔ |
| 鼓勵 | | |

正因如此，奇異（基本上，績效評核可說是奇異公司的發明）以及多家企業都在廢除這類制度。只要這些企業採用具體的方法營造能提供良好指引的文化，只要它們能找到其他方法，針對誰應該加薪、誰應拿獎金做出合理的決策，並有透明的升遷制度，廢除績效評核可能有用。如果你的公司沒有正式的績效評核制度，在當下提出指引這方面就要加倍努力，這一點非常重要。

但如果你的公司有績效評核制度，不要不假思索就認為這沒用。我一發現，有評比的正式績效評核制度，有時可以澄清許多事，當下提出的反饋意見卻無法解釋清楚。假設你對一位直屬部屬說，他的負面態度影響了他跨部門合作的能力。他或許會聽你說，但可能不了解事情的嚴重性，直到拿到低分評等才會恍然大悟。績效評等傳達的錯誤溝通訊息，總是讓我感到十分訝異。如果做得正確，績效評核可以成為大好機會，讓你提升指引品質。

「如果做得正確」是讓績效評核能發揮作用的一大關鍵。如果你的公司有正式的績效評核流程，我提出以下幾點建議，助你做好績效評核。

**過程不要有意外**　正式績效評核過程絕對不應該出現任何意外之事；如果你勤於經常在當下提出指引，就能大大降低發生這種事的機率。

**不可仰賴你自己的單方面判斷**　就算公司並未要求你執行三百六十度評鑑流程，以從中了解其他人對你的直屬部屬績效有何看法，你還是可以做個合理性查核。我認識的一位主管就是這麼做，他要求每個成員用「✓－」、「✓」、「✓＋」來替其他人評分。如果多數人都得到「✓」，就不用再深談。如果有人給某同仁「✓－」或「✓＋」，他就會再多問幾個問題。他只要在每年兩次的員工一對一面談（在正式績效評核前）上花約五分鐘，就能做好適當的合理性查核，確認自己做到公平，並參考了廣泛意見。理想上，績效評分應該透明，而且都有因可循。他沒有時間打造一套完美的制度，但由於每位員工都知道他這麼做的理由何在，所以將某個人評為「✓－」並不會讓當事人覺得自己是在「打小報告」。

**先針對自己徵求回饋意見**　我在評鑑直屬部屬的績效之前，會邀請他們每一個人先評鑑我，這樣做很有用。這麼做的主要益處，是能讓評鑑更像是雙向對話，而非傲慢的單向判斷。還有，我評鑑他人時先拿到自己的評分，我就能在評鑑每一位部屬前先了解他們怎麼想。有時候，這會讓我重新評估我原本打算要提的內容，或是打算使用的方式。

**寫下來**　寫下來花心力也花時間，因此很多企業並未要求提出書面考評。但我有好幾次因為寫下內容而改動了評鑑。我自認知道在考評時想說什麼，但當我開始寫下來，反思之後才發現情況微妙得多。先花時間寫下你的想法，可以讓你免於在評核期間或提出報告之後卻要撤回的尷尬。

我也發現，把內容寫下來之後，我幾乎不可能在評核當中因為太害怕而講不出口。考評過程中有時候情緒會高張，你會很想退回濫情同理就算了。如果我事先記下非常重要的批評意見，會更接近徹底坦率。

最後，書面考評是很有用的方法，能在之後幫助人們釐清開會時提出的各項要點。績效評核當中會有很多尷尬的場面需要消化，有份可供日後回顧的文件，大有幫助。在實際評核之後，我把桑德伯格寫給我的績效評鑑放在公事包裡好幾個月，藉此自我提醒還有哪些需要努力之處。

**關於何時該遞出書面評核，要審慎決定**　這件事沒有所謂最佳時機。如果員工能先知道評核的內容，他們比較能夠進行有益的對話。一般來說，喜歡做好準備的人都痛恨意外，你可以在評核的前一晚先發給這類人。但也有些人會過度解讀你寫的內容，因此，當他們在讀的時候，你最好在場，這樣才有機會釐清。如果你寫了：「你在最後一分鐘才取消工作人員會議，這讓你的團隊感到挫折。」他們可能會把這段話解釋成：「我的隊友恨我，我很可能明天就被開除了。」面對傾向於出現這種反應的人，你需要以口頭提出評核，反覆查核對方的理解度，之後再提供書面內容。你要把書面考評交給這些人，在他們坐下來讀時離開去喝杯茶，之後再回來繼續對話。無論你決定如何提出評核，請堅守徹底坦率的態度，並確認對方完全理解你所說的話。

**安排至少五十分鐘的面對面談話，評核時也不要一個接一個**　過去我總是想安排一場接一場的考評會談，每個人談三十分鐘，快快全部解決。但每當我用這種方法做事，結果總是很糟糕。對話時間通常長過預期，因此我的辦公室外面會排了一排等著接受考核的員工。這會浪費大家的時間（這是主管的罪過），更讓大家湧現不必要的緊張。就算我把時間排長一點，一個接一個仍是很糟糕的安排。這類談話通常很費神，我總是需要十分鐘以上的休息時間才能進行下一場。

**花一半的時間回顧（診斷），一半的時間前瞻（規劃）**撰寫績效評核時，我會把焦點放在極詳盡地釐清每位員工上一季／上半年／去年做了哪些事。但如果是在對話時，我會把花在討論過去的時間盡力控制到不超過一半，因為更重要的是激勵員工努力未來。我不提計畫；我要求員工自己提。他們如何以現有的成就為基礎來創造更大的成就？或者，他們如何因應績效不彰的部分？鎖定未來，可挫一挫過去表現良好、只想依賴往日功績的員工銳氣，也能防範過去表現不佳的員工陷入絕望。根據考核結果把焦點放在每一個人計畫採取哪些不同的行動，也是確認理解的好方法；我通常以為我說的很清楚，但當我聽到他們根據評核結果所做出來的計畫時，才明白他們並不了解。

**安排定期查核以評估計畫執行進度**　一旦我做完評核員工的績效並協助他們提出規劃，重要的事就變成要落實計畫，我會規劃定期查核時間並標示在我的行事曆上。這類任務的形式通常很簡單，就是未來幾次一對一會談時的一項議程，由這位員工向我報告。但追蹤進度很重要。

**在績效評核之後發出評等／獎酬通知**　如果你的公司會發出正式的績效評等及／或與評等連動的獎酬，你須要想清楚如何針對這些資訊安排順序，之後再提供給員工。很多人在意評等如何影響薪酬，所以在績效評核當中難以進行真正的對話。也因此，將兩者分開、並在對話之後才發出評等／薪酬相關資訊，會很有幫助。我發現，如果我一開始就先宣布評等，正在接受考評的員工常常就聽不進去我要說的其他內容。有時候，這表示要在對話結束時再告知他們評等與獎酬。有時候我會拖個一、兩天，要求員工先提出他們的想法及對未來的計畫。很多企業將「發展對話」和「評等對話」分開，相差一、兩季或更久，這沒問題，但前提是不能以「發展對話」取代經常性的當下指引；每個星期應該都要提出當下指引。

## 防範傷人暗箭

要營造讓徹底坦率戰勝過操弄權謀、胡說八道的環境，

| 指引 | 讚美 | 批評 |
|---|---|---|
| 徵求 | | |
| 提供 | | |
| 鼓勵 | | ✔ |

最重要的方法之一，就是絕對不讓團隊裡任何人跑來你面前在背地裡說長道短。如果你覺得從同理心的角度來說必須去聽，實際上卻是攪動了辦公室的茶壺風暴。你應該採取相反的做法，堅持他們直接對談，而且你不要在場。但願他們能找出解決方法。但如果沒辦法，你就要安排一場三方對話，面對面是最理想的形式，最不濟也必須靠電話。這必須是當場對話（亦即，不可透過電子郵件或簡訊）。對話時，請幫助他們得出雙方都能理解與實行的解決方案。我曾讀過一篇文章，寫到有一位執行長在兩位員工需要他介入時，直接代雙方想出一套最糟糕的解決方案。他提出方案的理由，是因為他討厭調停紛爭；但方案造成的結果是激化衝突，而非減緩。當員工帶著他們無法化解的衝突來找你，你的任務是要提供支援，而非懲罰。開放、公正且迅速的調解紛爭，是你必須為直屬部屬提供的服務之一。

## 同儕指引

請記住，好的指引應該以對話方式、面對面提出。現在出現很多工具保證可以完全替代親自提供指引：請所有員工（使用者）使用工具系統寫下短句，之後系統會發送、記錄文句，然後做出相關分析。這類工具看起來很時髦，但以培養關係來說，這個方向可說是大錯特錯，如同用簡訊分手。身為主管，重要的是要鼓勵團隊花時間和彼此交談。

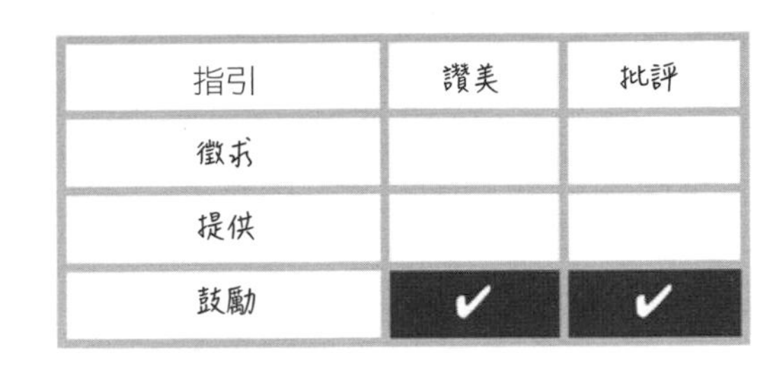

| 指引 | 讚美 | 批評 |
| --- | --- | --- |
| 徵求 | | |
| 提供 | | |
| 鼓勵 | ✔ | ✔ |

## 「彎腳猴」

一九九〇年代，我曾任職於一家新創公司，當時的技術長是丹恩．伍德斯（Dan Woods），他開發出一套我生平所見最不科技、最便宜也最有效的系統，用以鼓勵團隊互相讚美與批評。這套系統裡有兩隻填充玩具：一頭鯨魚和一隻猴子。在每一次的全員大會上，他會請大家互相提名，看看當週誰拿到「大虎鯨」。他的規則是，讓團隊裡的人站起來講一講他們看到某位同仁所做的出色工作。由前一週的大虎鯨得主判定本週該由誰能抱走大虎鯨。接下來，大家會角逐「彎腳猴」。如果當週有誰搞砸了，可以自己站起來自白，請大家原諒，並幫助他人不要重蹈覆轍。我們剛開始在喬思與Google推行此法時，只得到一片沉默，靜到可以聽見蟲吟蛙鳴。我不知道還能做什麼，於是放了一張二十美元的鈔票在彎腳猴頭上。一旦同仁可以假裝他們想爭取的是那張鈔票，並不想要我手上這隻讓人傷心的填充動物，故事就出現了。這套系統不僅使得犯錯變得安全（因此，有助於創新），也加速解決本來可能會更惡化的問題。我有一次就從中發現我有一位同仁嚴重冒犯一位高階主管，嚴重到我必須做一點損害控制。我認識那位高階主管，而且我也可以幫上忙。另外一次，我藉此知道我的團隊所犯的錯，讓客戶大動肝火，急需安撫。我認識那位客戶，我聽到問題時發現我可以幫上忙。大虎鯨和彎腳猴導引出的故事，成為我最喜歡的全員大會內容。所有人在這十五分鐘裡都學到很多。當然，這套做法並非一體適用。舉例來說，蘋果奉行「三思而後行」，和Google的「推出後再琢磨」原則很不同。像「彎腳猴」這類做法會讓人覺得像是誇大不實的廣告，而且，填充玩具絕對不符合蘋果的設計美學！

在某些產業，比方說航空業，分享錯誤非常重要，嘲弄「彎腳猴」這類做法是不當之舉。若機師犯了錯，可能要賠上千百條人命。但機師也是凡人，也會犯錯。他們從彼此的錯誤當中學到愈多，航空旅遊就愈安全。美國聯邦航空總署（Federal Aviation Administration，FAA）希望找到方法，導引機師在近期的錯誤或空難之後分享資訊。由於航空總署有權吊銷機師執照，機師不太可能樂於主動招出自己犯的錯。因此，該署出資推動一項計畫，由太空總署（NASA）負責管理：飛安自願報告系統（Aviation Safety Reporting System）。由退休的機師與牽涉飛安事件的機師會談，設法釐清事實真相。只要機師並無疏忽或魯莽之嫌，就可以豁免，無須為錯誤受罰。這讓他們更覺安全、願意分享資訊，從而讓大眾能享受更安全的飛行旅途。

想像一下，若有一套類似的醫療安全自願報告系統，那會怎麼樣？如果我們不是去控告犯下無心之過的醫師，反倒是豁免其責，從中蒐集並分享資訊，然後想出方法協助其他醫師免於犯下相同的錯誤，那將如何？如果能讓醫師更安心為彼此提供指引、並從彼此的錯誤中學習，效果將極為強大。

### 同儕評量

要讓大家彼此對談，另一個好方法是向團隊說明徹底坦率的架構。說明你如何要求團隊評量你給他們的意見，好讓你能改進你提出的指引品質。鼓勵他們評量同儕提出的建議。共通的語言可以幫助你推進團隊文化。

## 對「大權在握」的人說實話

羅珊娜．葳爾絲（Roxane Wales）曾任職於太空總署，後來轉戰Google的學習與發展部門，她曾告訴我，任何身為主管的主管者都可以做一件很重要的事去扶植指引的文化：安排所謂的「跳級會議」。這種會議一年開一次就有效，開這類會議時，你要和在直屬部屬手下工作的同仁會面，但你的直屬部屬不得在場。然後，你要問問這些同仁，他們的主管如果去做或別做哪些事的話，將成為更好的主管。

| 指引 | 讚美 | 批評 |
| --- | --- | --- |
| 徵求 | | |
| 提供 | | |
| 鼓勵 | ✔ | ✔ |

這種會議聽起來階級意識超重，但我們就面對事實吧：「扁平」組織是一個迷思，階級是無可逃避的事實。若想降低階級在人與人之間造成的藩籬，最好的方法便是承認階級存在，並想出方法確定即使有層層的組織架構，每一個人仍能

覺得在人的層面上有平等的立足點。要確定每個人都能自在地「對大權在握的人說實話」。

跳級會議背後的論據是多數人都不願意批評主管。此外，主管（尤其是新手主管）都會在有意無意間設法壓抑批評，而不是鼓勵。察覺出什麼時候發生了這種情況並加以遏止，將可維繫徹底坦率的文化，並防止在壓制型主管手下工作的員工陷入悲慘世界。

召開跳級會議時必須非常謹慎小心，這很可能變成發牢騷時段，而你必須把話講得很清楚，你並沒有對他們的主管（即你的直屬部屬）未審先判，也不想聽到他們批判你的直屬部屬。這類會議的用意，是支援那些直屬於你的主管，而不是去傷害他們。為了提供支援，你需要知道他們何時搞砸了，並幫助他們因應。很重要的是，為了讓自己保持清醒理性，也為了能打造出徹底坦率的文化，不要讓這些會議變成鼓勵員工跑來找你、而不是直接和他們的主管對談。以下是我學到的幾條召開跳級會議基本原則。

**說明，證明，再說明**　向每一位直屬部屬說明，你安排這樣的會議，有兩個目的：（一）幫助他們每一位成為更好的主管，以及（二）確認他們團隊裡的每一位成員都能感到安心，願意直接對他們提出回饋意見。

證明你說到做到。一開始先請你的主管或有時間幫忙的人替你做一次跳級會議。如果你是執行長，可以請輔導教練、顧問或董事幫忙。

如果事先沒有獲得直屬部屬的同意，請勿召開跳級會議。你要請直屬於你的主管事先向他們的團隊說明整件事。務必讓每個人都理解，和你一起開這場會議是為了支持、而非攻擊他們的主管。之後，當你開始開會時，重述一次會議的目標是在幫助這些主管變得更好。提醒員工，會議目的在於營造適當的文化，讓大家都能自在地直接對主管提出意見，尤其是批評指教，而這場會議是邁向這個目標的一個步驟，而不是取代目標。

更重要的是，當你舉行跳級會議時，絕對不可以只挑出某些直屬部屬實施。一定要說清楚，這是例行流程，對象涵蓋全部有直屬部屬的主管。如果你僅針對有問題的團隊召開跳級會議，那麼，這類會議將會變成一種懲罰，而不是幫助主管培養管理技能、受歡迎的工具。

**確保跳級會議「不具名」** 務必確認每一個人都了解，雖然跳級會議的目的是要讓大家都能自在地針對主管提供直接反饋，但會議本身為「不具名」性質。會中提出的任何內容都會告知他們的主管，但不會提到發言者。

**做紀錄並出示紀錄** 出示你在會議期間所做的紀錄，讓與會者知道你會讓他們的主管知悉這些內容。鼓勵大家如果認為紀錄有不精確之處要說出來。有人發言時，務必更動紀錄，並要先確認都沒問題之後才可以繼續進行。重點是你要自己做紀錄，而不是請別人去做。首先，親自做紀錄可以顯示你的傾聽與投入。其次，這是讓你發現你是否有所誤解的好方法。

**啟動對談** 第一次開這種跳級會議時，通常都讓人非常尷尬。你必須非常努力去贏得每位與會者的信任。要讓大家開始發言，一般而言，從讚美開始最容易：「你的主管有哪些地方表現很好？」之後再問：「你的主管還有哪些地方可以更好？」最後則是：「哪些部分表現很糟？」當問題出現時，想辦法引導大家去思考解決方案，不要讓跳級會議變成抱怨大會。但是，如果你聽到很多苦水，請自我提醒這是好事，不是壞事。如果會議裡全是好話，你才是真的失敗。

**設定議題的先後順序** 一旦大家開始提出意見，請提醒員工提出的問題通常都多過可解決的問題。這類會議的目標是要讓情況好轉，追求完美是不切實際的目標。敦促與會者決定最重要的議題是哪些，並訂出先後順序。

**會議之後立即提出紀錄** 距會議結束約八分鐘時，請大家看一下會議紀錄，提醒大家你會馬上把這份文件交給他們的主管。這是讓對話聚焦並要大家為自己的建議負責的好方法。立即行動（也就是，從現在算起八分鐘後，你會把這份文件傳達給你們正在討論的對象）能比較不讓人覺得這場對話是在背後說人家壞話，這也代表你不用發送會議紀錄給每個人以確認大家都能接受，也不用記住之後要交給你的直屬部屬。你在會議裡就把這些事做完，就能省掉不必要的「下一步」——它們經常會占據你的思緒，或者也可能遭到遺漏。馬上送出會議紀錄，也能減緩接受評估對象的焦慮。他們會想要馬上知道大家說了什麼！

**確保你的直屬部屬做出改變，也傳達了改變** 當你的直屬部屬讀過你做的會議紀錄，就要針對每一點提出一、兩件他們馬上可以做的改變。這些絕對不可以是大而化之、模稜兩可的事，比方說「改善我們的關係」，比較好的回應是小而具體的行動，例如「以後我若要表示不同意，會面對面說，不會再用電子郵件」。鼓勵每位直屬部屬發送電子郵件給他們自己的團隊，說明他們了解哪些事，以及他們因此會有哪些不同的行動，並要他們把郵件副本也寄給你。之後，鼓勵他們在下一次的工作人員會議中追蹤進度，了解其他成員覺得到目前為止有那些改變。改變愈明顯愈好。在追蹤跳級會議進度時審核這些改變，鼓勵團隊告訴你，主管是否有所不同。如果團隊覺得沒有改變，或是跳級會議並沒有任何影響，請嚴肅以待。在最極端的情況下，你可能會想將這位主管調離團隊，可能是回到個人貢獻者類型的職務，可能去管理不同的團隊，也可能就此開除此人。

**每年開一次跳級會議，納入每一位直屬部屬**　跳級會議最大的問題是，當運作開始順暢之後，每個人都希望經常召開，你可能因此把跳級報告這種事變成常態。在Google時，有一陣子我覺得我每兩天就開一次跳級會議。跳級會議很花體力和注意力，如果太常開，會讓你耗盡心神。我建議每年開一次，而且納入每一位部屬。還有，如果你管理的是主管，要堅持他們也比照辦理。這樣一來，整套流程的規模就會縮小，假設你管理五位部屬，你花在跳級會議上的時間大約為每年七到八小時（針對每位部屬開一次一小時的跳級會議，每次跳級會議之後花半小時追蹤進度）。

## 跳級會議常見問題

我曾和幾十位初次管理主管的主管合作，這類跳級會議對他們來說永遠是興味與焦慮的來源。以下是一些大家最常問我的問題。

**如果整個團隊都對主管失去信心，該怎麼辦？** 這種事很少有；我開跳級會議很多年，只碰過三次。每一次，我一開始都先深入挖掘問題，到最後發現那位接受評估的主管根本不應該擔任管理者的工作。

**如果大家都不開口，那怎麼辦？** 由你破冰，開口說：「這麼說來，一切都很完美囉？」並試著找幾個你聽到的議題然後提出來。你可以問：「如果你可以改變一件事的話……」讓會議室裡的人輪流發言，並要在場的每一個人都回答。坦然面對尷尬氣氛！

**如果有人滔滔不絕，那怎麼辦？** 如果某個人獨占發言台，請仔細觀察大家的臉色。如果有人表現出非常同意或非常不同意的樣子，問問看他們的想法。如果有人看來一臉無聊，你可以問：「看來你對這個問題興趣缺缺。你有沒有其他想說的事？」如果提出的問題超過你能應付的範圍，就把對話的重點放在設定先後順序。提醒同仁江山易改，本性難移的現實。

**在輔助大家討論的這位主管與開放看待團隊的想法之間，如何取得適當的平衡？** 請小心行事，不要批判或捍衛你想針對其徵求回饋意見的那位主管。如果員工覺得你是在誘使他們說出懲罰這位主管的理由，大家可能會冷卻下來，或是把會議變成抱怨大會。請把話說清楚，你不是法官，你的角色是傳達反饋意見。如果你真的挖掘出嚴重問題，你要承諾一定會深入檢視。不要當場做出任何判斷。不要捍衛或中傷大家在討論的這位主管，但這不代表你不能對同仁的感覺感同身受。如果你說，「哇！我看得出來這樣壓力很大。聽到這件事我覺得很難過。來看看我們能做些什麼，以改善狀況。」這與「哇！你的主管真的是管到海邊去了。別擔心，我會阻止這種事。」兩者可說是天壤之別。

在執行這些建議時，成功的關鍵都是要回歸核心，而非一步一步照著指引做。請記住：如果你能做到徹底坦率，你就會日復一日證明，你看到了團隊裡的每一個人，也看到了他們所做的工作。就算你提出某些批評意見，但你在這當中付出的關注，對員工來說也是一種隱性的讚美。如果你在日常中證明了你關懷個人，大家就會更認真看待你徹底坦率的回應，甚至欣然接受。每當你自覺失去方向、不知所措，請回歸以下兩個問題：「我有沒有讓團隊了解我關懷個人？」以及「我有沒有直接挑戰每一個人？」如果兩個答案都是肯定的，那你就做對了。

# 7
# 團隊篇

第三章討論過了解每個直屬部屬的重要性。唯有深入了解，你才能把對的人放在對的職務，避免發生無聊與過勞的問題。理想上，你希望團隊裡的每個人都能有非凡的成績，但你不希望所有人為了下一份職務爭權奪利，也不希望大家都安於現狀。你想要的是平衡，因此你需要加把勁推動變革的人，也需要能成為穩定基石的人。要知道誰會因為哪些因素而受到激勵，你需要和每個人建立徹底坦率的關係。

當然，現實世界多半沒這麼理想。通常，團隊裡會有某些人表現差強人意，有些則可能徹底失敗。你花在表現最出色同仁身上的時間，能為你帶來最大的收穫，但你仍需要找出方法去管裡每一個人。以下提到的具體技巧，就能讓你做到這一點。

## 職涯對話

我在第三章中提過，每一個人都有自己的成長軌跡，催促每個人都要成為「超級明星」或「磐石明星」，是不對的。

你需要平衡成長與穩定。想知道每個人的成長軌跡是何樣貌，重要的是要進行職涯對話，從中更加了解每一位直屬部屬，明白他們的抱負何在，並做出計畫，幫助他們實現夢想。無論你的部屬在第三章所描述的團隊架構中處於哪個位置，你都應該和每個人進行這類對話。

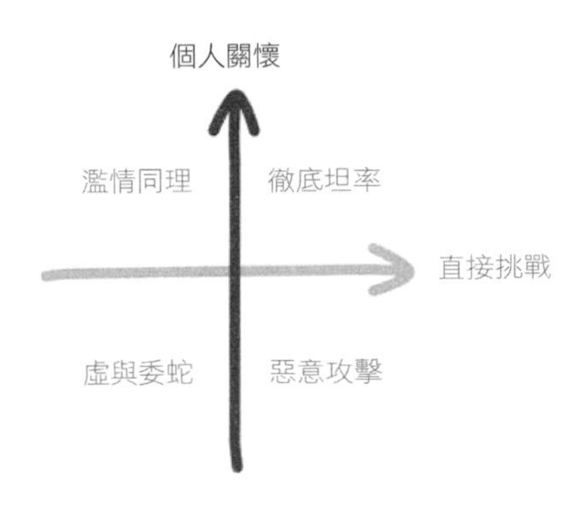


一旦你抓到職涯對話的竅門，你會上癮。這類對話是幫助你在徹底坦率架構提升「個人關懷」面向的絕佳機會。事實上，我建議，當你開始在團隊中推動徹底坦率架構時，先從這類對話開始。沒錯，這很花時間，但是你可以在日常的一對一對話中進行，而這些時候將為身為主管的你帶來一些最愉快的對話。

拉洛威和我共同創辦了坦率公司，他是我在事業生涯中合作過最好的主管。他在Google任職時經歷一段很艱難的時期，但也在此時開發出一套極高效的方法。當時，拉洛威是銷售總監，他接收了一支因收購其他企業而來的團隊。新來的團隊非常萎靡，他們悲觀看待自己在Google的成長機會，確信主管不會重視他們。在他們當中，預期自己能在Google任職三年的人沒幾個。但Google花了十億美元收購這家公司，這個團隊必須完整才能讓投資有價值。拉洛威明白，如果他不快點行動，就留不住這個團隊大部分的成員。他知道第一步必須向他們證明Google在乎他們——當然，這是指主管在乎他們；公司是法人機構，不會比政府或其他機構更能做到個人關懷。

拉洛威知道Google員工最大的憂慮便是自己的職涯前景，不管是對於他的團隊或是整體而言都如此。這有一部分是金錢問題：矽谷房價極高，少有人買得起房子，就算在Google工作也不例外。年齡也是一個問題。Google的員工年齡層極低，剛要滿三十歲的人占關鍵多數；這些新成員覺得自己正被推向中年危機。桑德伯格決定在這段時間，為她的整個團隊安排一次外地活動，因應全公司這股「職涯成長」焦慮。她提出的建議是：「提出長期願景以及為期十八個月的計畫。」

這讓拉洛威大吃一驚。他怎麼有辦法幫助手下每一位同仁提出他們的長期願景以及十八個月計畫？他又怎麼有辦法教會他們幫助他們自己的直屬部屬，如此層層下去，擴及他團隊中的七百位員工？當時已經提出的解決方案名為「個人發展計畫」，但是用處不大。有些人甚至放話說，職涯發展是他們自己的事，跟別人無關；也有人靜靜地著力於升遷的必要行動。他們提出的計畫要不然就是一大片的空白，要不然就是由一點都不熱血的數字組成的畫面。這裡需要一點「教育」（education）——「education」的拉丁字源為「*educo*」，本意為「導引出來」。人都知道自己要什麼。拉洛威認為，主管的工作就是幫助員工講清楚，並達成目標。

拉洛威請「陶德」描述自己的職涯長期願景。陶德說出他認為拉洛威會想聽的話；基本上，他希望能慢慢變成另一個拉洛威。拉洛威笑了。「這不算太有企圖心！我自己也不確定我真的想要這份工作。你想要的更多，你也該得到更多！」陶德不為所動。拉洛威試用另一種戰術。「好吧，這是一種願景。但沒有人在成長過程中真正知道自己想做什麼職務。給我另一番願景。」這一次，陶德承認，他比較想效法傑克．威爾許（Jack Welch）那樣的人，而不是羅斯．拉洛威。也就是說，陶德想成為企業執行長，但也許不是名列財富五百大企業的執行長。這時，拉洛威知道自己有進展了。

當他對「莎拉」提出相同問題時，情況也類似。一開始，她說她想要像拉洛威一樣，但後來她也提到另一項更有企圖心的想法。「另一個願景是什麼？」拉洛威問。「就一個瘋狂到家的夢想。」此時，莎拉說起她真正想做的是經營藍藻養殖場。哇，什麼？拉洛威這才知道，原來藍藻是一種超級食物：它是一種富含蛋白質和鐵質的細菌。

拉洛威可傷腦筋了。他們現在做的工作是說服顧客用DoubleClick系統做廣告，這要如何幫助陶德成為小威爾許、讓莎拉經營一家藍藻場？拉洛威決定現在別去擔心這個問題，只要先做到進一步了解直屬部屬就好。拉洛威本來以為他很了解他們，但顯然並非如此。後來他們再聊時，他又更加深入探問每一個人的人生故事。

比方說，當莎拉談到她上一次所做的改變時（不碰某項運動，改投入另一項），拉洛威就提出更多問題。談話結束之時，他就更了解莎拉在工作方面受到哪些動機影響。之後，他寫下每一項影響她的動機（例如「經濟獨立」、「環保主義」、「努力工作」、「領導」），並說明她說出來的人生故事為什麼讓他選了這些詞。這是很重要的理解確認。舉例來說，拉洛威選了「領導」一詞當作莎拉的重要動機，背後的理由是她講到她之前為了保護加州空地保護區所做的志工工作。但她不喜歡，莎拉比較偏好「管理維護」。拉洛威知道這場對話很有價值，並決定以後他要先問問員工的過去，再進展到他們的未來。

到這個時候，拉洛威已經做好準備要執行任務，將莎拉目前所做的工作與她在事業生涯高峰想做的事串起來。極具分析精神的拉洛威，分欄列出莎拉的每個夢想。接下來，拉洛威問莎拉，她認為若要達成每個夢想，最重要的技能是什麼？最後，他問莎拉覺得自己最擅長哪些技能。

這項分析幫助拉洛威和莎拉找出對她而言最重要的技能，好讓她開始培養或繼續深入。舉例來說，顯而易見，莎拉現在可以努力的最重要之事就是累積管理經驗。她也一直在想是否需要培養自己的分析技巧和簡報技巧；要是她的目標是成為一位Google總監的話，這兩點很重要，但是，以藍藻場主人來說，管理技能比簡報技能更重要。此外，莎拉痛恨做簡報，她也根本不想培養分析技能。但她確實有興趣累積一些真正的管理經驗。如今，莎拉和拉洛威都可以看清楚理由何在。

莎拉和拉洛威一起想出一套計畫，確保她能承擔更多管理責任，同時也接受其他Google出色領導者的輔導。做計畫時，莎拉很清楚知道，留在Google會比離開更快累積領導經驗。此外，她的直屬主管拉洛威本人便是公司裡最出色的主管之一。莎拉決定要在Google多留幾年，在這裡蛻變成高效領導者。她培養出她需要的技能，也存到開藍藻場的資金。她當下做的工作，原本看來與她這輩子真正的夢想無關，但現在對她來說有了意義。

拉洛威發現他已經找出一套進行職涯對話的好方法，於是舉辦一場企業外地會議，教導他手下的主管如何和直屬部屬談這類話題，不要只是光談對方的職涯目標或是如何升遷，也要談一談他們的人生故事和夢想。他教導團隊裡的每一位主管，要和每位直屬部屬進行一系列三次、每次四十五鐘的對話，完成期間為三到六週。

拉洛威的方法非常成功，內部的員工滿意度調查顯示，他的團隊成員明顯更樂觀看待自己在Google的未來，而且也用更加正面態度看待自己的主管。人力資源部門從沒見過這麼驚人的進步。

## 第一次對話：人生故事

第一次對話的用意，是要了解每個直屬部屬會受到哪些動機影響。拉洛威建議用一段簡單的開場白啟動對話：「說說你的人生故事，從幼稚園開始說起。」之後，他建議每位主管聚焦在對方所做的改變上面，比方說：「你在華爾街工作兩年後從研究所退學，請多談談這個決定。」答案可能會像是「研究所的津貼連柳橙汁都買不起，我只想多賺點錢」，或是「我厭倦了純理論沒有實作，但我所做的工作是實際運用這些概念」，這些能讓你開始拼湊出每個人的人生難題。以第一個答案為例，你可以寫下關鍵動機是「經濟獨立」，至於第二個答案，則是「在工作中看見具體成果」。如果某個人說他們不再跑步、改為踢足球，因為他們喜歡加入團隊，你或許可以寫下關鍵動機是「成為團隊的一員」。反之，若某個人離開啦啦隊、改為投入游泳，理由是他們「厭倦了閒聊，情願專注於戰勝自己」。你或許可以把「個人成長」列為重要動機。

請記住，你要找的不是正確答案；你是在試著更了解對方，想知道他們在乎的事物。

許多主管最初對於這類了解對方的對話覺得很不安，覺得問起對方工作以外的人生似乎有點越界。拉洛威提出兩點，第一，多數人樂於聊聊這方面的話題，前提是必須在信任與尊重的環境之下。如果你有一部分的職責是做到個人關懷，你就必須了解那個人。第二，很多時候你可能觸及到的是非常個人面的事物，若對方針對某個問題發出不舒服的訊息，你必須尊重。例如，有一個人被問到某些很基本的童年問題時非常受不了。拉洛威感受到這一點，就完全不問小時候的事，這位女士轉而開始談到她研究所以後的生活，此時就比較有自信了。更了解她之後，拉洛威才知道她在成長路上經歷過某些重大創傷，但她無法在「了解個人」談話中和拉洛威談這件事，拉洛威也沒有逼她。

拉洛威要他手下所有主管彼此練習這樣的「了解個人」對話，幫助他們更能順利對談，同時也有足夠的敏感度，不要緊迫盯人，讓對方覺得不舒服。而且，練習這類對話也有助於提醒主管，他們有個目標：知道員工在工作上受到哪些動機影響。

為何要從個人生命故事中抽出這些動機、而不是以抽象的方式進行討論？理由在於抽象很容易引起誤解。比方說，員工可能會說經濟獨立對她來說真的很重要，你可能假設這是她很注重物質的另一種說法。反之，如果她告訴你接下來的故事，你可能會改觀：十二歲時，她媽媽重返職場，這一家人很懷念媽媽過去整天在家的時光，他們決定要去紐奧良旅行，共享天倫之樂。當他們來到當地著名的夜店集中地波旁街（Bourbon Street）時，她瞄了一眼脫衣舞俱樂部，看到一名幾乎全裸的女子纏在鋼管上。她嚇壞了。她那已經灌下好幾杯奶香調酒的父親注意到了。「看到那個女人了嗎？」他說，「她一天賺的錢比你媽一年還多。」你這位員工深感憤怒。因為父親話中隱含著對女性的不屑，她的憤怒，是為了這名鋼管女子，也為了她低薪的母親。當她說經濟獨立很重要時，這才是她的真意。這並非只是自私的物質主義。

這是三段對話中的第一段，影響就已經非常深遠。首先，在這段四十五分鐘的對話裡，你對於直屬部屬的理解，超過你用其他方法可得的資訊。你的行動展現了你對個人的關懷，而經過這樣的對話之後，必然更能證明你的確關心對方。第二，對話之後你能得到更多資訊，針對每一個人尋找對其有益的機會。最後，你能做足準備，面對接下來的對話。當你了解哪些動機會激發一個人，以及理由何在時，就更能理解對方的夢想。

## 第二次對話：夢想

進行第二段對話時，要從理解員工的激勵動機，進展到理解對方的夢想：他們在事業巔峰時想要達成哪些成就，他們想像中感受最美好的人生是什麼模樣。拉洛威非常慎重地選用「夢想」一詞。主管通常會講的是「長期目標」、「事業抱負」或「五年計畫」，但從主管口中說出來時，每個詞通常都會導引出特定類型的答案：「專業」的答案，而非從人的角度出發的答案。這些詞彙也會讓員工去設想主管想要聽到什麼的答案，而不是去講自己真正想要達成的目標；要展現足夠的企圖心（「我想要和你一樣」），但又不要過度有野心（「但我不會覬覦你的工作」），是很微妙的平衡。「你的職場抱負是什麼」這個問題，也無法導引員工去描述牽涉到不同職場或不同雇主的夢想，比方說前述的藍藻場案例。此外，和「職涯」相關的問題多半鎖定在升遷，這類對話從來無法創造滿足感。想升遷的人永遠都覺得速度不夠快，至於不想升遷的人，當你問起他們的職場抱負，他們又會因為企圖心不夠而表現得有氣無力。

當個人發展計畫焦點過於狹隘，僅偏重員工為了升遷必須去做的事，從中導引出的對話會讓員工擔心自己的表現會不會顯得太不重視現在的工作，雇主則擔心這會不會在鼓勵員工離職。員工可能不想要升遷，但是這類對話的架構讓他們難以把實話說出口。也有可能，他們想升職，但因為某些理由沒說出口。

給員工談論夢想的空間，能讓主管幫助他們，找到朝夢想前進的機會。這樣一來，工作會更讓人滿足、更有意義，最後能提高留任率。而留任只是副產品；讓人有滿足感、覺得有意義的工作，以及建立與主管之間的友誼，才是拉洛威推動「職涯對話」流程的主要目的。

那麼，你要使用哪些問題來代替制式提問？拉洛威建議你從以下這些話題開始：「你希望自己的事業高峰是什麼模樣？」由於多數人在「成長」時並不知道自己想要做什麼，拉洛威建議鼓勵對方說出三到五個未來的夢想。這樣一來，員工就有空間講出他們認為你想聽到的夢想，以及比較貼近他們真心期待的夢想。

請每一位直屬部屬交出一份文件，上面列出三到五欄，每欄列出他們在上一次段話中提到的夢想。之後，在每一欄裡條列出必要的技能。說出每一種技能對每一種夢想的重要性，以及他們目前在這項技能的水準到哪裡。一般來說，這能凸顯出這位員工需要培養哪些新技能。此時，身為主管，你的職責是幫助他們思考要如何培養出這些技能：你可以讓他們參與哪些專案？你可以為他們引介哪些人？還可以選擇接受哪些教育？

拉洛威的第二段對話還有最後一部分，那就是要確定員工的夢想契合他們表現出來的價值觀。舉例來說，「如果『努力工作』是你的核心價值，那麼，為什麼你的其中一個夢想是提早退休？」詢問與員工所敘述夢想相關的事，是推動坦誠、有意義對話的重要方法。在Google任職時，有一次拉洛威提問後才發現對方有個特殊需求的孩子，問題到了青春期將會非常嚴重。這位父親想確定當孩子最需要他時能把全副的心力放在孩子身上。這麼一來，他想要提早退休的計畫就有了完全不同的意義。

你從多數員工口中聽到的多半不會像是「藍藻場」這麼戲劇化的故事。我曾經和一位男士合作，他的寶寶有很嚴重的健康問題。在這段期間，他在工作上最在乎的事情就是要準時回家，和白天全心照顧孩子的妻子一起散步三十分鐘。綜觀他的生活，這是很具企圖心的目標，而我竭盡所能讓他能準時離開辦公室，好讓他和妻子散散步。

## 第三次對話：十八個月計畫

最後，拉洛威教導主管要讓員工開始問自己以下這些問題：「我需要學會什麼才能朝向目標邁進？我要如何針對需要學習之處訂出先後順序？我要向誰學？為了便於學習，我能如何調整我的職務？」一旦員工釐清他們接下來想學習什麼，就有助於他們在接下來的六到十八個月培養新技能，至少能讓他們朝向其中一個夢想邁進。對於員工來說，這種將目前工作轉換到未來夢想的過程很能鼓舞人心，遠超過「以下是你為了攀上組織高層必須要做的事」。你要做的事如下：列出清單，看你能如何調整員工的職務，幫助他們學會實現每個夢想必備的技能；看看他們可以向誰學習；找出他們可以去上的課或可以讀的書。接下來，針對每個項目，標示誰應該在何時做到什麼，並確認你自己也有該做的事。

幫助員工釐清價值觀與夢想，並盡可能調整到能配合他們目前的工作，你的團隊會因此更強大。每一個人都會更成功、更快樂，匯聚起來，你們這個團隊就能「在日常生活中創造出非凡成果」。梭羅（Thoreau）在《湖濱散記》（*Walden*）裡說得好：

> 「一個人若能信心滿滿地朝向夢想而去，並努力去過他想像中的生活，他將在日常生活中與成功不期而遇。他會拋下某些東西，會超越隱形的藩籬……如果你在雲端打造了城堡，你的努力必不會白費；城堡就該在雲端。現在就開始打地基。」

滿懷信心朝夢想走去，聽起來其實是一件讓人害怕的事。身為主管，你有一部分的職責就是要幫助員工找到勇氣，如果你做得好，這會是一份收穫豐厚的工作。

這三段對話，看來十分直截了當；要做得對，大致上要靠你本身的能力：你要能與直屬部屬培養出信任，你要知道每一位員工最適合什麼職務，如此才能讓你的團隊創造出最佳成果。關於如何順利進行對話，如果你還有其他問題，可以直接聯繫拉洛威，網址為www.radicalcandor.com/contact。拉洛威現在正在寫一本書，要幫助大家理解如何進行這類職涯對話，你提出的問題很可能會被寫進書裡。

## 成長管理

你已經完成三段對話，並開始針對每一位成員的抱負列出機會。這些作為讓你在徹底坦率架構的「個人關懷」往上提升。

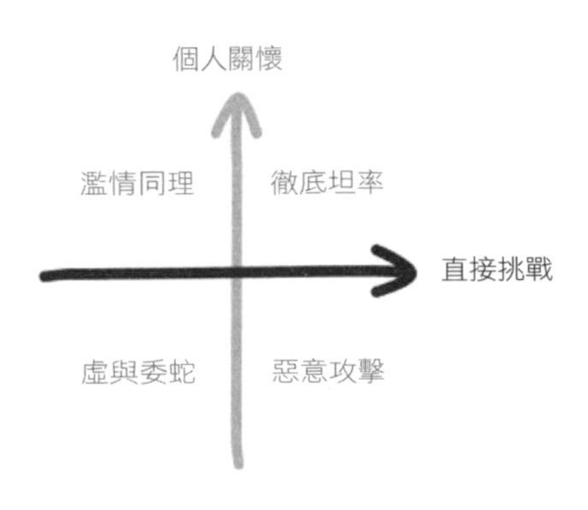


每年，你都需要針對團隊裡每個人整合出一份成長管理計畫。檢視整個團隊，確定你了解每個人的抱負和成長軌跡是否契合團隊著整體需求。之後，除非每位團隊成員都在他們想要、而且必須走的路上，不然你就要進行一些很有挑戰性的對話。

### 把成員分門別類（暫時性的！）

第一步是先找出你的磐石明星和超級明星，把他們歸在正確的區塊裡。接下來，找出團隊中表現不錯、但並非特別出色的成員。大多數人可能都屬這一類。之後，找出績效不彰、但你認為已經大有改進的人，可能是因為他們已經實際展現出進步的徵兆，或是因為他們的技能和企圖心顯現進步的可能。最後、通常也最困難的部分，是找出表現不好而且沒有改善的人。做這項演練時不要太過傷神，最多花二十分鐘就好。快速想一下。

接著，為了確定你並無偏見，請尋求外部觀點。去找一

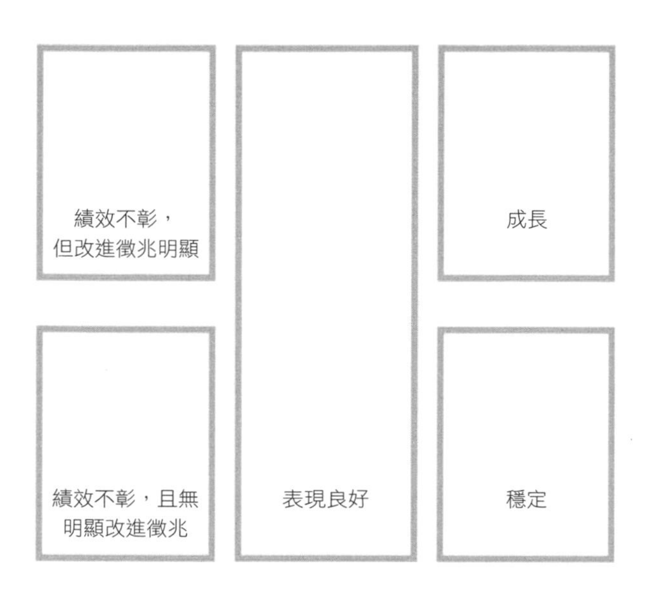


個熟悉你團隊成員工作、但又不像你情感羈絆這麼深的人，比方說你的主管、同儕或是人力資源部門的人。如果他們的分類和你不同，就算你不認同，也要確認你了解背後的理由是什麼。在你不認同時，特別要去了解原因。

## 寫下成長計畫

接下來，針對每個人提出一份三到五項要點的成長計畫。確定你有適當的專案或機會可以鍛鍊超級明星，確定你為磐石明星提供讓他們能有生產力的必要條件，想辦法把表現不錯的人提升到傑出。你可以為他們提供哪些新計畫、教育機會或協助？至於面對表現不好、但已有進步徵兆的人，請想一想你是否把他們放錯位置了？你有明確表達對他們的期望嗎？他們是否需要額外的培訓？

接下來，我們就要去處理表現不佳且不見改善跡象的員工。在某個時候，你必須啟動開除流程。多數主管都拖到不能再拖才做，但這並非全無道理，如果你任職於一家大企業，你可能需要先知會人力資源部門，討論一下正式的績效改善計畫。你處置開除員工的方式影響層面甚廣，不但關乎被開除員工的未來，也會衝擊團隊看待你以及整個公司的觀點。對你本身也大有影響。有一次，我和拉洛威去參加一場銷售會議。猜猜看我們對面坐的是誰？是拉洛威幾年前開除過的人。我們三個都很慶幸當時拉洛威處理得當。

回來談談比較開心的事。如果你經常思考員工的成長（你應該要這麼做），替每位員工擬出成長計畫需要花的時間就應該不到二十五分鐘。這項任務應該比較像是紀律嚴謹的合理性查核，而不是一套耗費心力的流程。這是確認你把整體團隊的成長軌跡都放在心裡的好方法。

## 不做「放水王」，也不做「當人王」

如果你有許多同儕也在替他們的部屬做成長管理計畫，拿大家的筆記來做比較是好主意。身處大團隊，重要的是大家對於「出色」、「良好」與「不佳」的工作成果界定，都要有共識。比方說，如果你的團隊裡有一半的同仁都落在磐石明星區塊，但其他同儕卻沒有任何團隊成員在這一類，原因很可能是你和同儕不同調，而不是你擁有最佳團隊。

如果你是主管的主管，找個簡單的方法讓大家達成共識。比方說，你可以編製一份共用文件，要求所有直屬部屬把他們的團隊成員填入，之後再召集所有主管一同開會討論。如果出現爭議，就請這些主管另外開會解決，之後向你回報決定，或者，如果他們無法達成協議，就要由你拍板。這些都是很困難的對話，但很有價值，因為能促成主管之間達成一致。確認所有主管以類似的方式對待不同類型的高績效員工是很重要的事，這樣才能讓員工認為制度很公平。你也要讓團隊有機會明確表達心聲，告訴你他們認為處在陡峭與和緩成長軌跡的適當人員比率應該是多少。

## 確認各層級的公平性

由於你非常關心直屬部屬，多半比較會看到他們好的那一面。這是好事，但若以更大型的團隊來說時，可能就會形成一種無意中的偏見。如果你是管理五百人團隊的主管，你自然會先想到你的直屬部屬，而你的直屬部屬又會先想到他們的直屬部屬。一不小心，階級中最資深的員工被視為磐石明星或超級明星的人，就會多到不成比例，但這類放水的給分不見得反映現實。

確保各個層級的公平性才能孕育整個組織的成長，才能避免不必要的憤恨。一個常見情況是，擔任最資深職務的人得分最高，但事實上是部屬的高生產力讓他們沾光。不要讓這種事發生！一般而言，不同層級的傑出表現比例整體上大致相同，資深員工位處緩和成長軌跡的比率較高，基層員工則有較高比例的人位在陡峭的成長軌跡。但在實務上，多數管理團隊提出的評鑑結果卻剛好相反：超級明星區塊中，資深員工的占比高於基層員工。如果出現這種情況，請提出一些嚴格的問題，確定這麼做確實有合理的理由。

## 聘用：心態和流程

在聘用員工時，顯然你會尋找能在這個職位上有傑出表現的人。但你應該聘用磐石明星還是超級明星？當然，答案是「視情況而定」。有些職務需要某一類型的人，有些則需要另一種類型。你也希望確定整體團隊的人才類型比例適當。如果超級明星太多，接下來就聘用磐石明星。

### 流程

聘用流程很重要；這是打造出色團隊的關鍵部分。組織的成長速度極快時，主管要投入大量時間於聘雇工作。我在Google任職時，有一度我要花掉四分之一的時間去聘用新人。

以下我要談一談我在Google、蘋果以及其他地方見過有用（以及沒用）的重要做法。一套嚴謹卻不繁雜的聘用流程，有其基本要項。聘用都會有錯誤，也都很主觀，這些缺失無法修正，只能管理。你可以做以下這幾件事確認你用了對的人。

**工作說明 ——「團隊配適度」的定義，盡可能像「技能」的定義一樣嚴謹，以消弭偏見**　要聘人的人要負責撰寫工作說明（而不是招募人員！），工作說明的根據應該是職務、職務必備技能以及「團隊配適度」。團隊配適度很難定義，因此

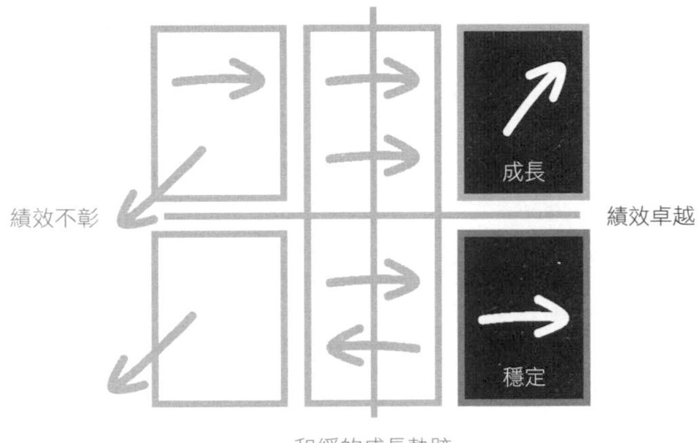


常有人跳過。請以三、四個詞來描述你的團隊文化，可能是「細節導向」、「多變」或「耿直」，也可能是「大格局」、「嚴謹」與「客氣」。無論你選用哪些詞，要嚴謹地去談這些面向面。這能幫助大家避免憑直覺做出經常受到偏見影響的決策。而且，如果你花時間定義職缺適合的成長軌跡，也可以幫助面試官避免另一類的聘用偏見：聘用和你有類似企圖心的人，但到頭來這可能不是這個職缺所需要的人才。書面工作說明通常會發送給所有面試官，讓他們能準確知道自己的面談目標。

**技能盲評也能盡量減少偏見**　面談需要時間，填寫面談回饋報告需要時間，因此，重要的是要精挑細選請受邀面談的應徵者。利用良好的事前篩選機制，可以過濾掉許多偽正面或偽負面候選人。技能評估便是一種良好的是前篩選機制：請應徵者做個和應徵職務相關的專案或去解決某個問題，這可以淘汰一些從書面資料看來很不錯但實際上不會做事的人，也讓工作做得很好、但書面履歷不夠亮眼的人有面試機會。

理想上，這應該是一種技能盲評。暢銷書作家麥爾坎·葛拉威爾（Malcolm Gladwell）曾經說過一個現在已經是眾人耳熟能詳的故事，內容是關於交響樂團利用盲試甄選，結果女性入選的比例高出五倍。只要有可能，請給應徵者機會，在不看是誰的前提下讓他們證明自己可以做哪些工作。

有些企業甚至採用做實驗性的做法，請應徵者在線上接受技能評估，完全不看所有可以辨識個人的相關資訊。負責評估技能的人猜不出應徵者的性別、族裔等等。這是一個很棒的構想，只是非常耗時，而且不一定可行。但有愈來愈多服務提供偏見篩選機制（例如hired.com），可以剔除姓名和照片，讓你在看履歷時只會看到技能。

**由同一批面試委員面試不同的應徵者，以做出有意義的比較**　如果無法避免偏見，就請不要由單方面做出聘用決策。由於面談很主觀而且常帶偏見，你必須加入多人觀點，藉此提高做出妥適決策的機會。但這表示關於誰要和哪些人面談，你必須一致，而且審慎思考。如果鮑伯、查林和多麗面試札維耶，感到十分滿意，而艾伯特、法蘭克和喬琪亞面試阿讚，也很喜歡他，那要怎麼決定要聘用誰？這樣是浪費了八個人的時間。

適當的面試委員會規模是四個人。理想上，面試委員會要很多元。如果應徵者為女性，但負責面試的人全部都是男性，她很可能就會被淘汰。如果應徵者是代表性低的少數族群，但每一位面試官都是同一個族裔，那可能會讓接受面試的人深感挫折。面試委員中至少有一位來自其他團隊，會很有幫助。這可以預防「在束手無策中做出聘用決策」。當團隊裡出現一個需要補人的「洞」時，大家就會急著填補職缺，因此忽略的警示信號。對團隊出缺的痛苦沒有深刻感受的人，比較可能指出這些代表危險的線索。

**輕鬆的面談會比正式面談更能揭示團隊配適度**　我很確定一定有什麼地方有出色的面談培訓，只是我還沒找到。我的經驗是，面談是一種從做中學的技巧。請讓大家培養出各自的風格。我喜歡故事，因此我的整套面試技巧都是在請對方「以口頭方式呈現你的履歷」。

還有一種很好的實作方法，是由面試官特意營造出比較輕鬆的場合，比方說中午請應徵者一同用餐，或陪他們去拿車。問問接待處與安排時程的員工他們對應徵者有何看法。在沒有防衛的時候，應徵者比較會做點什麼或說點什麼透露訊息的事。我的團隊文化中有一個重要元素，那就是史丹佛大學教授羅伯·蘇頓（Robert Sutton）說的「零渾蛋原則」（No Assholes）。我本來打算聘用的一位應徵者對於安排時程的人非常粗魯，還把人弄哭了。另一位應徵者則是對餐廳服務生非常沒禮貌。這兩人我都不會用。另一個人撿起不是他掉在地上弄得一團糟的餐巾；我聘用了他。我認識一位高階主管是用人高手，她永遠都會陪著應徵者去取車。她從這幾步路當中就可以了解一些事：有一位應徵者吸毒，一位吹牛他在家中的主導地位、說他必須讓「他的女人們等他」，另一位則開玩笑說他喜歡在午餐時說同事和客戶的閒話。

**馬上寫下你的想法，讓面談更有意義**　針對面談寫下你的反饋意見；這麼做是在替自己釐清狀況，也是為其他委員而做。此外，有紀錄才能做出更好的聘用決策。如果你面談時談到技能，就要針對每一項技能記下你的想法，也要針對每一項團隊配適度標準寫下心得。

我最近面談一位人選，此人魅力無窮，履歷又讓人眼睛一亮，但不知怎麼的，我就隱隱覺得不妥。唯有當我坐下來寫面談反饋意見時，我才說得出來究竟是怎麼一回事：他慣於在手邊沒有任何確切的細節資訊時說大話。他說到某家公司的系統可以「無限擴大」，但是在我的追問下，他說這套系統一天可以處理幾百萬行的數據；這根本算不上無限，甚至也沒有太值得佩服之處。對於那家公司的營收來源，以及他在帶動營收上扮演的角色，他也說得有點含糊。

我知道，你很忙，你沒有什麼時間通通寫下來。我的秘訣如下：排出一小時的時間，四十五分鐘面談，十五分鐘寫筆記。這樣的安排將會讓你的面談更聚焦，而且也讓你能提出更好的聘用建議。

**面對面說明／決定——如果你不是非聘用對方不可，就不要提供這份工作**　關於用人，我得到最好的建議是：如果你不是非聘用對方不可，就不要提供這份工作。而且，就算你非聘用對方不可，請容許其他強烈認為不應聘用此人的面談委員駁回你的建議。一般來說，講到聘用時，傾向「不要」的偏見通常很有用。

如果針對一份職務面談了三、四個人，聘用委員應該針對每一位應徵者進行討論。安排這類面對面的對話需要嚴謹的紀律，但如果你認為讓幾位委員面試每一位應徵者是很有道理的事，那麼，面對面討論大家的評價，是做出良好決策最快速、最穩健的方法。

在每位面試委員都提出評語之後，讓每一個人都能看到大家的意見，這樣有助於加快聘用委員會議的進度，但前提是每一個人都需要多做準備。確認共識的一個好方法就是安排一個小時的會議，一開始的十五分鐘先「自習」，讓每個人都讀一讀彼此的回饋意見。如果運作得宜，這樣的會議通常會提早結束。如果你的團隊有權做出最後決定，無須再往上報，如果你非聘用某個人不可而且沒有人反駁，那就馬上就執行！若否，請把建議提報給公司裡有決定權的人，並敦促他們及早決定。

## 開除

有些公司不在聘用流程上花太多時間，原因是它們認為開除員工是簡單的事。這是大錯特錯。開除人絕非易事，不管在情緒上或法律上皆然。在很容易就可以開除人的公司，會做出不當的／不公的開除決定，結果是連在工作上表現出色的員工都開始驚慌。當員工感受到這股恐懼時，他們會開始避免冒險，他們會減少學習，他們的表現會低於原本的能

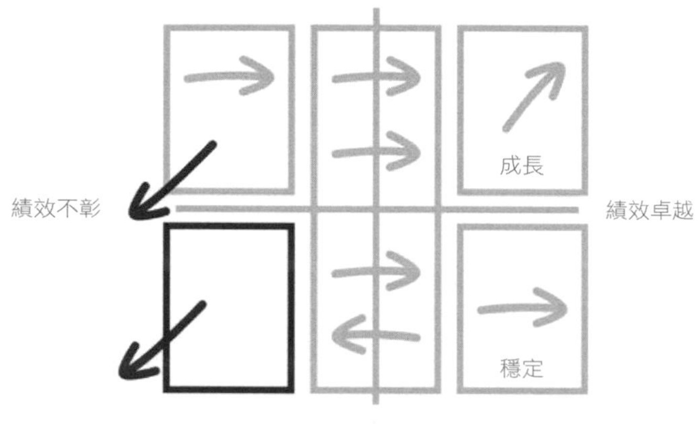


力。這有違個人成長管理。

有些公司則犯下完全相反的錯誤：他們幾乎不可能開除員工。在這些公司，主管被綁手綁腳。有些公司用欺騙方式處理績效問題，讓團隊成員在不疑有他之下接納績效不彰的員工，掀起古怪的辦公室權謀鬥爭。表現最傑出的最後也必須支援沒有貢獻的人，最後常因備感挫折而離職。沒有貢獻的人則發現這根本沒有關係，所以也不再努力。就這樣，組織落入了平庸無能。

開除員工很難，而且本應如是。但如果你做到以下三件事，可以讓被你開除的員工好過很多、很多，對你自己和團隊來說也比較好。

## 不要等太久

就我合作過的主管來說，當團隊裡有人開始績效不彰時，他們幾乎都是太晚才願意承認這件事。他們連面對自己時都不坦誠，更別說對主管或人力資源部門了。在教授管理課程時，我常會請學員把他們的團隊成員逐一歸入人才管理網格的各象限，並告訴他們這麼做不會怎麼樣，他們無須把結果呈報給任何人，這是一次純心智的演練。每個人都做完之後，我會問：「有多少人知道公司裡有績效不彰的員工？」通常，大家都會舉手。然後我問：「有多少人在兩個『績效不彰』方格中的任一個寫下任何員工的名字？」通常，只有幾個人會舉手。有些人笑了，而每個人都翹首期盼接下來要怎麼做。我規定他們，要在績效不彰方格中填入員工姓名後，才能離開坐位。

基於四個絕佳的理由，你應該逼自己及早找出績效不彰的員工。第一，要公平對待失敗的員工。如果你及早找出問題，就能讓對方有足夠的時間去處理；如果他們無能或不想處理，你最終必須開除這名員工，早點行動也能降低衝擊。第二，要公平對待你任職的公司。如果你能及早找出問題並加以處理，就能大幅降低遭訟的風險，也不必為了繁瑣的法律文件彙整期，多付績效不彰的員工好多個月的薪資。第三，要公平對待你自己。如果你前一季給某位員工的績效評分很高、但下一季卻開除了他，閒話就會傳開來，有損每一個人對你的信任，更別提你可能遭到被開除員工的纏訟。雖然處理績效問題耗時又難受，但因應法律訴訟要花的時間更長、更讓人不舒服。第四、也是最重要的一點是，你應該及早處理績效不彰的問題，這是公平對待績優員工的表現。容忍不佳的成果對於傑出的員工來說很不公平。

## 不要單方面做出決定

一旦你找出績效問題，花點時間徵求你的主管的建議，調整到能和你的同儕一致（若這麼做適當的話），並請人力資源部門提供協助。不要用「這是你一個人的決定」這種態度來解決問題。你不想因為憤怒而開除員工，你也不想因為否認有問題而不去開除員工。這是一個非常耗神的問題，很多人都為此百般糾結而不得其解；你的主管和同儕可以幫助你澄清思路。好的人力資源人員不僅可以助你釐清，更可以確保你不會以讓自己或公司陷入訴訟的方式去開除員工。

理想上，你的公司在人力資源部門應設有專人，幫助你適切地處理文件（如果你是企業主，請去找一個這樣的人！）如果沒有，請去找專攻就業問題的律師、資深的人力資源人員或經驗豐富的主管，請他們協助。不要只是徵求建議，也要請他們編修你寫出來的文件；建議多半太抽象。不下數十次，我看到的績效改進計畫撰寫建議，是做計畫時要公平、不可過於簡略，並確實處理績效問題。主管聽進去「公平」，但忽略了「不可過於簡略」。當事人把績效改進計畫送了出去，卻沒有處理核心問題，績效問題就繼續晾著，又多放了三到六個月。

身為主管，如果你需要寫下類似績效改進計畫的電子郵件以及其他文件，務必找來之前做過類似工作的人，請他們仔細編修。這樣很花時間，而且超過你想花在這件事上的時間，但我要重複一遍，在這裡花下時間很值得，因為被人控告是更麻煩的事！

## 慎重其事

但也不要完全受制於人力資源／法務部門的建議。深呼吸，然後退一步看。你和這名即將遭你開除的員工之間已經建立起關係，你還是很在乎這個人。認真想一想該怎麼做才能讓他們輕鬆面對，就算這代表你要比較辛苦，或是你要承擔風險，也在所不辭。

我在喬思公司時，有次必須開除一名員工，我很擔心這會引發爭議。公司的律師給了我諸多和開除相關的建議（當時我們沒有人力資源部門），其中很多都很有用處，但律師一直建議我聘用保全人員護送離職員工走出大門。我知道，如果我這麼做，那位被開除的員工會覺得被羞辱，也可能會讓他更容易失去理智。我請教律師：「不陪他走出去的風險是什麼？」她回答，「他可能失去理智。」我明白，如果我真的遵循法務人員的建議，很可能引發我極力避免的場面，因此我反其道而行。我讓他先回到自己的團隊裡，向大家道別。之後他為此感謝我，我一直覺得，遵循自己的直覺，而不是法務建議，會讓很多人免於心痛，可能也避免了一場訴訟。

當你必須開除員工時，請帶著人性去做這件事。請記住，你開除人的理由並不是因為他們不好，甚至不是因為他們在這個工作上表現不好，而是因為這個工作（這是你給他們的工作）對他們來說很不好。

## 追蹤後續

開除員工之後，我大約會在一個月後寫電子郵件給他們看看情況如何。我會時時留意是否有適合他們的工作。但就算我手上沒有可以提供給他們的機會，我還是會問候。通常，他們最不想理的人就是我，因此如果他們沒有回應，我不會強迫他們，也不怪罪他們。但是有時候對方會樂於和我一起散散步、吃個飯，或是簡短地聊一下。我永遠也不會忘記，有一次我和一位男士一起散步，他再三感謝我開除他，而且他的妻子也要他向我傳達謝意。後來我才知道，離職不僅對他的事業生涯來說是一件好事，對於他的婚姻和親子關係也是好事一樁。

開除員工很難，但離職也同樣困難。當情況不對勁時，身為主管的你，有時候就要負責展現徹底坦率的態度。

## 升遷

主管根據個人好惡拔擢員工，或是某些主管拔擢員工的速度比隔壁辦公室的另一位主管更快，少有什麼事情比這些更會讓團隊感受到不公。但是，當幾個主管聚在一起討論，以確保他們所做的升遷決策符合公平，很快就會引發醜惡的辦公室政治。歧見通常都太過於針對個人，不說出口的歧見造成傷害，還會出現奇怪的檯面下交換：「我提名的人雖然還不夠格，但只要你支持我的，我就支持你的。」上一輪升遷衍生出的嫌隙，可能扼殺了下一輪有資格升遷者的機會。

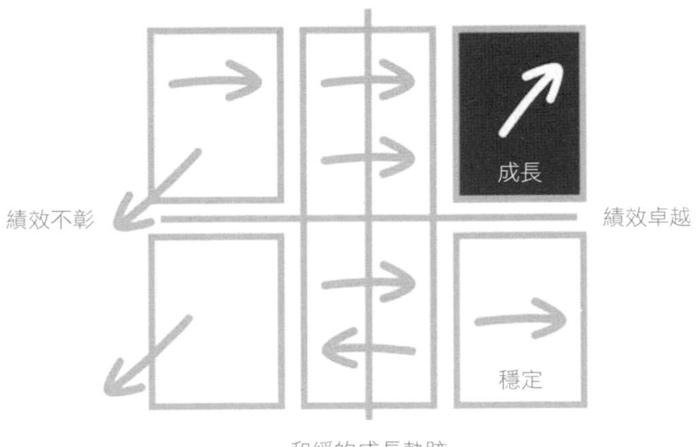


Google的工程團隊以升遷委員會化解這些問題；各委員會在公司以外的地方開一天的會，每年兩次。他們在會中爭辯其他人的直屬部屬是否該升遷，而不是自己的部屬，主要的依據是「升遷包」裡相對客觀的資訊，說明每一個人有哪些成就。辯證的重點是一個人是否有升遷的價值，而不是「我的人」對上「你的人」。最重要的是，這套流程化解了一個由來已久的問題：升遷決策中的主管個人好惡。因此，在Google，任何工程師都不會只靠著拍馬屁升遷。（遺憾的是，Google其他部門的升遷流程就不像工程部門這麼嚴謹。）

這並不是說Google的制度就很完美；這套流程傾向於獎勵從事可見度最高專案的員工，而不是幕後做出重要突破的員工。而且某些人提出的建議也越過了應有的界線。但這仍是我見過最好的流程，而且值得效法。

就算你的公司並未如此煞費苦心營造升遷的公平，你還是可以和同儕商討，或者，如果你是主管的主管，你可以要求所有直屬部屬彼此調整升遷計畫，之後才正式核可升遷。以下有一些秘訣，可以防止你在進行調整會議時出現上述的辦公室政治權謀。

**準備**　要求團隊裡每個人列出他們的拔擢人員名單，並附上理由。如果你有人力資源部門的同仁相助，邀請對方按照層級整理好所有候選人以及背後的理由，整合出一份簡報，讓大家比較容易取得與吸收這些資訊。你要去參加會議，審查所有資訊並針對每一個升遷提案準備好你自己的觀點，但同時也要懷抱開放的心胸。

**謹慎管理時間，爭論不可拖太久**　檢視所有升遷提案，從最資深到最基層逐層檢視。每一份資深人員的升遷規劃需要花的時間，會比資遣人員來的多，但是不能把所有時間都花在這裡。一旦爭論拖太久，你要不就自己現場做出裁決，要不然就要求部屬在會後繼續辯證，再把結論告訴你，或帶著僵局來找你化解。

**前一晚睡飽，早上起來運動，好好吃一頓早餐**　那一天你會需要保持冷靜，可能的話，讓那一天能帶點樂趣。鼓勵整個團隊也這麼做。

**該做都做了之後，承認這是很困難的對話**　規劃一些透透氣的活動，比方說一起散散步等。通常我不建議工作時飲酒，但如果已經有可以一塊去喝一杯的時間，那就去吧。

如果你的公司或主管都不太關心升遷的公平，你還是可以向同儕提議，一起努力、彼此調整。如果他們不想做，你仍可檢視你想拔擢的人。並檢視公司裡其他人，藉此做個合理性查核。若團隊裡其他人覺得某人根本不該升遷，但你仍執意拔擢此人，這對他並無任何好處。

## 獎勵磐石明星

有一次，我正在寫一封電子郵件，打算發給我在Google的全體團隊，慶賀有人升遷，但我面對鍵盤時，完全動彈不得。十年之後，我終於知道問題出在哪裡了：我根本就不應該寫那封郵件。發布升遷訊息會釀成員工以不健全的心態投入錯誤的競爭：爭取地位，而不是培養技能。

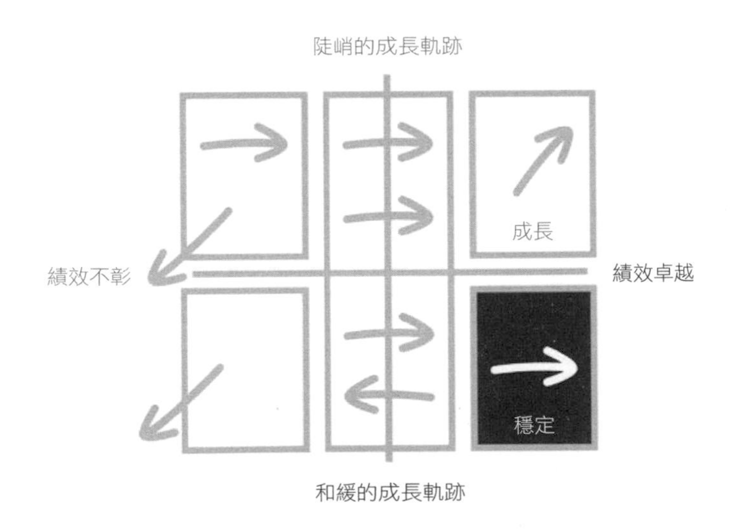

## 避免升遷／地位迷思

多數的升遷都伴隨著增加的薪酬和加重的責任，還有，在某些公司也代表可以多分得股票。這是用豐厚的外在條件來證明能力。獲得升遷的員工，這一路上想必經常因為他們的成績而受到公開表揚。但如果大肆慶祝升遷，會讓組織的焦點放在階級上，代價往往高於公開表揚帶來的益處。

那麼，如果公開表揚是為了講清楚接下來的職務呢？如果升遷包括改變職務，那就公開宣布。但並非每一次職務更動都是升遷，也不見得每一次升遷就代表職務更動。請把焦點放在員工所做的工作，而不是員工憑藉著工作成果在公司裡獲得的地位。

那麼，可以公開讚美嗎？可以，請盡量公開讚美。但你必須細想你讚美的內容是什麼。讚美你想要更常看到的結果：優質的工作品質、讓人難以想像的創新、高超的效率、無私的合作，諸如此類。你真的想要看到大家把重點放在升遷上嗎？如果答案為否，就不要大張旗鼓。

## 請說「謝謝你」

吉姆·歐特維（Jim Ottaway）是道瓊的前資深副總裁兼董事，他有一次告訴我，他十年前寫的感謝函還掛在某位員工辦公室的牆上，讓他非常訝異。明白這件事的意義重大之後，他但願自己過去曾多寫一些感謝函。主管常常忘記簡單的事，比方說感謝函，甚至連好主管都常忽略。

表達感謝不僅是讚美；讚美是對於出色工作成果的欣賞，謝謝則是表達個人的感激。以感謝函為例，你不僅傳達了對方所做的工作為何重要，更點出了對你來說為何很重要。花點時間表達感激。你可以當面說，可以用書面表達。有時候，私下表達感謝比較有意義，有時候則是公開說更好。兩者都做也無妨。

## 大師

想凸顯員工在工作上的出色表現，另一個好方法是認可他們是專業領域的大師。你可以讓員工負責把技巧傳授給其他人，藉以認同他們的大師地位。給他們幾個月的時間發展出一套課程，讓他們好好想一想如何把自己的技藝傳授出去。這麼做會讓大師非常滿足，也會讓你的團隊大有生產力。但並非所有人都好為人師，因此，要確認這麼做是獎勵，而非懲罰。如果員工不喜歡教學，請另覓他方確立他們在所屬領域的大師地位。

## 公開簡報

我要再說一次，表現傑出但身在和緩成長軌跡的員工，最常有的抱怨之一，是別人都對他們視而不見。有個簡單的方法可解決這個問題，那就是讓團隊中投注於重要工作、但很少獲得認同、甚至遭到誤解的員工一個機會，讓他們對同事報告自己的工作。

## 不要萬事不問，也不要事事過問

為了幫助你了解自己是否是部屬的好夥伴，是否沒有流於什麼都管或什麼都不管，我發展出一套簡單的圖表。我希望這能幫助你與直屬部屬合作更順暢。讓團隊同仁持續兢兢

| 萬事不問的管理 | 夥伴式管理 | 事事過問的管理 |
| --- | --- | --- |
| 不做、不聽、不說 | 去做、去聽、不說 | 去做、去聽、去說 |
| 缺乏好奇心<br>什麼都不想知道 | 展現好奇心<br>當需要了解更多資訊時，也會樂於承認 | 缺乏好奇心<br>假裝什麼都知道 |
| 什麼都不聽<br>什麼都不說 | 傾聽。探詢原因 | 什麼都不聽<br>告訴部屬該怎麼做 |
| 害怕任何細節 | 詢問相關細節 | 迷失在細節當中 |
| 完全不知道發生什麼事 | 因為自己動手做，所以能掌握資訊 | 要求員工去做事、做簡報與更新資訊，目的只是為了讓員工有事做 |
| 不設定目標 | 以合作的方式領導設定目標的工作 | 獨斷設定目標 |
| 完全不清楚問題 | 傾聽問題<br>預測問題<br>腦力激盪找出解決方案 | 在完全不了解問題的情況下告訴員工如何解決問題 |
| 在不知情之下踩到地雷而造成間接傷害 | 撤除障礙並化解爆炸性的情境 | 告訴員工如何撤除障礙及化解爆炸性的情境，但自己躲在安全距離外靜觀 |
| 不知道問題，也不知道答案 | 分享自己知道的資訊；不知道時則發問 | 不知道時也假裝知道 |
| 不清楚背景脈絡 | 分享背景脈絡 | 掌控資訊 |

業業的最佳方法之一，是主動成為他們的夥伴。

身處一個人人熱愛自己的工作、也樂在與彼此共事的團隊，很少有什麼事比這更讓人開心。如果你和每個成員進行職涯對話，每年都為每位直屬部屬打造成長計畫，聘用正確的人，開除該開除的人，獎勵不應獲得拔擢但表現出色的員工，並讓你自己成為直屬部屬的夥伴，就能打造這樣的團隊。打造出每天都期待工作的團隊，絕對在你的能力範圍之內。你們可以一起完成光靠你一個人無法完成的工作，而且你們每一個人都可以朝著自己的夢想邁出步伐。

# 8

# 成果篇

徹底坦率最終的目的，是同心協力創造出你光靠個人無法達成的成果。你已經營造出指引的文化，你已經建立起體現個人關懷與直接挑戰這兩項徹底坦率哲學的團隊，你的團隊現在火力全開；而最重要的，或許是你的團隊發展出一種自我修正的特質，大多數問題都會在你知悉之前就解決了。但現在還沒到你買艘遊艇、暢遊加勒比海的時候；你要善用徹底坦率帶來的禮物（多出來的時間和精力），讓團隊專注在達成出色成果。

神經科學家兼學者史蒂芬・柯林斯（Stephen Kosslyn）曾發表一場演說，描述在團隊裡合作的人如何成為彼此的「心理義肢」：一個人不喜歡也不擅長的工作，剛好是另一個人熱愛且專精的，組合起來，這一群人就變得「更好、更強、更快」。在這種情況下變得更好、更強、更快，代表我們看到了第四章提到的GSD轉輪動起來。你的角色就變成鼓勵「傾聽、釐清、辯證、決定、說服和執行」流程動起來，談到完成專案，整個團隊都抱持相同的思維，並從成果當中學習。

這種境界不是矽谷高科技公司的專利。我最近和一位男士談過，他在紐澤西公共交通運輸公司（New Jersey Transit）負責訓練新主管。我問他一開始要教些什麼。「一開始不要對員工頤指氣使，這樣他們只會痛恨你。一開始要先傾聽他們的心聲。」

要讓一切順利運作，你最重要的職責之一就是決定誰要向誰溝通，以及多久溝通一次。溝通代表著會議會談。顯然，每一次的會議會談都要付出高昂的成本（時間），因此，重要的是盡量減少員工必須出席會議會談的時間、頻率與次數。在這些會議會談當中，最重要的是和每位直屬部屬的一對一會談。

- 一對一會談
- 工作人員會議
- 思考時間
- 大辯證會議
- 大決策會議
- 全員大會
- 會議禁區
- 看板
- 走動
- 對文化保持敏感度

## 一對一會談

一對一會談是你一定要做的事。這是你傾聽的最好機會：真正傾聽團隊成員，以確定你了解他們對於什麼有用、什麼沒用有何看法。這類會談也是讓你了解直屬部屬的機會，讓你提升「個人關懷」面向。請記住：這裡並不是你把沒有說出口的批評一股腦地說出來的場合。這類會談應該是二到三分鐘的當下對話，你應該早就在做了！

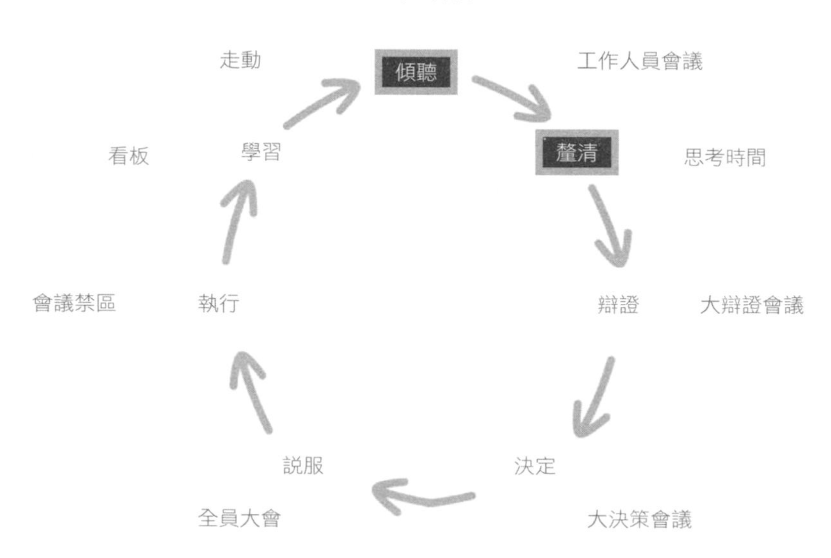


一對一會談的目的，是傾聽和釐清；了解每一位直屬部屬想要前進的方向，以及遇到了什麼阻礙。桑德伯格曾在一對一會談上快速幫我解決一個對我而言極為重要的問題；在我們交談之前，這看來卻是無解的難題。當時我管理分布在全球十個不同城市的團隊，我希望能到每個地方去看一看。但在此同時，四十歲的我正要開始組新家庭。離開丈夫五千公里遠是很難懷孕的。怎麼辦？我帶著我的難題去找桑德伯格。「喔，很簡單啊！」她說。我洗耳恭聽。「你辦不到，你也沒有時間可以浪費，你要把懷孕設為你的最優先事項。」我大大鬆了一口氣。要四處出差同時懷上寶寶，看來是不可能的事，我很高興聽到桑德伯格說出我的感受。但我也覺得氣餒。這表示我不能把工作做好嗎？當然不是！「你還記得你的團隊想要辦一次全球外地會議、但我們很難挪出預算的那件事嗎？」桑德伯格問起。「讓我們試試看用另一種方法爭取預算，讓每個人都飛過來這裡。他們想來，你不想去，這個方法看來是雙贏。」

你可以做以下幾件事，確保你和你的直屬部屬都能從一對一會談中得到最大收穫。

## 心態

你的心態大大影響一對一會談的進行。我發現，當我不把這些會談視為會議，而是當成和我想要了解的對象一起吃飯或喝杯咖啡，最後就會帶出更優質的對話。如果安排在用餐時間會有幫助，那就變成定期的午餐會談。如果你和直屬部屬都喜歡散散步，而且辦公室附近也有好地方可去，那就變成散步會談。如果你習慣早上做事，那就安排在早上。如果你是到了下午兩點精力降到谷底的人，就不要安排在這個時候。你要開的會很多，你可以根據自己的體力排定最適合進行一對一會談的時間和地點。只要在這件事上別變成渾蛋即可，例如你可能喜歡在清晨五點起床，然後上健身房，但不要期待部屬這個時候在那裡跟你碰頭。

## 頻率

時間永遠就那麼多，但時間是關係的重要因素。一對一會談應該是一種自然的瓶頸機制，決定一位主管有幾位直屬部屬。我喜歡每星期和每一位直屬部屬談五十分鐘，但我不能忍受行事曆的一對一會談一週超過五個小時。傾聽很辛苦，我也沒有無窮的能力每天做。因此，我喜歡把直屬部屬的人數限制在五人。如果部屬人在異地，我會確定利用視訊會議進行一對一會談，並以頻率更高的快速問候來補足。

這在很多公司實際上做不到，其中也包括我任職過的某些企業。如果有十位直屬部屬，我就會把一對一會談變成每星期二十五分鐘。我認識很多人手下有二十名直屬部屬，他們對此完全束手無策；他們任職企業裡的管理本質就是如此。如果你也落入這樣的情境，我建議每兩個星期花二十五分鐘和每位直屬部屬談一談。還有，看看你能否為直屬部屬創造一些領導職機會，減少你的直屬部屬人數。

最後，為了避免會多到開不完，我建議主管利用一對一會談時間進行「職涯對話」（請參見第七章），還有，如果相關的話，也可在此時進行正式的績效評核。

## 要出現！

就一對一會談來說，最重要的建議或許是你人一定要到。理想上，你的直屬部屬應該不到十人，因此你每星期都可以和每個人進行一對一會談。但就算在理想情況下，當你前後還安排了差旅，當你要面對你有時會生病的事實，偶爾還得休個假，你必須取消某些已排定的一對一會談，頻率是十三次裡至少會有兩到三次。如果有些一對一會談是預留給某些特別用途（比方績效評核、徵求回饋或職涯對話），那你每一季大概只有七、八次的「常態」一對一會談。如果情況不那麼理想，你的直屬部屬超過十人，你可能要隔週才能和每個部屬一對一談一次。這表示每位部屬每季可能只能和你談三、四次。因此，不管遇到什麼火燒眉毛的事，都請不要取消一對一會談。

## 由直屬部屬決定議程，而不是你

一對一會談的議程交給直屬部屬設定會更有益處，因為他們會讓你聽到對他們而言重要的事。但我建議你要對議程內容以及議程形式提出基本期望。你希望看到架構明確的議程嗎？如果是，而且希望事先看到，請說出口。如果不要，甚至你事前也不會看，那就據此訂期望。如果議程是草草寫在餐巾紙上的分條列述，你能接受嗎？還是說，你比較喜歡部屬把議程全都放在共用的文件檔案裡，讓你可以回頭參照？無論你比較喜歡條理分明的議程，還是偏好比較自由奔放的會談，議程都應該由直屬部屬導引，而不是你。你的工作是在部屬沒有準備就來會談時要他們負起責任，或者是不時決定一對一會談的議程比較鬆散也沒有關係。

## 一些適合追問的問題

你可以提出以下這些追問題，不僅表示你在聽，也表示你在乎、你想幫忙，而且也能找出員工現在正在做的、他們認為應該要做的以及他們想要做的之間有什麼落差：

- 為什麼？

- 我能幫上什麼忙？
- 我可以開始做哪些事或不再做哪些事、好讓這件事更容易一些？
- 什麼事能讓你興趣高昂、不知疲倦？
- 你目前正在做的事，有哪些是你不想做的？
  - 你不想做是因為你不感興趣，還是因為你認為這不重要？
  - 你可以怎麼做，讓你可以不用再去做這件事？
- 有哪些是你想要做、但現在沒在做的事？
- 你現在為什麼不做？
- 你可以怎麼做，好開始去做這件事？
- 對於你所仰賴的團隊訂下的優先順序，你有什麼感受？
- 他們在做的事當中，有哪些似乎不重要，甚至有反效果？
  - 有哪些是你希望他們做、但他們並沒有做的事？
- 你有和團隊其他成員直接談過你的顧慮嗎？如果沒有，那是為什麼？（重要提醒；這個問題的重點是鼓勵部屬彼此直接提問，而不是替他們解決問題。請見第六章的「防範暗箭傷人」。）

## 在一對一會談中鼓勵新想法

在一對一會談前，很值得把艾夫的名言「新構想很脆弱」謹記在心。這類會談應該是一個安全的地方，供人們孕育新構想，之後才提交出去接受激烈辯證。幫助部屬釐清他們自己對於這些構想的想法，並讓他們了解他們需要溝通概念的那些人。他們可能需要用一種方法向工程師描述概念，用另一種方法說給業務人員聽。你可利用以下這些問題，敦促部屬想更清楚一些，以利孕育新想法：

- 你需要哪些資訊以進一步發展這個構想，以成熟到可以和大團隊討論的地步？我能幫什麼忙？
- 我想你在做些事，但我不是那麼清楚，你可以設法再解釋一次嗎？
- 我們一起多想一下，好嗎？
- 我懂你的意思了，但我不認為其他人會懂。你能否多加說明，好讓他們更容易理解？
- 我不認為誰誰誰會懂。你能不能再說一次，讓他們更清楚？
- 問題是否在於他們太笨所以不懂，還是因為你解釋得不夠清楚？

## 一對一會談會透露你這個主管是否失職

一對一會談對你的部屬來說非常重要，他們可以藉此和你分享想法，並決定他們的工作要往哪個方向邁進。這對你來說也是寶貴的會談，因為你可以及早獲得警示信號，知道你這個主管失職了。以下是一些很確定的信號。

**取消**　如果直屬部屬太常請你取消一對一會談，這個信號代表你這個夥伴對他們來說並沒太大益處，或者，你不當利用一對一會談，用來發洩你的積怨。

**訊息更新**　如果部屬只提出用電子郵件也可以說明的最新動態，請鼓勵他們更加善用一對一會談的時間。

**報喜不報憂**　如果你只聽到好消息，這代表部屬覺得帶著問題來找你會感到不安，或者他們認為你不會或不願幫忙。在這些時候，你必須明確地去探問壞消息。在你有收穫之前不要輕輕帶過。

**沒有批評**　如果部屬從不曾批評你，那代表你在徵求團隊指引這方面做得不好。請記住這句話：「我可以做什麼、或不再做什麼，好讓你能更輕鬆地和我合作？」

**沒有議程**　如果部屬持續在一對一會談時沒有提出特定議題討論，這可能代表他們事情太多了，他們不了解會談的目的，或者他們不認為這有用。請客氣但直接地說：「這是你的時間，但是你看來沒有太多要談的事，可以說一說是為什麼嗎？」

## 工作人員會議

基本上，我合作過的每位執行長、中階主管與新手主管都很辛苦地想方設法，希望和直屬部屬之間開的工作人員會議能更有益。但太常見的情況是，主持會議的人很怕這個會，與會的人覺得這是在浪費時間，不得其門而入的人則覺得傷心難過、被排除在外。無窮無盡的工作人員會議會耗盡大家的時間和精力，但反之亦然；安排得當的會議可以省下

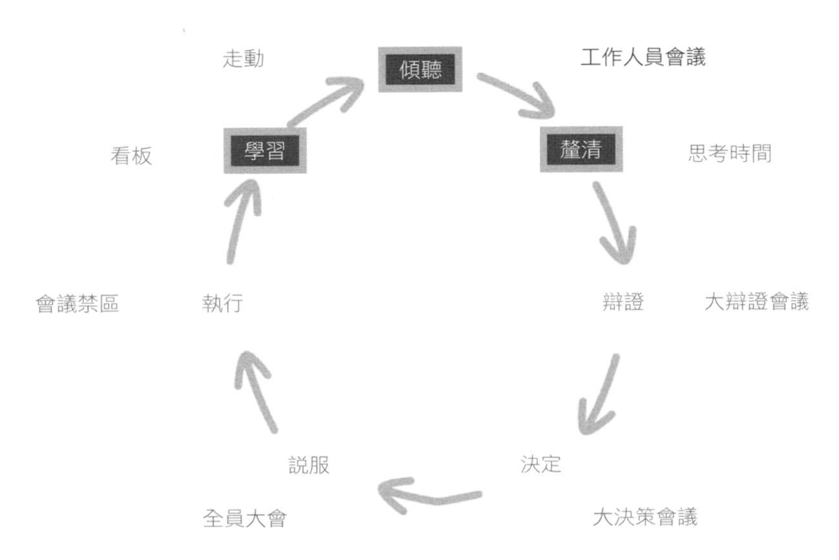


大家的時間，因為這可以讓你們警覺到問題，以有效率的方式分享最新進度，並讓每個人都清楚這個星期大家共同的優先事項是什麼。

高效的工作人員會議有三個目的：審查上星期的工作進度，讓大家分享重要的進度更新，並強制團隊釐清下週最重要的決策與辯證。就這樣。工作人員會議不應變成辯證或做決策的場合。你的工作是設定一致的議程，堅持大家都要遵守，並把走得太遠或偏離太遠的人拉回來。

以下是我認為成效最好的議程安排：

- 學習：檢視關鍵指標（二十分鐘）
- 傾聽：在共享的文件中提出最新進度（十五分鐘）

■ 釐清：找出關鍵決策與辯證（三十分鐘）

**學習：檢視關鍵指標（二十分鐘）** 上星期有哪些工作順利進行，為什麼？哪些不順利，又是為什麼？如果你們有一套可供檢視的關鍵指標儀表板，運作起來最有效。我說的「儀表板」，並不是由資訊科技部門建置的超級精密系統，我指的是上面有數字的試算表。如果要讓你知道自己是否走在達成目標的正軌上，你認為每個星期要知道的最重要活動和成果是什麼？你可以自行設計儀表板，不需要公司的基礎建設部門替你做。理想上，儀表板應可自動更新，如果做不到，請確認你每一位部屬在工作人員會議前一晚都更新了他們的工作進度。若有必要，你要親自查核並催促部屬，直到所有人都更新進度。如果可行，請把儀表板放在整個團隊都看得見的地方。基本上，工作人員會議紀錄也應該公開。

**傾聽：在「自習時段」期間於共享的文件中提出最新進度（十五分鐘）** 管理團隊最有挑戰性的任務之一，是如何讓每個人都能跟得上別人的進度，讓大家都能在不要浪費太多時間的前提下，標記出顧慮或重複之處。進度更新內容和關鍵指標並不相同。進度更新包括不會納入儀表板的事情，比方說「我們需要改變這個專案的目標」、「我在想要做一次重組」、「我開始認為我需要開除某某某」或「我下個月要去開刀，要請三個星期的假。」

有些領導者工作人員會議一開幾個小時，就為了分享這些資訊。大概沒有人不討厭冗長的會議，因此，有些應該放到別的地方去，設置一份公開的文件，讓每個人都可以寫上他們上個星期所做、以及下個星期打算要做的重要事項。Google就是這樣做，並把這類最新動態稱之為「碎片」（snippet）。

理論上，更新「碎片」用的系統應該便於使用，而且能避免沒完沒了的工作人員會議；畢竟，你只要花幾分鐘便可寫完你自己的「碎片」，再花幾分鐘也可讀完別人的。但實務上，很多人非常抗拒寫下自己的「碎片」；一旦有人不寫，整個團隊就會分崩離析了。我發現，雖然我努力避免開不完的工作人員會議，但我也是那種認為花五分鐘寫下「碎片」是極大負擔的人。有一陣子，我強迫自己不管怎樣都要做，但當我發現不是只有我這樣時，我決定去找另外一個解決方案。我在工作人員會議裡挪出時間讓大家一起去做。這樣效果比較好。

我的「碎片自習時段」運作方式如下。每個人都要花五到七分鐘寫下三到五件事，內容是他們本人或團隊上個星期所做、而且大家都需要知道的事，之後在花五到七分鐘讀別人的動態更新。這時不容閒談，把要追問的問題留到會後。這條簡單的規則，可以替工作人員會議省下大把時間。如果你不做，很多時候工作人員會議都會變成由兩、三個人講，其他人在一邊看著，百般無聊。

利用可多人同時編輯的共同文件，最能有效更新「碎片」。你可以使用Google Docs、Office 365或Evernote等等。如果幹部沒有筆記型電腦或智慧型手機，也可以使用紙筆，大家輪流寫在紙上。

如果你是主管的主管，這些「碎片」資訊應該公告周知大團隊。這表示，需要保密的事不能寫在上面：例如個人績效問題、規劃的薪資調整等等。你可能會想要針對自己的小團隊另設一個「機密碎片」檔案，但務必確認裡面不能有太多項目。多數你要討論的事情應該都能與大團隊分享。

**釐清：找出關鍵決策／辯證（三十分鐘）** 你的團隊本週需要做的一、兩項重要決策是什麼？最重要的辯證事項又是什麼？如果團隊不到二十人，你可以分條列點，並逐一進行決策／辯證。

如果團隊超過二十個人，你可能會希望正式一點。把這些議題分別列在「大辯證會議」與「大決策會議」的議程中，並指派各項負責人。這樣做會讓人覺得好像從會議中又生出更多會議，但實際上這可以讓你跳脫會議，讓想要參與辯證與決策的人出席就好。辯證與決策的負責人通常不是你或是你的直屬部屬。這類獨立出來的會議，是讓你把辯證和決策交辦下去的方式。交辦辯證與決策能促使員工檢視事實，並避免讓他們認為這些事情都是上級在做的（因此和細節／現實之間有斷層）。

這兩類會議的議程應與大團隊溝通。想要參與的人都歡迎出席。一開始這類會議的規模可能很龐大，但很快地，大家就只會參與他們真的想要或需要出席的會議。多數人痛恨被排除在和他們息息相關的決策之外，但更痛恨參與和自己無關的會議。加入一些透明度，事情自然能安排妥適。

## 思考時間

你剛剛看過如何把一對一會談與工作人員會議納入行事曆中。你可能要出席某些「大辯證」與「大決策」會議，而除了這些規劃好的定期會議之外，員工也會跑來找你，想想談談這個那個，也會發生你必須處理的緊急事件。你何時會有時間釐清自己的思緒，或是幫助部屬釐清他們的思緒？如果你不採取行動，連找時間去洗手間或倒個水都很難，更別說吃飯了。你唯一能用來思考的安靜時間，是在家裡、在深夜裡，但那時你應該要睡了。

我認識一位非常成功（而且極為忙碌）的執行長，想出一套方法來解決這個問題，他每天都在行事曆上撥出兩小時

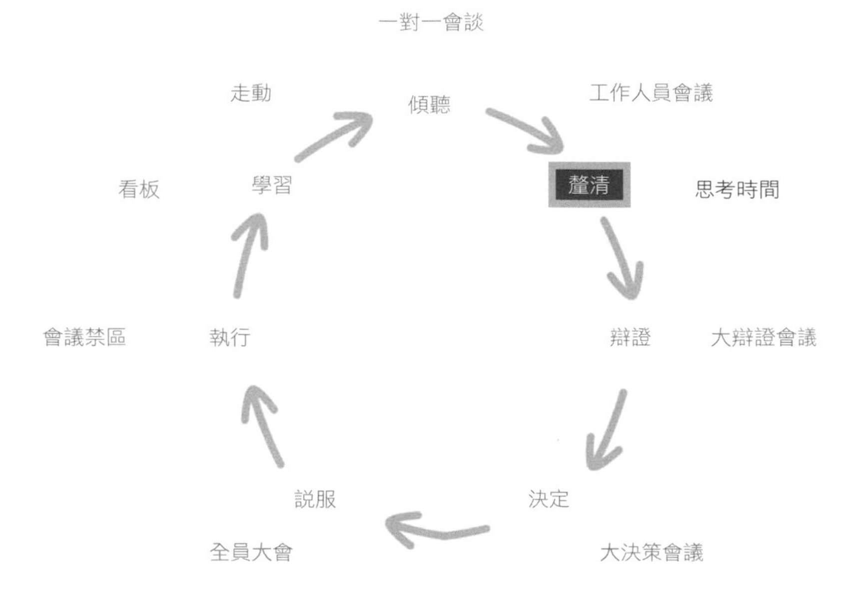

的思考時間，而且不為任何人改變。有一次總統要見他（我不會說是哪一國總統），沒有特別的事，純粹召見，但就算如此，多數人都會出於禮貌去會見總統。但這位執行長可不。為什麼？因為這干擾到他的思考時間。有一位同樣成就非凡的報社高階主管回憶道，當他走進執行長的辦公室，看到他靠在椅子上，只是盯著天花半看。當他問執行長在做什麼白日夢時，才發現那是未來十年撐起整家公司的重要構想。

能這麼做的不僅是執行長；我在Google擔任中階主管時也這麼做。我的建議是，你要刻意安排思考的時間，並把這段時間視為神聖不可侵犯。讓大家知道，他們的任何排程都不會比這件事更優先。如果有人試著這麼做，請認真、嚴肅地真正發一次脾氣。鼓勵團隊裡的每個人都這麼做。

## 大辯證會議

大辯證會議專用於針對團隊面臨的重大議題進行辯證，而不是用來做決定。這類會議有三個目的：

**降低緊張程度**　在很多會議中，至少有一部分磨擦和沮喪是起於會議室裡有一半的人認為自己是來做決定的，而另一半的人則認為是要來辯證。想辯證的人無意要得出答案，這讓想要做決定的人很憤怒；想做決定的人拒絕慎思熟慮，不願多方考慮論據，讓想要辯證的人火大。如果每個人都知道會議不是為了決定，就消除了這股緊張。

**在做重要決策時可以適時慢下來**　當一個主題非常重

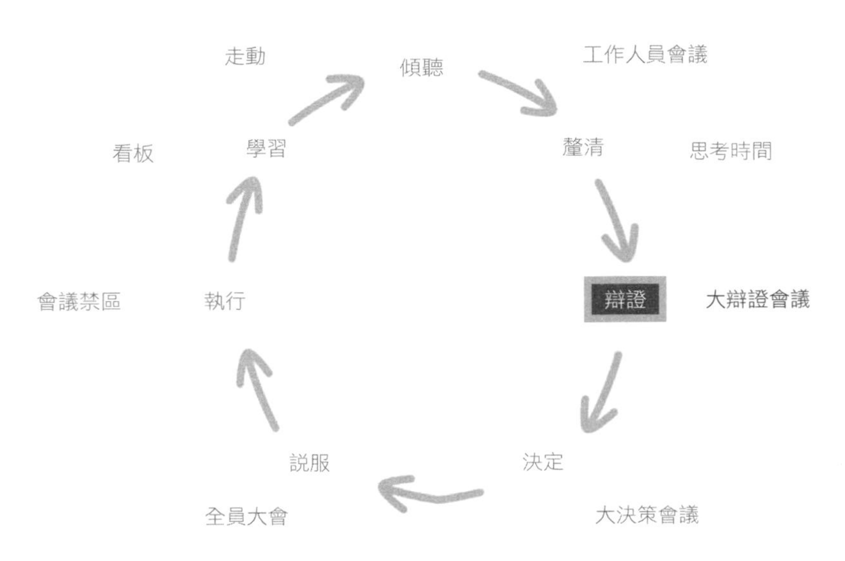


要，但大家對於如何進行卻意見分歧時，就會引發摩擦與沮喪。為了避免這些，團隊有時會在沒有真正謹慎思考，或取得足夠的參考意見之前，就匆忙做出決定。把這類主題列在辯證議程上，可以迫使團隊好好想一想，深入挖掘必要資訊，徵詢專家意見，或者就是更深入思考。

**孕育更廣大的辯證文化**　運作順暢的團隊應該持續辯證。尋找主題定期召開這種會議，有助於培養討論的實力和對異議的容忍度。在針對「賭上公司前途」的主題（比方說，「我們應不應該跨足高資本的全新高風險市場？」）進行辯證時，讓利害關係人能參與幾場開放式的辯證是很重要的。定期辯證（甚至到爭執都可以）也可以降低緊張程度，因為這有助於防止突發性的爭鬥。「自組織臨界性」（self-organizing criticality）原則指出，許多小小的修正能累積出穩定性，但一次重大的修正則會引發災難，這適用於市場，同樣也適用於人際關係。

大辯證會議的後勤支援工作應該十分單純。開過工作人員會議之後，就應該把重大辯證的主題、負責人和參與者發送給大團隊（假設你還管理其他主管），也要發給和你的團隊有合作關係的其他團隊。必須參與辯證的人，應該是你在工作人員會議中指定的那些人，但任何人都可以出席／列席。辯證會議的「負責人」要指派某人做會議紀錄，之後發送給相關人士。

這類會議的規範也很直接。要說清楚每個人進入會議室前都必須先放下自我。辯證的目的，是一起想出最好的答案，不應該有「贏家」或者「輸家」的心態。一個可以依循的良好慣例是要求與會者，在每次辯證中途轉換角色。這麼做可以確定大家都會彼此傾聽，並幫助他們把焦點放在提出最佳答案，放下自尊／立場。

辯證的唯一成果，是針對會中提出的事實與問題所做的謹慎摘要；清楚定義未來有哪些選擇；以及建議要對此繼續辯證，或可以進入決策階段。

## 大決策會議

大決策會議不見得一定要在大辯證會議之後；大決策會議有兩項主要功能，第一項很明顯：做出重大決策。但第二項就比較微妙了。我們很難去設定何時該停止辯證、開始做

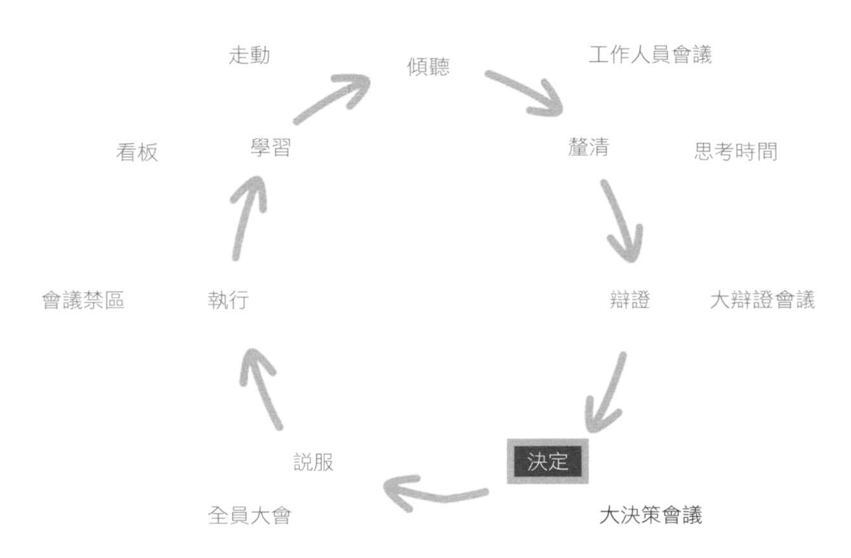


決策，我至今還沒找到任何用來回答這個問題的絕對原則。明確並刻意說出何時要做決策與何時要進行辯證，這個簡單舉動最有助於得知何時真的需要做決策。這也是我建議把兩種會議分開的主要理由。

大決策會議的後勤支援與基準，和大辯證會議相同。大決策會議的主持人是「決策者」，由你在工作人員會議中指派人選。必須參與會議的人，是你在工作人員會議中指派的那些人，但任何人都可以參加。必須要有會議紀錄，並且要發送給相關人士。開會之前先放下自我。沒有贏家或輸家。大決策會議的成果，是一份慎重的會議摘要，發送給所有相關人士。很重要的是，這裡做出的決定是最後的結果，不然的話，永遠都會有人上訴，讓會議實際上變成辯證，而非決策。

你也必須像每個人一樣，遵守這些會議中做出的決定。如果你知道你對某個主題立場堅決，你大可出席會議，或者讓決策者知道你握有否決權。如果你有否決權，決策者應該先把決定送交給你，由你核可或駁回，之後才廣發會議紀錄。但請慎用否決權，不然的話，只會讓這類會議流於形式。

## 全員大會

如果你的團隊只有十人或更少，你可能無須另外安排會議以確定每個人都信服團隊做出了正確的決定。然而，如果你的團隊規模比較大，你就需要開始思考如何讓所有人一起進入狀況。在遠離決策流程員工的眼中，有些決策很神秘、甚至很邪惡，這股情緒流傳速度之快，讓人咋舌。如果你的

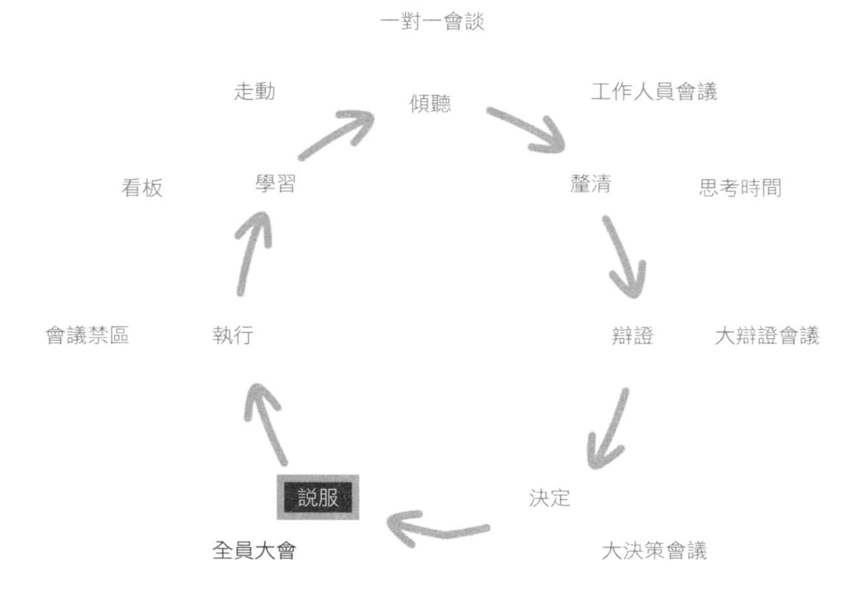

團隊有一百人甚至更多，定期召開全員大會，確實有助於讓大團隊接受最後的決定，並讓大家知道有哪些不同的意見。

矽谷各家企業很愛召開全公司性質的全員大會。蘋果稱為「內部全體大會」（Town Hall），Dropbox稱為「威士忌週五大會」（Whiskey Friday），Google稱為「謝天謝地星期五大會」（TGIF），推特則稱為「茶會時間」（Tea Time）。從矽谷召開全員大會的方式與理由當中，我們可以學到一些心得。

這類會議通常分為兩部曲，其一為簡報時段，這是為了說服員工公司做出了正確決定，並且往正確方向邁進；其二是問答時段，目的是讓領導者能聽見異議，並正面處理。如果處理得當，領導者針對問題（這些問題通常極具挑戰性）所做的回答，一般都比簡報更具說服力。

我看過最出色的全員大會之一，是Google收購鑰匙孔（Keyhole）時，當週週五開的那次會議；這家公司專為Google Earth提供技術。這次會議很有趣，部分原因是佩吉和布林對這次收購興致勃勃，就像拿到全新酷炫玩具的小孩，但這次收購案也為他們所說的「組織全世界所有的資訊」下了最好的註解。這句宣言指的不僅是要整合網站和書籍，基本上，他們的意思真的是全世界所有的資訊！會議中，這股興奮顯而易見。

簡報通常著重最讓人熱血沸騰、最重要的一、兩項活動，主要用意是要告訴大家大體上的優先事項，並讓大家接受。簡報通常由負責活動的團隊製作。Google這樣的實務安排很有意義：培養全公司的說服力。員工通常也樂於在這類會議上做簡報。「你的團隊想要舞台？那就給他們舞台！」

問答時段通常由執行長／創辦人負責，這讓他們能了解大家真正的想法是什麼，但也就因為這樣，他們多半必須回答一些通常讓人不悅、挑釁意味濃厚或者很尷尬的問題。回答這些問題的方式非常重要，回答得好，可以馬上說服很多人，這個決定是對的。

我非常佩服佩吉和布林在Google「謝天謝地星期五大會」上處理問答時段的態度。佩吉和布林會正面回答所有問題，週復一週，而且他們不會使用企業執行長有時會有的練習過度、宣導意味太重的語調。他們的回答總是自然、充滿人味，而且真實真確，只是偶爾會有點譏諷挖苦。有時候他們的答案坦誠到過了頭，執行長施密特會跳出來搶走麥克風，然後說：「我認為，布林（或佩吉）真正的意思是……」，布林（或佩吉）則會咧嘴大笑，並聳聳肩。在下一次的「謝天謝地星期五大會」上，他們又會再度面對棘手、尷尬的問題。當時他們兩人都還不到三十歲，但他們本能上就是能掌握說明重大決策與鼓勵異議的力量。

## 執行時間

到目前為止，你可能開始會覺得GSD轉輪有點像「來自地獄的會議轉輪」:)。如果你不小心處理，開不完的會確實會磨掉你的執行能力，從個人層面與團隊層面來說都一樣。確認團隊有時間去執行決策、毫不妥協，是身為主管的你可以做的最重要工作之一。

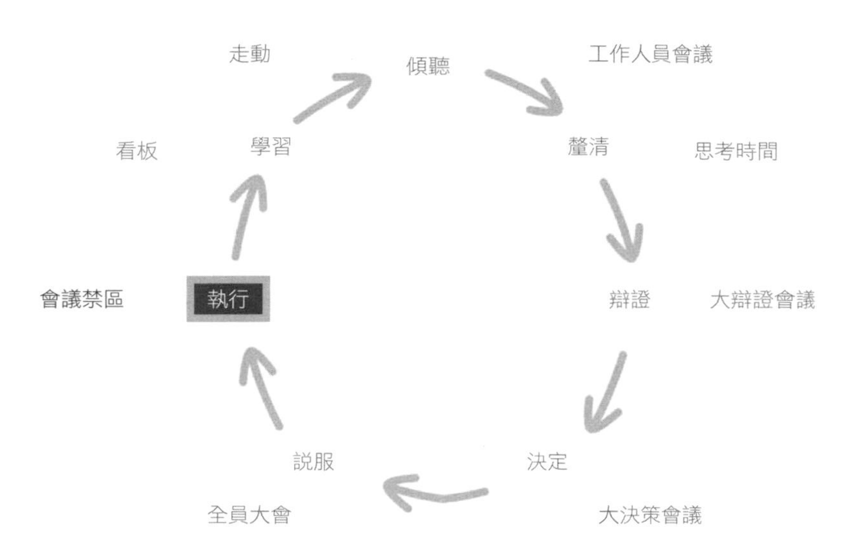


有一種方法許多人都試過，那就是把會議室的椅子撤掉。這麼做理論上會縮短會議時間，因為多數人無法在會議桌旁站一個小時以上。研究指出，人站著的時候比坐下時更有創意。有些人說，久坐相當於另一種抽菸習慣，因此可能也有害健康。此外，你還可以省下添購椅子的費用。這聽來很有吸引力，但從沒有真正發揮效果。我沒聽過有任何企業長久堅守會議室不放椅子的策略。

在Google，有多個團隊試著宣布「週三無會議日」或「週四無會議日」等策略，但同樣沒有人能堅持下去。葛瑞格．巴多斯（Greg Badros）是一位Google與Facebook的工程部門主管，他訂下了一項目標，要讓二五％的會議提早結束。我很喜歡，但我不知道他有沒有達標。

我發現，最有效的解決方案就是以毒攻毒。我在行事曆上撥出思考的時間，基於相同的理由，我也發現必須在行事曆上撥出獨處與執行的時間。我鼓勵其他人也這麼做，這可以幫助他們拒絕出席沒那麼必要的會議。

## 看板

大野耐一是豐田汽車的工業工程師，他開發出看板（Kanban）系統。這是一套排程系統，可提升製造業供應鏈管理的效率。有人改造這套系統，以利看清楚工作流程。以最簡單的形式來說，你可以掛上一塊板子，上面畫有三欄：待辦事項、處理中和已完成。之後你可以買些各色便利貼，不同顏色代表不同的人或團隊。他們在自己所屬顏色的便利貼

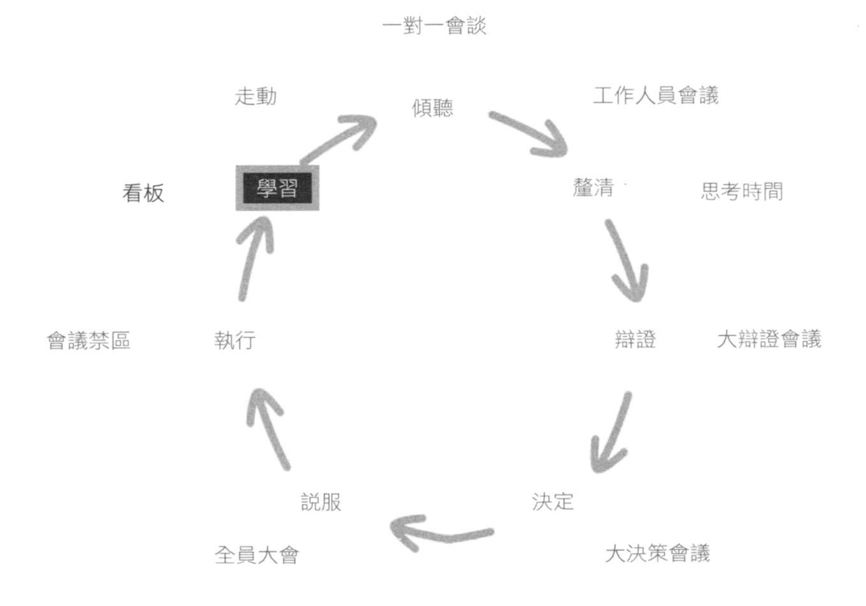

上寫下任務，在待辦事項、處理中和已完成之間移動。你很快就會看出誰是瓶頸。這是一套很好的方法，可以激發個人的當責程度，又可讓團隊裡的每個人看出誰需要幫忙，並助其一臂之力。看板和儀表板不同，看板的重點是處理中的活動與工作。這樣的系統讓你的團隊有時間早一步找出問題並化解問題，以免釀成嚴重損害。

讓每個人都看到進度，可賦予團隊更多自主權，而不是壓抑。當每個人都知道瓶頸在哪裡，資源就會流向最有需要的地方，無須管理階層出手干預。如果我身在前述的工程團隊、而且我也知道我的目標是什麼，當我看到別人的任務進度落後時，我會有動機出手相助，因為我知道如果無法完成這樁任務，我的工作成果就完全無用，或者會被延遲。

衡量活動並讓流程明顯可見之所以重要，還有另一個理由：當業務運作順暢時很難從成果當中了解誰是搭順風車的人、誰又才是真正有功的人。同樣的，當經濟環境因為人力不能掌控的因素而走弱，如果僅衡量成果，就很難得知誰的表現好，穩住了這整艘大船，誰又萬般恐慌，或讓情況更為惡化。在雅虎以及美國線上（AOL）任職的朋友告訴我，情況順利時，所有團隊都能得到豐厚的回報，但局面開始惡化時，任何人都不知道該怎麼辦。他們都只衡量成果，卻都不知道帶動表現的因素是哪些，也不知道成果惡化時該怎麼做。

衡量活動並讓工作流程明顯可見，會敦促你和團隊確認自己確實理解自己所做的工作如何帶動（或者無法帶動）成功。在我任職早期時，AdSense內部銷售團隊應該要主動打電話給大型網站推銷，但是，他們每天都接到如潮水一般湧入的小型網站諮詢，應答來電當然比主動撥打銷售電話容易多了。換言之，他們本來應該要出去釣大魚，但是因為有太多小魚自投羅網，他們就不想管大魚了。當我們不斷賺進大筆營收時，團隊看來表現非凡。只有當我們檢視活動指標（團隊撥打出去的銷售電話數量）時，才發現有問題；我們不需要花高薪聘請昂貴的業務人員來接訂單。我們開始衡量活動之後，營收一飛衝天。衡量活動也讓我們辨識出誰才是出色的業務員。接單和銷售是兩種大不相同的技能。

衡量活動也讓不同的團隊更能彼此尊重。一個團隊總是很快就假設另一個團隊閒閒坐在那裡沒事做，許多的懣憤也由此而生。當你從看板上知道大家在做什麼時，自然而然會尊重對方。

衡量活動並公開顯示，也可讓評等及升遷更傾向於獎勵表現頂尖的人員，比較不會陷入讓所有人都感到痛苦的偏誤。協利證券公司（Shearson Lehman Hutton）股票研究主管傑克・利維金（Jack Rivkin）就開始衡量旗下分析師的活動，搭配衡量成果。開始衡量活動之後，每個人都更了解帶動成果的因素究竟是什麼。利維金的團隊在《機構投資人》（*Institutional Investor*）雜誌上的排名也因此節節高升，一九八七年，他接手時排名十五，到了一九八九年，躍升到第四，一九九〇年時更榮登榜首。客觀的衡量還有另一項好處：公平。若有評估活動，大家都很清楚是那些因素帶動成功，也因此偏見比較不會悄悄滲入聘用、評等與升遷決策當中。利維金的團隊中的女性人數高於業界任何其他團隊。

## 走動

傾聽直屬部屬說話要付出時間並謹守紀律，但相對上比較直截了當；如果你是管理主管的主管，要深入傾聽整個組織就困難多了。你沒辦法去聽每個人說話，你沒辦法和幾百個、甚至幾千個人一對一會談。如果你設有諮商時間，可能每週來報到的都是那三個怪胎。你怎麼辦？

在我認識的人當中，最能做到和全公司緊密連結的當屬科斯特洛。他做了很多事才能達到這個境界，而其中有一件事很簡單：他到處走動。

請試著效法柯斯特洛，每星期都安排一小時的到處走動

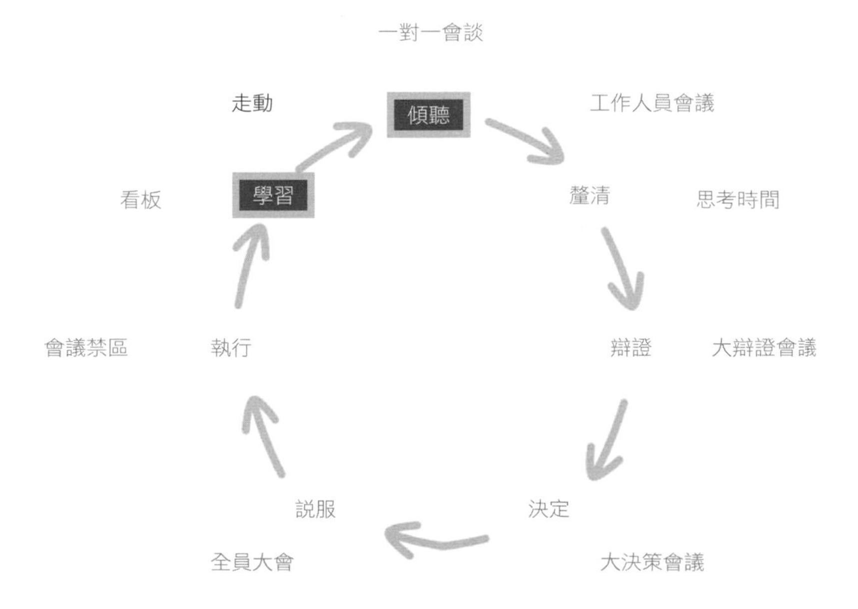

時間。走動管理是一項經過反覆驗證的技巧。歷史學家史蒂芬・歐特斯（Stephen B. Oates）說，美國總統林肯（Abraham Lincoln）正是發明這套方法的人，他在美國南北戰爭期間非正式的到處巡視部隊。一九七〇年代時，這也是惠普企業文化的一環。這件事做起來一點都不複雜。

請多留心當你埋首辦公桌前或者從一場會議衝向另一場時不會注意到的事。和任何引起你注意人談一談他們在做什麼（理想上，這些應該是你有一陣子沒和他們交談的人）。找出一些小問題，並以「一沙一世界」的觀點來看待這些問題。察覺小問題在許多方面都很有幫助。

首先，這可以幫你找出藏在細節裡的惡魔。主管經常是最後一個知道出問題的人。這通常不是因為員工故意隱藏問題，而是因為他們只向你報告重要的事。但問題可能比他們想像中更嚴重。

其次，察覺小問題、甚至親自動手解決問題，最能消滅團隊中的「這不是我的事」心態（或者，更糟糕的想法是，我不該去做這麼低階的事）。如果你什麼事都注意到，也不考慮失不失身分的問題，其他人也會關注細節。

第三，當你證明只要可以提升客戶幸福感或增進團隊成員生活品質，就算是小事你也在乎，忽然之間，大家也會開始更關心這些事，某些重要的事也會開始運作得更順暢。

科斯特洛一度試著特意在推特營造一種特殊的文化，讓大家去修正小型的流程與討人厭的小事，而不只是抱怨。某天他又四處走動，遇見兩個人抱怨小廚房裡堆滿了髒盤子，通常他會把盤子放好，然後生氣。但這是他的走動時段，因此他抓緊機會，自己動手修正問題。他停下來，環顧四周。「你們認為那裡會不會比較適合放這些盤子？」他問那兩個正在抱怨的人，一邊手指一個同樣方便、但比較不引人注目的地方。兩人點點頭，而且，出乎他們意料之外的是，科斯特洛開始自己動手把髒盤子移過去。不用多說，那兩人不再抱怨，也開始幫忙。這件事就在公司裡一再流傳。

## 對文化保持敏感度

「文化把策略當午餐吃掉了」*。團隊的文化深深影響成果，領導者的個性深深影響團隊文化。你是一個怎麼樣的人，對於你的團隊文化大有影響。

Pinterest的執行長兼創辦人希柏曼曾對我說，他很擔心公司的文化反映出太多他的人格特質。他很內向，這家企業也很內向。他不愛爭辯，公司裡的辯證也沒有達到他想要看到的程度。他的觀察讓我大吃一驚，因為我常常對自己的團隊也有相同的感覺，但一直沒有勇氣說出口。很多時候，我領導的團隊像是哈哈鏡裡的我，放大我的失誤。團隊文化經常反射出我的樣貌，但不見得是以我選擇的方式。

這很可怕。你這個人幾乎不可能改變，這是否意味著你無法真正改變團隊文化？你的影響力很大，是否你真的無法掌控這股衝擊？

---

* 這句話有許多人說過，包括管理大師彼得・杜拉克（Peter Drucker）、傑克・威爾許以及其他人。

還好，就跟其他團隊管理事務一樣，重點不僅在於你。這就好像當你評估其他人時，你會著眼於行為而非個性，著眼於行動而非本質。如果你經常真誠地徵求回饋意見，最重要的特質必會顯現出來。前幾章中也提過，你是否有能力和團隊裡的每一個人建立起徹底坦率的關係，也會引導你的團隊文化朝向（或者偏離）徹底坦率的境界。你也可以影響文化的其他面向，只要貫徹GSD轉輪的各個步驟即可。

## 大家隨時耳聽八方，用放大鏡看你

成為主管之後，你就會被放在放大鏡下。員工會非常留意聽你說了什麼，那是你在成為主管之前沒有過的體驗。他們會對你講的話、你穿的衣服、你開的車子賦予意義，有時準確，有時則否。從某些方面來說，成為主管就好像遭到逮捕，你所說、所做的每一件事都可以用來針對你，而且也真的將會如此。

美國前財政部長羅伯·魯賓（Robert Rubin）掌高盛（Goldman Sachs）兵符時，有一次來到負責交易的樓層，去感受一下實際狀況。他停下來和一位剛剛完成一樁交易、買入黃金的交易員聊聊。「我喜歡黃金。」魯賓隨口說說。幾星期後，魯賓看到公司近期買入的大量黃金，他嚇壞了。「我們為什麼做多黃金？」魯賓問。「因為是你說的啊。你說你喜歡黃金！」員工如是回答。魯賓以為他只是表達友善隨意聊聊，他可沒有下達「買進」指示。

我在蘋果任職時，有人告訴我接駁員工往來庫柏提諾與舊金山市的交通車方案要延遲推出，因為賈伯斯本人要親自挑選交通車內裝的皮革。我剛好和負責交通車方案的主任一起吃午餐，就問他這是不是真的。他笑著說：「才沒這回事。」但之後我問他怎麼決定交通車的色系時，他承認他跑去停車場看賈伯斯的車：銀色車身，黑色皮座椅。所以交通車也如法炮製嗎？對，銀色車身配上黑色皮椅。

身為主管的你不必像魯賓或賈伯斯這麼成功，也會對團隊產生超過你預期的影響力。在我事業發展早期，我曾經對一位經常穿著黑色亮面襯衫的業務員說過：「我非常喜歡穿白色牛津襯衫的男士。」隔天我看到他穿著白色牛津襯衫來上班，之後，他那個星期每天都這樣穿，我真是後悔莫及。當然，我確實有拋出線索。但我是新手主管，完全不習慣大家這麼認真看待我的線索。

成為主管後，你可能會特意說或做一些你預期會傳出去的事，但這麼做你會遠離「直接挑戰」，超過你本來的預期。

## 謹慎釐清你要傳播的訊息

由於身為主管的你受到很多人檢視，因此，很重要的是要釐清你說了什麼，就算你自認為你什麼都沒說時也要注意。

我在Google任職時，開一輛橘色的本田Element，我這部車很容易認，因為基本上旁邊停的是一大堆Google有補助的油電混合車Prius以及其他高燃油效能的汽車。我的辦公室離我的主管有幾英里遠，因此我常開著車去開會。停車是一場惱人的災難，我的排程又很緊湊，因此我常隨意停車，停在大概應該可以停車的地方就算了。我在工作上推動「先斬後奏」的職場文化，讓大家可自在調整規則，因此可以這麼做。但如果我想要營造的是「三思而後行」的文化，我至少必須解釋為什麼我會這麼停車，很可能還必須做點改變。我在蘋果工作時，就不會這樣停車……

## 明確辯證與決策，團隊文化不容順其自然

你會很想把許多辯證和決策「委託給人力資源部門」，也有很多是你根本不想浪費腦力的事。你要命名為「假期派對」還是「聖誕派對」？這裡要不要放一棵聖誕樹？要不要放猶太式的燭台？派對要提供酒精飲料嗎？星期一早上你上班時如果發現會議桌上有胸罩、內褲和男用三角褲的話，該怎麼處理？你團隊裡某位成員踢了另一個人的屁股，你怎麼辦？沒錯，這是你中學時會耍的好玩側踢伎倆，但被踢的人很生氣。誰該決定怎麼處理？

相信我，這類決定會讓人很想眼不見為淨。但如果你這麼做，改為委由人力資源部門／勞工律師決定，這些少了你的人性化影響力的決策，將會把你的團隊文化推往「法律是渾蛋」的方向。或者，到最後如果變成沒有人做決策，最後就會陷入電影「蒼蠅王」（Lord of the Flies）的境地。這都不是你想要的文化。

## 說服：注重小事

我初到蘋果公司任職時，拿到一份條理分明的三折式文

件夾，上面印著「唉，文書工作！」。這份文件真的花了心思和關注，要將新到職文書作業的麻煩盡量降至最低。這份文件夾很美，設計得宜，但不至於貴到天價。文件中的遣詞用字讓我會心一笑。彙整好的文書作業伴隨著關心，在我還沒有展開正在等著我上工的工作之前，就已經先傳達到我手中。

當你注重看來是旁枝末節的小事時，會產生極大的影響，說服大家你的文化值得他們去了解與採行。辦公室環境是設定調性與文化的其中一環。矽谷向來以古怪的辦公室以及聘用高端主廚聞名，但就算你負擔不起這種等級的福利，也可以確保廚房裡有大家愛喝的咖啡，並供應一點綠茶茶包。紐約有一家上市公司回應員工對於咖啡的抱怨，舉辦了一場類似「百事可樂大挑戰」（Pepsi Challenge）的活動。員工變得更愛喝辦公室裡的咖啡，員工調查也指出大家很歡迎這樣的改變。

辦公室環境會影響文化，你想要看見井然有序、光潔明亮、充滿禪意的環境，還是物品到處散落、亂糟糟的環境？你所做的小選擇，會說服人們根據你想和團隊一起打造的文化而採取行動。

## 執行：行動應該反映文化

你的小小行動會對團隊文化造成大大影響，就算你離開很久之後，都還會留下痕跡，這一點讓人非常訝異。

在Google任職時，有一天我一進辦公室就發現一張沙發被挪走了，新的位置會強迫大家多走幾步路繞過沙發。我並不想營造出對風水著了魔的文化，但這張沙發很礙眼，因此我決定搬開。我非常鼓勵大家執著於效率，而多走幾步路完全沒有效率可言，於是我動手把沙發搬回原來的地方。團隊裡有位男士看到我做的事，開玩笑說：「金好像有新工作了。」我微笑，但是針對他的態度回了一記：「如果有東西擋你的路，把東西搬走永遠都是你的工作。」我離開Google兩年後，回去探望一位老朋友，看見牆上掛著一句標語：「在AdSense團隊裡，我們動手搬沙發！」我離職後接手團隊的史考特・薛佛（Scott Sheffer）說了好多次，他認為在我所做的工作當中，幫助他做好準備邁向成功的最重要一件事，就是把焦點放在團隊文化上。

## 學習

人總有倒楣的時候。當你是主管，事情不順利時，你的責任就是從中學習並做出改變。如果你不這麼做，就是在營造不從錯誤中學習的文化。

在Google工作時，我和團隊希望孕育出比較不講究正式的文化。我們做了一些小事，其中一項是把會議室變成「團隊小憩室」，裡面沒有正式的桌椅，但放了幾張沙發椅和懶骨頭。我通常就在這裡開團隊工作人員會議。某個星期一早上我們要進去開會時，發現沙發椅墊上夾著男性內褲和胸罩。辦公室性愛可不是我想營造的文化。「團隊小憩室」就這麼關閉了。我們另覓他法來營造沒那麼正式的文化。

文化最讓人驚訝的一點是，一旦壯大之後，文化會自行複製。雖然你特意去做些事想要影響文化，但有一天，當重點再也不在你身上時，你就知道你成功了。

當我們在全球打造AdSense團隊時，我很擔心，不知道各個辦公室會有怎樣的團隊文化。我希望鼓勵所有團隊挑戰權威：特別是挑戰我的權威，但也要挑戰一般的權威。我覺得我需要親自前往每一處辦事處，把這一點說明白。但那時我正努力想要懷孕，因此無法出差。我尤其擔心中國的團隊；基於我對中國文化的了解，我認為要在中國複製叛逆的文化，難上加難。正如第一章所述，我和當地的團隊領導者周文彪深談過此事。但如果我無法親自飛到中國，還可以順利轉換文化嗎？我對此深感焦慮；如果不是我已經四十歲了，我會把成家生子的計畫往後延，改為跑遍全世界。

後來，中國團隊裡有位成員提出一個想法，說AdSense全世界各地的辦公室可以錄製影片，互相自我介紹。我承認，我對此不抱太大的期待，但成果讓我大為驚訝；人性的溫暖與幽默四海皆同。北京的叛逆絕對是「AdSense」風格，和山景市總部或都柏林沒有兩樣，惟國籍不同。怎麼會如此？如果是我親自執導為AdSense團隊文化宣導的短片，能催生出這些影片絕對會讓我樂開懷。但這件事和我完全無關。怎麼可能？因為文化會自行複製。我幫忙創造出格局勝過於我本身的事物，這是我事業生涯中最神奇的時刻之一。

# 現在就去做

恭喜你！讀完此書，你就讀完要成為你心目中理想主管必須完成的重要步驟。我並不是說我能提供全部答案，但花時間想一想如何能成為更好的主管，是重要的一大步。

現在你該開始把本書的建議付諸實行了。應該先從哪裡著手？「操作順序」是什麼？構想和技巧的說明與實際操作是兩回事，我希望能確認你從正確的起點出發。以下這套計畫可供你運用，以利在你的團隊打造徹底坦率的文化。

## 分享你的故事

向團隊說明何謂徹底坦率，讓他們理解你之後要做什麼。你也可以要求他們讀一讀本書，或是讓他們看看徹底坦率網站上的影片。但如果你能用你自己的話來解釋，那是最好的了。你自己的「嗯」或「鮑伯」事件是怎麼一回事？向團隊訴說你的故事，顯露你的弱點。你個人的故事，比任何管理理論更能說明你說的話實際上是什麼意思，點出你為何要這麼說。我在本書中說盡了我個人的故事，道理也就在此。對你的團隊而言，你的故事比我的故事更有意義，因為這些故事對你來說有意義。

## 先證明你可以接受批評，才開始提出批評

一開始先請團隊批評你。複習第六章的「當下徵求指引」。請記住，如果員工什麼都不說，不可輕易就算了；因為一開始他們什麼都不會說。坦然面對不安，克服不自在。如果你沒有聽到任何批評，請多注意。如果你想的話，可以複製第二章中的徹底坦率架構，利用這張表追蹤誰說對你說了什麼，或者使用我們網站上的量表。大家不批評你，不代表他們認為你很完美。如果發現沒有人批評你，請試試迪爾林的「橘色箱子」（參見第六章）。

徵求指引，尤其是批評，並不是你做一次就可以從查核表上劃掉的工作項目；這將會是你的每日例行公事。這應該是一、兩分鐘的對話，而不是你需要納入行事曆的會議。這是你要特意去做的事，但無須為此排定時程。一開始你可能會覺得很奇怪，一旦養成習慣，不去做才會變得很奇怪。甚至可以說，只要你還維持喝水或刷牙的習慣，就不會放棄徵求指引的習慣。

**現在，你可以進行職涯對話了**　開始和團隊進行「職涯對話」，從和你合作時間最長的員工做起（請複習第七章的「職涯對話」；至於對話細節，請參見我們的網站。

就像徵求團隊批評一樣，「職涯對話」也並不是做一次就可刪掉的事項。請記住，人會變，你也需要跟著變。也因此，每年利用一對一會談時間和每位部屬做一輪「職涯對話」是個好主意。

**讓你的一對一會談臻於完美（平行進行）** 這件事可和職涯對話同時進行（你要和團隊裡的每個人完成一輪三次的職涯對話，每次對話之間要留一到兩星期，你需要花三到六星期才能完成一輪），確認你和直屬部屬之間的一對一會談有意義（請複習第八章的「一對一對話」）。

**接下來** 對團隊解釋過何謂徹底坦率、請團隊提供指引、進行職涯對話並提升一對一會談品質，做完這些之後，你會注意到自己正在贏得團隊的信任，而且正在打造更好的文化。現在，你可以開始改進你在當下提出讚美與批評的方式。請記住，最好的當下指引，就出現在一、兩分鐘的對話之間（請複習第六章「當下提供指引」）。確認你有衡量你的指引（複習第六章的「衡量你提供的當下指引，找出基準線，追蹤改善狀況」）。請記住，你可能認為自己做到了徹底坦率，但你某位部屬可能完全沒有把批評聽進去，一位認為自己聽到的是濫情同理式的指引，另一位則認為是惡意攻擊。你必須針對每一個人做調整。你不僅要察覺自我，也要能察覺關係與文化。

**深呼吸，然後評估** 情況如何？哪些做法有用？那些沒用？你可以和誰談一談？你的主管能幫上忙嗎？團隊呢？有沒有職場以外的明師？輔導教練呢？有沒有同樣來自徹底坦率社群的人？請先停下來，不要有任何新動作，直到你覺得：（一）你在管理的基本組成要素面向（亦即，徵詢指引與提供指引）上大有進展，（二）你已經更了解直屬部屬，以及（三）你對於一對一會談很滿意。

**如果以上三個問題的答案均為「是」，代表你已經準備好完成團隊的工作人員會議、決策以及辯證**　你已經奠下信任的基礎，這是你完成任務能力的核心。下一步是確認你的工作人員會議能產生最大效益。在會議當中，你要審查關鍵指標、分享最新動態並找出重大決策與辯證。不要讓員工把會議拖太久，也不要敷衍他們（請見第八章的「工作人員會議」）。現在是推出「重大決策」與「重大辯證」會議的好時間（請見第八章的「大決策會議」與「大辯證會議」）。

**回歸指引**　確認你有鼓勵團隊同仁彼此之間互相指引。在團隊中建立起「不可暗箭傷人」或者要求「乾淨上報」（clean escalation，即由雙方主管協調）。說清楚你不容許任何人來找你講別人的壞話；你可以要他們讀一讀第六章的「防範暗箭傷人」，但重點不是他們讀不讀，而是你的執行。你必須追蹤後續。雖然這有時候會導致你要在行事曆上多排額外的會議以化解爭議，但省下來的時間會比花掉的多，因為在你面前爆發的權謀衝突會因此減少。

**對抗會議開不完的問題**　確定你沒有把時程安排得太滿，非常謹慎地去思考你可以別做哪些現在做的事，在行事曆上挪出一些思考時間（請見第八章的「思考時間」）。對多數組織而言，行程排太滿是長期的難題。去打該打的仗，不僅為了自己、也代表你的團隊奮戰！

**規劃團隊的未來**　開始替每一位團隊成員做成長管理計畫（請見第七章的「成長管理計畫」）。確定你沒有營造出讓每個人都執著於升遷的文化，多想一想如何獎勵磐石明星（請見第七章）。

**回歸指引**　請團隊開始衡量彼此的指引。團隊裡成員比較多，主管只有你一個，因此，不管你做了什麼，只要能讓他們為彼此提供更偏向於徹底坦率的批評或讚美，都會強化徹底坦率的文化，並讓你更能借力使力，超過你給他們或他們給你的指引。如果他們抗拒，請在下一次工作人員會議中試行伍德斯的「彎腳猴」技巧（請見第六章的「同儕指引」）。這也是評估你在徵求與提供指引上表現如何的好時機。請記住。這很困難，這很不自然，但這是管理中最基本的元素。

**走動**　你特意到處走動一陣子了，是否覺得團隊的狀況不一樣了？有哪些是你想知道、但沒聽到的事？每星期挪出一點時間四處走走，和員工隨興自然地聊聊（請見第八章「走動」）。如果你並不覺得漸入佳境，團隊也還有很多懷疑論，請回到第一步。還有，可以考慮推出「管理除錯週」（請見第六章）。你的團隊文化給人哪些感受？你可以做些什麼事來改進文化？（請見第八章「文化」。）

你是管理主管的主管嗎？如果是，請針對你團隊裡的每位成員召開「跳級會議」。這種會議一年只需開一次，全部集中到兩個星期內完成是個好辦法，這樣就不會有人覺得被針對（請見第八章「對大權在握的人說實話」）。

**開始把更貼近徹底坦率的做法套用在公司已經制定的流程上** 在聘用、開除與升遷時要秉持徹底坦率的態度（請見第七章），在提出正式績效評核時也是如此（請見第六章）。

要做的事，講起來很多，但真正做起來不像聽起來這麼可怕。如果你採行本書所提的每一項建議，每個星期要花的時間大約是十小時，其中有五小時是一對一會談，這部分很可能你本來就在做了。當然，某些流程不是每星期都要做，而是陸續進行，比方說成長管理對談、跳級會議與校正。因此，在某些時候，你可能每週要花八小時來處理和你身為主管的核心職責相關的任務，有時是十二個小時，有時是五小時，但這樣下來，你一週仍有十五個小時可以思考與執行，並有十五個小時可以處理你受命要處理的各種意外。

換言之，本書的做法確實要花很多時間，但也讓你有時間可以鑽研專業領域，並因應不可預知的事件。最重要的是，徹底坦率讓你保持警醒清明，把完整的你帶進職場。

這套「操作順序」可以幫助你排定先後順序，決定要做什麼、何時做以及和誰一起做，但我敢說你還是會有問題。我和拉洛威一起創辦坦率公司，就是為了幫助你找到答案。不管何時，只要你想和其他在推動徹底坦率管理的人聊聊，或是你有後續的問題或管理困境想找我們談，還是你想試用我們開發出來幫助你實踐這些概念的應用程式，都請上我們的網站。我們樂於持續和你對話、回答問題，並幫助你在你所屬組織實現徹底坦率。

光是立志或是認為某個想法很棒，很少帶來實質的改變，正因為如此，本書第二部才會聚焦在協助你落實本書所談的建議。改變行為很難，但有可能。事實上，你已經開始改變了：你讀了這本書。開始扭轉職場的最佳之道，是認真去想你為何想做出改變，然後在你找到可以有不同作為的特定事項時，堅持理想。

但是，在深入之前，不要先困在細節當中，因為過程當中的收穫將會讓你保有活力，並繼續前行。請記住，一旦你和直屬部屬培養出徹底坦率的關係，就等於消除世上一個製造悲慘的可怕源頭：壞主管。你能創造出自己從不敢想的成果，你會創造出讓你自己和直屬部屬都熱愛自己的工作、也樂於合作的職場。最讓人驚訝的，或許是你將會發現，你的工作方式產生了漣漪效應，擴及你的個人生活層面，並豐富了你各式各樣的人際關係。

我把重點放在我本人的正向職場體驗，但我很清楚，在榨乾所有樂趣的主管手下任職、和一份窮其無聊的工作拼命，是什麼感受。這些經驗造成的最大傷害，它們對我的個人生活造成嚴重衝擊。當我週間的五天都在做一份讓心靈麻木的工作，還要被一個催狂魔監督，週末時也絕對不可能流露任何喜樂。

事情不一定要這麼糟糕。你可以花點時間讓和你共事的人明白，你在乎他們身而為人在乎的事。如果他們正在犯下大錯，你可以警告他們，不是因為你比他們優越，而是因為你在乎。你可以協助團隊成員往夢想邁進，甚至教他們怎麼幫助你完成夢想。你們可以一起努力，達成讓每個人都深感自豪的成果。當你做到這些（這絕對是你有能力做到的），徹底坦率也會轉化成你的工作和你的人生。

# 謝辭

寫作本書是我嘗試過最困難的一件事，如果沒有大家的慷慨與協助，我絕對無法完成。沒有一本書能光靠一個人獨力完成，我要坦白地說，我不知道我們為何要堅持「作者」迷思。

第一道難題是要深入我的腦子裡，這需要騰出很多時間，不僅要長坐在電腦前面寫作，還要花很多時間散步以利思考，花很多時間對話以辯證想法。這樣一來，就沒有太多時間可從事固定的工作。感謝我在Dropbox的團隊，尤其是歐爾嘉·娜瓦絲卡雅（Olga Navarskaya）、奧利佛·傑伊（Oliver Jay）和強納森·布廷（Johann Butting），感謝他們體恤我為了寫作本書而突如其來的離職決策。感謝迪克·科斯特洛（Dick Costolo）、德魯·休士頓（Drew Houston）、亞當·巴因（Adam Bain）、喬安娜·絲崔柏（Joanna Strober）、雷恩·史密斯（Ryan Smith）、夏儂·米勒（Shannon Miller）、傑克·多希（Jack Dorsey）和凱文·吉本（Kevin Gibbon），他們都擔任我的顧問，讓我有寫作的彈性與時間，同時還能維持身心一體。

接下來這部分更難了：深入挖掘之後，還要把我腦袋裡的東西挖出來。這部分我仰賴我的編輯、朋友的善意以及陌生人的慷慨。

寫書就好比迷失在海上。我的編輯、也是這本書的主管提姆．巴特列（Tim Bartlett），正是從解救我免於因寫作人的瘋狂而滅頂的救生艇。他不僅能清楚地看透瘋狂、看到本書中美好的部分，更以讓人敬佩的方式去蕪存菁。寫作確實是作者與編輯之間的合作，能和巴特列合作，讓我覺得受到大師親炙。他知道要刪什麼、增什麼，也知道何時該說：「哈囉，你的『個人關懷』到哪兒去了呢？」以及何時要和我奮戰，逼我交稿。巴特列清明的思緒讓本書的每一頁都大增光彩。巴特列是最出色的編輯，他應該和我同時在封面列名。

我也要感謝巴特列的妻兒；負責本書讓他犧牲家庭時光以及假期時光。既然我們講到休假被打擾這件事，我就要謝謝我先生、我的孩子們、我爸媽、我的兄弟姊妹、我公婆、我先生的兄弟姊妹，感謝大家在我為了寫作、之後又為了編輯本書而拒絕各位時的諒解與支持。

聖馬丁出版社（St Martin's Press）全體同仁都很出色，是他們賦予本書生命，我對此萬分感激。蘿拉．克拉克（Laura Clark）對於書本的熱情，從我踏進聖馬丁辦公室的那一刻起就是一大助力，不僅對本書而言如此，對我個人來說亦如是。關於如何把想法推上市場這件事，我從她身上學到很多。嘉碧．甘絲（Gabi Gantz）、安娜貝拉．霍希柴德（Annabella Hochschild）、卡琳・希克森（Karlyn Hixson）和詹姆士・亞科貝利（James Iacobelli）也都幫了大忙，在這一路上每一步都以極大的耐心待我。還有很多人我緣慳一面，但他們也都很努力催生與銷售本書，尤其是傑若米・平克（Jeremy Pink），我沒有見過他，但是覺得對他有一種親近感，因為基本上他讓本書中的每一個句子都變得更好了。出版界相關人士所做的工作，是確保想法得以見天日，這對這個世界很重要，而且，我恐怕，我建立起事業的產業並未讓出版界更輕鬆一些。我期待兩方能長期攜手，找出更好的前進之路，讓科技與出版之間合作更順暢。

如果沒有許多人在過程中協助我，這本書根本到不了巴特列或聖馬丁出版社團隊的手上。我的朋友亞當・里希曼（Adam Richman）和金・基廷（Kim Keating）非常大方地提供建議，教我如何出版。我的經紀人豪爾・尹（Howard Yoon）在我把本書初稿傳給他的第一天就讀完了，並充滿熱情地打電話給我，向我保證過去三年的時間絕對沒有白費，這是當時我最需要聽到的話。當我辛苦奮鬥時，他還幫我寫好了提案。他也花了好幾個星期幫我重寫一本快被自身重量壓垮、急需急救的書。尹是一位極少有的經紀人，他對文字極有天賦，但同樣也善於打造深思熟慮的銷售流程。

在尹或巴特列讀到本書之前，我的親友讀過一版又一版的草稿，一個字一個字為我提供批評建議，或者把我從本書中拖出來一起慢慢、久久地散步，讓我能找到一些新觀點。我的雙親艾倫與瑪莉・馬龍（Allen and Mary Malone）可能讀過十五個不同的版本，但他們從來也不覺得無聊。如果說這不是不求回報的愛，我就不知道這是什麼了。

我先生安迪不顧我的邏輯，非常堅持要把本書取名為「殘酷的同理心」（*Cruel Empathy*），因為我狠下心以「殘酷的同理心」行事的時間幾乎有兩年之久。我不知道我為什麼要跟他爭辯。安迪有著體貼的靈魂，當他堅不讓步時，他總是對的。

有些人花了很多時間編輯本書各版草稿，我深深感謝每一位。丹尼・卡利（Denni Cawley）編輯本書最棘手的前幾版並協助我做研究。席拉・卡帕特－卡拉利（Sierra Kephart-Clary）則從後面幾版的狂亂中理出秩序。詹姆士・巴克豪斯（James Buckhouse）在我最需要的時候將美感與樂趣帶入編輯流程當中。凱雅・萊斯（Katya Rice）拯救了我，讓我的作品不會太過抽象也不至於太過特定，而且她可以一邊做一千個小修改，同時又幫我不要見林不見樹、也不要花太多時間在一片葉子上。

艾莉絲・卓絲（Alice Traux）是兩輪密集編輯工作期間的理智試金石。她堅持不願意接受陳腔濫調，連有點跡象也不要，而且，當我寫出來的內容毫無道理時，她永遠願意成為我的反省明鏡。在此同時，她在寫作的過程中關心我的士氣，為我帶來源源不絕的安慰。我至為感謝。

吉姆與瑪莉・奧特威（Jim and Mary Ottaway）編修了本書初期某個版本的稿件，鼓勵我繼續寫下去，之後吉姆英勇地在最後時限內又完成另一次快速且完整的編輯任務。

非常感謝凱薩琳・布亨娜－森德森（Catharine Burhenne-Sanderson）、史帝夫・戴門（Steve Diamond）、瑪麗亞・戈奇（Maria Gotsch）、艾倫・康娜（Ellen Konar）、亞伯特・倪（Albert Ni）、珍・潘娜（Jane Penner）和葛瑞琴・魯賓（Gretchen Rubin），他們不僅讀了本書，還和我一起散長長的步、一起吃飯、一起品酒，敦促我整個重新思考本書中的某些章節，並讓我在寫作時不覺得那麼孤單。當我努力要釐清這個那個想法時，他們都幫助我思考的更透徹，他們對我的仁慈慷慨提醒著我，也要對讀者有同理心。

歐爾嘉・娜瓦絲卡雅說服我，她說我最初提出的徹底坦率架構在邏輯上並不一致，必須加以改進。我花了三個月的時間思考以做出修正，如果不是想著她那張滿臉疑惑的臉龐出現在我面前，我絕對不可能堅持下去。

我要把本書後半的實作部分歸功於丹尼爾・魯賓（Daniel Rubin），他花了幾個月對著心不甘情不願的我灌輸一個觀念，那就是管理哲學本身不會造成任何改變，也幫不了任何人。

我非常感謝賈許・柯恩（Josh Cohen）、麥可・朱（Michael Chu；音譯）、麥可・迪爾林、德魯・休士頓、賈瑞德・史密斯、羅斯・拉洛威、愛麗莎・洛哈特、查爾斯・莫里斯（Charles Morris）、文凱特・拉奧（Venkat Rao）、卡洛琳・萊茲（Caroline Reitz）、雪柔・桑德伯格、麥可・舒拉吉（Michael Schrage）、理察・泰德羅、薇樂麗・亞齊（Valerie Yakich）、克里斯・葉（Chris Yeh），他們都仔細讀過且修改過本書，他們都提供了大量極為重要的建議與評語。

我在寫書的過程中很多人要求一睹為快，他們都助了我一臂之力，其中有些人提出「徹底坦率」的指教，幫助我看出本書的缺失，有些人則表達對本書的興趣，鼓勵我繼續寫下去：迪娜拉·艾比洛娃（Dinara Abilova）、阿琳娜·亞當斯（Alina Adams）、麥特·亞當斯（Matt Adams）、理查·阿方索（Richard Alfonsi）、布瑞特·伯森（Brett Berson）、吉娜·比安琪妮（Gina Bianchini）、傑夫·畢德索斯（Jeff Bidzos）、尼克·布倫（Nick Bloom）、賽門·波爾格（Simon Bolger）、亞當·布蘭登伯格（Adam Brandenburger）、珍娜·布法蘿（Jenna Buffaloe）、馬修·卡本特（Matthew Carpenter）、安德魯·卡頓（Andrew Catton）、丹尼·卡利、羅倫斯·柯本（Lawrence Coburn）、貝琪·柯恩（Betsy Cohen）、凱特·康娜莉（Kate Connally）、傑克·多希、莎拉·費瑞亞（Sarah Friar）、瑪麗亞·吉雅康娜（Maria Giacona）、凱文·吉本、亞當·葛蘭（Adam Grant）、賈許·葛勞（Josh Grau）、凱倫·葛拉芙（Karen Grove）、詹姆士·葛拉夫茲（James Groves）、麥特·霍根（Matt Hogan）、亞當·洪特（Adam Hundt）、凱特·雅維里（Kate Jhaveri）、尼魯·柯斯拉（Neeru Khosla）、伊莉莎白·金（Elizabeth Kim）、珍奈特·金（Janet Kim）、艾莉莎·娜克斯（Aliza Knox）、布瑞特·柯波夫（Brett Kopf）、傑楊·庫卡尼（Jayant Kulkarni）、克莉絲汀·李（Christine Lee）、巴特·馬龍（Battle Malone）、提姆·馬丁（Tim Martin）、

班恩・馬塔薩（Ben Matasar）、布萊爾・馬特森（Blaire Mattson）、麥可・莫根（Michael Maughan）、傑米・麥柯羅（Jamie McCollough）、夏儂・米勒、多博米爾・孟塔克（Dobromir Montauk）、馬倫・尼爾森（Maran Nelson）、吳宇昇（Yu-Shen Ng；音譯）、安德魯・彼得森（Andrew Peterson）、安・波勒緹（Ann Poletti）、邱康君（Kanjun Qiu；音譯）、亞當・瑞吉爾曼（Adam Regelmann）、羅賓・瑞斯（Robyn Reiss）、凱雅・萊斯、露易莎・瑞特（Louisa Ritter）、瑪格麗特・羅瑟（Margaret Rosser）、麥特・羅瑟（Matt Rosser）、丹恩・魯默爾（Dan Rummel)、強尼・魯斯（Johnny Russ）、史考特・薛佛、琳賽・森波爾（Lindsey Semple）、蘿倫・雪曼（Lauren Sherman）、迪米塔・希莫諾瓦（Dimitar Simeonov）、馬森・西蒙（Mason Simon）、雷恩・史密斯、茉莉・索容（Mollie Solon）、多娜・史塔頓（Donna Staton）、麥可・史多沛曼（Michael Stoppelman）、傑森・史崔柏（Jason Strober）、喬安娜・絲崔柏、西亞・泰－迪（Shea Tate-Di）、傑森・譚（Jason Tan）、喬瑟夫・特納斯基（Joseph Ternasky）、蘇菲亞・蔡（Sophia Tsai）、凱希・東古茲（Casey Tunguz）、湯馬茲・東古茲（Tomasz Tunguz）、戴希・維克（Dash Victor）、賈姬・徐（Jackie Xu），我深深感謝以上每一位。

大家常說，偉大的藝術家靠偷別人的想法成就自己。我不確定自己是否是偉大的藝術家，但我確定這本書裡有很多想法是我偷來的，其中有許多都是我看到和我合作的夥伴所做的事。

有三個人對本書的影響尤大，他們是：夏娜・布朗（Shona Brown）、羅斯・拉洛威（Russ Laraway）以及雪柔・桑德伯格（Sheryl Sandberg）。

夏娜・布朗是Google的業務營運資深副總裁，她總是喜歡成為無名英雄，所以你本書聽到和她有關的故事相對少。我之所以能邁入目前的職涯，也是得力於布朗慷慨大度為我提供徹底坦率的建議。很多Google的管理做法都由布朗設計、建構或執行。她在她的書《混亂邊緣》（*The Edge of Chaos*）強而有力地描述了自己的領導取向，當她在Google推動理念時，更證明了她的理念有用。她有功於設計Google聘用、審查、獎酬、發展與拔擢人才的方式，Google設定與達成目標的方式，Google做決策的方式，以及Google不斷重新設計組織、以利在成長的同時還能保持敏捷。她的設計決策對於Google的走向大有影響。

從過去到現在，親見羅斯・拉洛威領導團隊，每天都讓我有新的心得，更清楚什麼叫超級主管。他不但教了我很多管理知識，每天更提醒著我什麼做一個好人代表什麼意思。

雪柔・桑德伯格是我遇過最好的主管，她也完全改變了我的人生軌跡。一次又一次，他敦促我去做我沒想過我做得到的事，並幫助我朝向我的夢想邁開腳步。

在本書中，你讀到的幾十個故事都是我從合作夥伴身上學到的心得。我要感謝他們努力成為出色的主管，感謝他們在我的事業生涯立下的典範。我希望當我在本書中提到他們的想法時有做到公正合理。還有很多人也教了我何謂出色的主管，但他們喜歡隱身幕後。在我所寫的學習心得當中，有很多我沒明寫是湯姆．皮克特（Tom Pickett）和史考特．薛佛（Scott Sheffer）教我的，他們是我在Google的團隊夥伴；另外還有艾倫．華倫（Alan Warren），他是我創辦喬思時的共同創辦人。

最後要提、但重要性絕對不減的一件事是，我永遠都會感謝丹尼爾．品克（Daniel Pink）幫助我看清楚我是在做一件有意義的事，之後更在短短的路程中在電梯內幫我取了書名。

協助我寫成本書的每一個人都教會我一件事，那就是如果你抱持開放的態度看待徹底坦率這件事，就能在其他無足輕重的時刻找到共同的人性和使命感，可能是在你趕搭電梯以找回背包之時、在你遛狗之時，在你用一百四十個字回應陌生人出色的推文之時，或者是以新概念和舊日友人重新搭上線之時。

財經企管 BCB662

# 徹底坦率

## 一種有溫度而真誠的領導

## Radical Candor: Be a Kick-Ass Boss Without Losing Your Humanity

作者 — 金・史考特（Kim Scott）
譯者 — 吳書榆

總編輯 — 吳佩穎
責任編輯 — 周宜芳（特約）
封面設計 — 江儀玲

出版人 — 遠見天下文化出版股份有限公司
創辦人 — 高希均、王力行
遠見・天下文化 事業群榮譽董事長 — 高希均
遠見・天下文化 事業群董事長 — 王力行
天下文化社長—王力行
天下文化總經理—鄧瑋羚
國際事務開發部兼版權中心總監 — 潘欣
法律顧問 — 理律法律事務所陳長文律師
著作權顧問 — 魏啟翔律師
社址 — 台北市 104 松江路 93 巷 1 號
讀者服務專線 —（02）2662-0012
傳真 —（02）2662-0007；2662-0009
電子郵件信箱 — cwpc@cwgv.com.tw
直接郵撥帳號 — 1326703-6 號　遠見天下文化出版股份有限公司

國家圖書館出版品預行編目 (CIP) 資料

徹底坦率：一種有溫度而真誠的領導 / 金.史考特(Kim Scott)著；吳書榆譯. -- 第一版. -- 臺北市：遠見天下文化, 2019.03
面；　公分. -- (財經企管BCB662)
譯自：Radical candor : be a kick-ass boss without losing your humanity
ISBN 978-986-479-638-0(平裝)

1.領導者 2.企業領導 3.職場成功法

494.21　　108001881

電腦排版 — 立全電腦印前排版有限公司
製版廠 — 中原造像股份有限公司
印刷廠 — 中原造像股份有限公司
裝訂廠 — 中原造像股份有限公司
登記證 — 局版台業字第 2517 號
總經銷 — 大和書報圖書股份有限公司 電話／(02)8990-2588
初版日期 — 2019 年 3 月 15 日第一版第 1 次印行
　　　　　 2024 年 7 月 1 日第一版第 14 次印行



定價 — 450 元
ISBN — 978-986-479-638-0
書號 — BCB662
天下文化官網 — bookzone.cwgv.com.tw

天下·文化

BELIEVE IN READING